泰山风景园林理法探究

徐放　刘悄然　著

吉林出版集团股份有限公司
全国百佳图书出版单位

图书在版编目（CIP）数据

泰山风景园林理法探究 / 徐放 , 刘悄然著 . -- 长春：
吉林出版集团股份有限公司 , 2022.9
ISBN 978-7-5731-2534-7

Ⅰ . ①泰… Ⅱ . ①徐… ②刘… Ⅲ . ①泰山—园林设
计—研究 Ⅳ . ① TU986.2

中国版本图书馆 CIP 数据核字 (2022) 第 183215 号

泰山风景园林理法探究
TAISHAN FENGJING YUANLIN LIFA TANJIU

著　　者　徐　放　刘悄然
责任编辑　林　丽
封面设计　李　伟
开　　本　710mm×1000mm　　　1/16
字　　数　300 千
印　　张　16.5
版　　次　2023 年 3 月第 1 版
印　　次　2023 年 3 月第 1 次印刷
印　　刷　天津和萱印刷有限公司

出　　版　吉林出版集团股份有限公司
发　　行　吉林出版集团股份有限公司
地　　址　吉林省长春市福祉大路 5788 号
邮　　编　130000
电　　话　0431-81629968
邮　　箱　11915286@qq.com
书　　号　ISBN 978-7-5731-2534-7
定　　价　99.00 元

作者简介

1. **徐放**，男，任职于山东建筑大学艺术学院风景园林教研室，讲师，本硕博均就读于北京林业大学，硕士导师朱建宁，博士导师赵鸣，博士论文《泰山风景园林理法研究》。发表论文：《基于国家公园体制建设背景的保护地管理研究——以泰山地域为例》《风景园林设计中地域单元特征研究——以泰山岱顶碧霞祠为例》《秦汉时期的泰山封禅祭坛初探》《鬼神文化园林初探——以蒿里山神祠为例》。

2. **刘悄然**，女，任职于山东建筑大学艺术学院风景园林教研室，讲师，本硕博均就读于北京林业大学，硕士导师朱建宁，博士导师赵鸣，博士论文《泰山肥城传统宗教园林研究》。发表论文：《"胡同"空间形态对住区开放的借鉴意义》《网师园灰空间与外部空间比例关系研究》。

前　言

泰山素来有"五岳独尊，雄镇天下"的美称。在漫长的历史长河中，泰山积淀光辉的文化，形成以自然景观为主题，人文与自然交融的风景名胜。泰山园林在构建过程中结合了文化理念与艺术手法，不仅打造了优美的园林景观，更完美地融合了思想文化和设计构思等要素，可谓当代景观规划的典范，这对于许多地区的城市景观园林设计来说都是颇具价值的启发方向和参考范例。此外，泰山园林还是我国文化景观中的一个重要组成部分，它的自然环境、园林构造、建筑组成等诸多方面的要素同历史文化紧密结合，反映了当地环境在自然活动和人文活动双重因素影响下的变化，是生态与文化的有机结合体。泰山园林的历史文化价值主要在于，透过园林的变迁，我们可以观测与推演当地人群的活动信息与场所印迹，而人群活动反过来又影响着景观的物质构成的变化。假如历史园林没有得到应有的保护，那么就会在无形中遗失许多珍贵的历史信息，造成地域记忆的断层和流逝。因此，相关部门应基于景观要素的考虑层面，将其纳入文化景观保护的参考方面和借鉴线索，发挥当地居民活动的驱动作用，探索景观要素和人群活动之间的内在联系与作用，本书将从泰山风景园林理法进行研究。

本书共有十个章节，第一章为绪论，分为五节：研究目的和意义、国内外相关研究、研究方法和技术路线、本书框架、凡例。第二章介绍了泰山概况，从泰山自然遗产、泰山文化遗产、泰山风景园林现状三个角度展开论述。第三章为泰山风景园林理法研究范围，内容包括风景园林设计理法的含义、泰山风景园林理法研究的完整性、泰山之大论、历史文化视野下的"大泰山"区域、山水名录记、地图记载考、泰山风景名胜区范围、研究范围划定。第四章是泰山山水方位考察，介绍了研究意义和区域划分、方位、岱顶山水方位、岱阳山水方位、岱阴山水方位、泰山周边群山五方面的内容;第五章介绍泰山自然景观特征,共分为五节:岱顶山水:峰拥仙境,泉水之源;岱阳山水:山水交映,人文汇聚;岱阴山水:群山交错,水幽松茂;周边群山:众星拱月,佛道避喧;小结。第六章主题为泰山文化景观历史源流,共包含三节:先秦时期、秦汉时期、魏晋南北朝至明清时期。第七章是泰山文化景观选址分析,分为泰山地形粗糙指数,泰山主山文化景观密度,岱顶、十八盘文化景观分布,泰山周边群山的辅助作用,泰山文化景观布局分析五节。第八章主要介绍泰山典型园林和建筑,详细讲述了碧霞祠、秦汉封禅台、蒿里山神祠、斗母宫、壶天阁,竹林寺、三阳观、王母池等景观。第九章是讨论,从泰山山水脉络的基础作用、快捷登山路线的合理性、南侧中路景观线的开发、泰山风景园林的多核发展四个方面展开论述。第十章为结语,由主要研究成果、主要创新点、展望三节内容构成。

在撰写本书的过程中,作者得到了许多专家学者的帮助和指导,参考了大量的学术文献,在此表示真诚地感谢!本书内容系统全面,论述条理清晰、深入浅出。限于作者水平,加之时间仓促,本书难免存在一些疏漏,在此,恳请同行专家和读者朋友批评指正!

徐放　刘悄然

2021 年 11 月

摘　　要

中国的风景园林在漫长的发展过程中，与中华民族的精神、文化和社会不断交织融合，为后世积累了丰饶的风景园林财富。泰山是世界自然与文化的双重遗产，是国家 AAAAA 级旅游景区，也是中国非物质文化遗产。泰山凭借其丰富的自然条件，逐渐发展出了具有浓厚文化底蕴的风景园林。借助历史学中"大泰山"概念，剖析封禅和儒释道文化在泰山园林发展中产生的助力；从风景园林学角度，分析泰山园林的选址立意，有助于厘清泰山风景园林的自然和文化背景，有利于泰山的保护和发展，推动地域性景观研究的发展。

（1）本书首先根据泰山现状、历史文献、现代研究，对风景园林设计理法研究范围进行确定，提出泰山的风景园林研究应借助历史学中"大泰山"的概念，将泰山主山与泰山周边群山都包括进来，在文化上确保泰山风景园林设计理法研究的完整性。在此基础上，对泰山文化、理法的含义进行了研究，梳理了泰山文化中祭祀、儒家、道家、佛家思想的发展、内涵，以及它们之间的关系，详细整理出历代帝王泰山祭祀大事表、泰山道教大事记，明晰了泰山风景园林的历史源流，为风景园林设计理法的研究做了铺垫。

（2）泰山风景园林以山水为骨架，但现今古籍记载的山水方位多已遗失，导致对相位选址的研究没有依托。本书对泰山的自然山水方位进行了研究。通过实地调研以及对各种古籍古文的考察、辨析，对泰山山水景观进行考证、辨明、归纳、总结，以表格的形式呈现，并且结合现代测绘的地形图，推测并绘制了泰山主山的山峰位置全图，厘清了泰山风景园林所依托的主要脉络。然后，按照时间顺序，以同样的方法对泰山文化景观进行考辨，绘制了泰山主山古代景观分布图，厘清了泰山文化景观发展的脉络。最终，本书提出：自然山水脉络是泰山风景园林确定位置的横向"凭借"，历史人文脉络是泰山风景园林长久发展的纵向"凭借"。唯有横向和纵向立体地了解泰山，泰山风景园林设计理法的研究才能切实可行。同时，本书也弥补了泰山研究基础资料的部分空白，为后人的研究提供了依据。

（3）在研究泰山山水的基础上，本书从风景园林设计理法的角度入手，以"借景"为核心，以相地、问名、立意、布局、理微、余韵为序列，对泰山的风景园林进行研究。其中，相地、布局、理微结合山水的景观特征与园林案例进行了系统的研究，而问名、立意、余韵的研究则穿插其中。

本书对已经整理好的泰山山水系统进行"相地"，总结归纳了泰山山水的自然景观特点。岱顶山水的景观特点为：群峰簇拥，仙境自成；高低陡峻，各有千秋；奇石山洞，平添情趣；泉水发源，钟灵毓秀；远近四方，皆可瞻景。岱阳山水的景观特点为：三收三放，峰回路转；风清疏朗，景色各异；寻山而上，各具特色；竹苞松茂，物华天宝；高低缓急，山水相映。岱阴山水的景观特点为：群峰紧绕，犬牙交错；峪水清幽，松树茂盛；冰牢深深，孤山诡谲；世外桃源，清静之地。泰山周边群山的景观特点为：众山皆小，泰山自大；取静避喧，佛道有灵。本书从"大泰山"的范围和角度，对泰山风景园林理法的布局进行研究，发现泰山对风景园林设计理法的运用极其明显，尤其注重园林的相地和布局。

（4）根据文化背景和所处位置的不同，结合研究现状，本书选取了8个泰山园林和建筑作为典型案例。文化景观背景包含道教、佛教、封禅、民间传说四种类型，时间线从秦汉到晚清时期，范围包括泰山主山与周边群山，同时也包含了对园林因山就势的塑造所进行的研究，确保了研究的系统性和完整性。通过古籍考证、实地调研等方法，本书分别研究了这些单体是如何"理微"的，以点带面，用单体研究进一步明晰风景园林设计理法，并对有价值的园林和建筑进行了实测或复原。

（5）通过横向、纵向、由面及点地对泰山风景园林理法进行研究后，对本书进行了总结，并提出泰山当前发展的问题在于岱顶负荷过重，泰山周边发展不足；并从风景园林学角度给出了相应的解决措施，希冀以此传承和弘扬泰山文化。

本书的创新之处在于：

①研究成果创新，通过文献研究结合实地调研，绘制了泰山群峰方位图、泰山景观区位图，整理出了泰山帝王祭祀表与道教大事记，并结合泰山景观研究文献，实测了多处泰山园林和建筑，填补了部分泰山风景园林单体研究的空白，同时为其他泰山研究提供了可供参考的基础资料。

②研究方法创新，引入多元技术分析泰山自然景观特征和历史文化脉络，并将历史文化视野下的"大泰山"概念引入泰山景观研究，保证了泰山景观研究的完整性，补充了部分泰山自然和文化景观资源研究的空白。

③研究角度创新，从封禅文化与儒释道起源入手，通过分析并得出泰山风景园林的特色，正是"祭祀为主，儒释道相融"的文化产物。本书研究史料文献，明晰了泰山山水脉络，同时结合泰山最新的景区规划成果，立足泰山自然文化历史，给出了发展建议。

目 录

第一章 绪 论

巍巍泰山，悠悠汶水。大自然的造化形成泰山雄伟壮丽的自然山水，长期的人文积淀造就了久远丰厚、独具特色的泰山文化。泰山由于地理位置和文化背景的特殊性，几千年来一直被帝王封禅、宗教活动和文人游赏所青睐。泰山横亘于中原大地，拔地通天，巍然耸立，是古老华夏文明的重要发祥地，是象征中华民族崇高精神的文化之山。

泰山雄伟壮丽，风景优美，移步换景，举目成趣；幽谷深壑，峰峦起伏，飞瀑鸣泉，云海幻奇，四季景色变化万千，古树名木比比皆是。汉武帝登封后评价泰山"高矣、极矣、大矣、特矣、壮矣、赫矣、骇矣、惑矣"①；泰山历史悠久，文物古迹极为丰富；泰山是历代帝王祭拜神灵，进行各种宗教流派活动的场所；泰山自古为文人荟萃之地，历史上的孔子、司马迁、李白等名士或登岱览胜，或在泰山传道授业；泰山文化既有为帝王统治阶级服务的政治文化，又有为平民祈生的平安文化，更有文人墨客抒发情怀的山水审美文化。

郭沫若先生如此评价泰山的地位：泰山文化是中华文化的缩影②。泰山是自然的山，帝王的山，民俗的山，文人的山，宗教的山。泰山在人们的眼中早已脱离了单纯的自然山脉形象，已然进化成为一个集儒、释、道多种文化于一体，人心之所向，自然与人文兼收并蓄的综合体。《五岳真形图》将泰山视为山之尊者，守护天地人间。因此，研究泰山，了解泰山这一中华历史的典型载体，就是对中华民族历史与文化的追本溯源，更有利于风景园林对传统文化精髓的再现和发扬。

中国园林艺术与风景名胜区的发展有着不解之缘。中国园林艺术作为表达人与自然的最直接、最紧密联系的一种物质手段和精神创作方式，从公元前 11 世纪周文王筑灵台、灵沼、灵囿起，就已经开始，中国的寺庙园林曾遍及名山大川。

学术界对于泰山的研究大多长期集中于史料考究，研究对象也往往着眼于泰山主峰及邻近景区，少有研究者从中国园林的风景园林学视角对泰山及周边群山之间的自然山水进行研究，展现其美学肌理和文化脉络。所以，加强泰山风景园

---

① 方毅，傅运森主编. 词源续编 [M]. 北京：商务印书馆，1933:100
② 郭沫若. 读随园诗话札记 [M]. 北京：作家出版社，1962.

林的系统研究，对于泰山自然、人文资源的整体保护和利用都是十分重要的。鉴于此，作者从风景园林学角度，立足泰山主峰及其所承载的文化主线，放眼周边群山及环境，以"大泰山"为研究对象，运用风景园林设计理法的研究方式，采取现场踏勘、调阅古籍资料、拜访名家学者等各种调研手段，对泰山地区的地质地貌、气候特征、水文条件、动植物资源，以及泰山和周边地区的古建筑群和碑刻等进行综合研究，提出了更系统、更深刻的认识，最终形成泰山风景园林设计理法研究成果，以期对泰山地区的风景园林保护及恢复有所裨益。

第一节　研究目的和意义

本研究以世界自然遗产和文化遗产——五岳独尊的泰山为研究对象，研究围绕泰山自然与文化两条线索展开。在自然方面，着眼于泰山地区的地质地貌、植被和水文等资料的研究与梳理，并对现有的泰山古籍进行整理和图表再现，以方便在此基础上进行理法的深入研究；在文化方面，以封禅祭祀文化为突破口，详细探究儒家、道家和佛家文化，并结合民间文化和文人墨客的活动，综合分析各类文化在发展过程中，在泰山地区衍生出的风景园林特点。在总结梳理泰山景观与文化脉络的基础上，本书通过解析泰山园林的古今变化，剖析泰山自然和文化之间密不可分的联系，对风景园林相关古文记载进行详细考究，利用现代专业手段，对文化景观的位置、变迁、现状和背后的文化要素进行了详细的图表展示，并挖掘古人在选址相地等风景园林设计理法手段中所体现出的智慧；同时，以此为跳板，进一步明晰泰山风景园林背后所蕴含的规律和构建采用的手法，从而为中国传统文化的发扬和风景园林艺术的发展添砖加瓦。

一、补充泰山的风景园林学研究

相较于历史学、宗教学、地理学等学科，风景园林学对泰山的研究明显不足。当前国内外学者对于泰山的研究往往集中于现存的泰山文物遗址、文化景观单体或相关宗教活动，对于泰山的整体文化脉络和散布于泰山周边地域的文化遗址缺乏详细的梳理和研究，而对于宗教等文化活动的起源、发展更是研究甚少，往往局限于泰山地方文化活动的现状研究，至于从风景园林学的专业角度，对泰山及其周边的风景园林及其理法进行汇总梳理的研究更是匮乏。作为五岳之首的泰山，其社会文化和自然条件的资料长期与当下先进的研究手段脱节，相关文献记载和研究理不清、道不明，不但使得游客和研究人员难以深入地了解泰山，阻碍了泰山地区文化和经济的发展，也成为中国名山研究的短板。因此，本书立足于风景园林设计理法，力求通过作者的研究成果推动泰山风景园林研究，为我国名山的风景园林学研究尽绵薄之力。

二、推进地域性景观研究

泰山的风景园林特色主要包括自然和文化两个方面，两者共同发展成为泰山风景园林的地域特色。在自然条件上，泰山地处山东中部，位于北京、南京和西安等古都的中间地带。作为南北交通的枢纽和多个朝代统治者朝拜的圣地，泰山地区形成极具地方特色的道路、古建筑、牌坊等建筑形式，并与泰山的自然景观条件紧密结合，而这些极具特色的地域性景观，正是由多样的文化在泰山地区不断碰撞、融合、升华所形成的。在文化背景上，与其他名山的风景园林相比，泰山风景园林的文化背景尤为深厚，这与泰山本身悠久的历史紧密相关。数千年间，封禅文化、道家文化、儒家文化、佛教文化和民间祭祀多种文化在泰山不断交织、融合，所形成的园林地域性既有各类文化的影响，也有同种文化在不同时期的发展烙印，最终集中体现在园林之中。

所以，研究泰山风景园林，有利于进一步挖掘泰山的地域特色，保护为数不多的泰山遗址，同时，能够对当前未进行全面保护和研究的景观进行发掘，解决部分遗址或建筑因为断代不清、背景不明而无法研究保护的问题。此外，也有利于推动具有地域特色的风景园林建设，彰显泰山文化特色，有助于打造泰安特色城市面貌、防止千城一面现象等，具有深远的研究意义。对泰山这一自然和文化综合体的研究过程，也将为其他风景园林学相似的研究提供可以借鉴的角度和思路。

三、传承和发扬泰山文化

本书虽然以泰山的风景园林为主要研究对象，但是由于泰山文化的双重属性，风景园林更是泰山文化的实物载体。所以，要研究泰山风景园林，必须先研究泰山文化，而风景园林学的研究成果也必然会对泰山文化研究起到支撑作用。细致来看，中国风景园林艺术是中国传统文化独特的艺术表现形式，以鲜明的文化特色自立于世界园林艺术之林，这是中国传统思想文化与以"自然的人化和人的自然化"美学哲理为指导的创作实践，与泰山景观文化相耦合。严云霄总结为："孔子圣中之泰山，泰山岳中之孔子。"① 以孔子喻泰山，以泰山喻孔子，体现的是在中国人心目中，泰山犹如孔子。泰山是中华民族的圣山，泰山景观具有深邃的文化内涵和巨大的文化影响力。对泰山的研究，不仅对于泰山地区的经济和文化发展至关重要，更有利于中华民族文化的传承和发扬。

泰山是中华民族的精神象征，泰山风景园林是中国风景园林的重要组成部分。在优秀传统文化复兴的今天，作者遵从中国风景园林艺术的基本理法，从多角度、宽视野研究泰山风景园林的自然与文化特征，加强对文化遗产的保护利用，对于继承和弘扬中国风景园林艺术意义重大。

四、明晰泰山的风景园林发展方向

毋庸置疑，泰山旅游资源的种类、数量都非常丰富。但是，当前泰山的旅游发展并不尽如人意，反而陷入了以泰山南侧中路景观线和岱顶为唯一核心的片面发展模式。这既是对泰山资源的浪费，也致使这一核心过多地承载了泰山的旅游开发，导致游客对于泰山的旅游体验极为单一，远离此开发重点的自然文化资源也被城市建设所侵蚀。

实际上，从风景园林学角度来看，泰山园林的保护与开发的矛盾并非不可调和。绿水青山既是国民的自然财富，又是社会财富、经济财富的重要来源。泰山一方面为当地创造了大量的旅游收入；另一方面旅游业的发展也创造了大量就业岗位，并带动了泰安地区旅游、交通、餐饮等诸多行业的快速发展。相关企业因泰山这一旅游文化形象被人们广泛熟知而大受裨益。在生态环境方面，泰安市凭借泰山这一得天独厚的自然资源优势，先后获得了"中国优秀旅游城市""国家园林城市""国家历史文化名城"等称号。泰城当地居民在日常生活中，也习惯于在泰山景区内进行徒步登山或挑取山泉水等健身活动，泰山的存在极大地优化了地方的生态环境。在环境污染的削弱方面，泰山同样功不可没：发源于泰山顶部的多条溪流，大大加快了水资源更新速度，部分水污染得到了及时疏散；在冬季雾霾横行之时，泰山阻挡了部分来自北方地区的西北风，使得泰安的雾霾相对于其正北方的济南、德州等雾霾重污染城市要轻得多。

通过风景园林专业角度，研究具有泰山地域特色的风景园林，依据成果提出既能满足泰山旅游需求，又不损害泰山原有山水框架的建议，具有十分重要的现实意义。

---

① 刘兴顺.明代泰山孔子庙考论——兼论"孔子圣中之泰山，泰山岳中之孔子"主题形成[J].泰山学院学报，2017，39（5）：8-15.

第二节 国内外相关研究

一、泰山相关研究

（一）古代对泰山的研究

泰山文明历史悠久，关于泰山的文献记载，先秦即有之。清代方志学家阮元曾经说过"史亦莫古于泰山"[①]。泰山地区在原始社会新石器时代即为大汶口文明的主要活动区域，相传中华民族的早期首领"三皇五帝"中的五帝——少昊、颛顼、帝喾、尧、舜皆曾封禅泰山。《尚书》中收录的篇目《尧典》《舜典》均对古东夷族祭祀泰山有所记录。《尚书》中收录的另一篇目《禹贡》以泰山为划分青州与徐州的边界。《尧典》《舜典》《禹贡》三书相传为三帝时期所著，也有周初人作的说法。《尚书》并未记载明确，但最晚在春秋战国时期已经成书。三书可能是对泰山有文字记录的最早文献。

目前，可明确考证的关于泰山最早的文献记载为《诗经·鲁颂》："泰山岩岩，鲁邦所瞻。奄有龟蒙，遂荒大东。至于海邦，淮夷来国。"[②] 歌颂了鲁侯的功德。之后，历代史书及重要文献中有很多对泰山的散记研究，包括《周礼》《博物志》等综合性文献，《公羊传》《史记》《后汉书》《资治通鉴》《通志》等史书，还有《茅君传》《福地记》《列仙传》等文献。历代文人所咏的泰山诗，亦被各类诗集收录，对研究泰山风景园林的历史有非常重要的意义。虽其浩如烟海，不可一一列举，但纵观这些文献，对泰山风景园林研究最具参考价值的，大致有两个方面：第一，泰山的大致形貌和地理位置，各类文献基本上都对这一点有所记载，例如，《周礼·职方》曰："河东曰兖州，其镇曰岱山。按镇言其重也"[③]；《公羊传》曰："触石而出，肤寸而合，不崇朝而雨天下者，惟泰山耳"[④]。这是研究泰山风景园林的大致形貌、范围等的重要参考。泰山诗词是比较诗意的对泰山风景园林的描述，也成为研究泰山风景园林理法的重要参考。第二，祭祀相关记载。关于祭祀的记载自封建社会之前即出现在《尧典》等文献中。春秋时期，孔子曾经亲上泰山考察周朝祭祀礼仪，一些文献较为详细地记载了封禅的信息。《史记》《后汉书》《白虎通义》等文献中记载的年代与封禅发生年代较近，所以记载较为翔实，在研究祭祀景观历史时是重要参考，对整体风景园林理法布局的余韵也很有参考价值。

① 金棨.泰山志（上）[M].济南：山东人民出版社，2019.
② 张南峭.诗经 [M].郑州：河南人民出版社，2020.
③ 张建中，由明智.周礼 [M].大连：大连出版社，1998.
④ 刘松来.春秋公羊传精解.[M]青岛：青岛出版社，2020.

到了明、清两代，就有泰山的专著保留下来，是考证泰山历史的重要参考。据统计，明代泰山专著有三十二种，清代有七十二种。在研究泰山的综合性文献中，明代万历年间汪子卿的《泰山志》、明代查志隆的《岱史》、清代唐仲冕的《岱览》章法清晰、考究严谨、旁征博引，最负盛名。《泰山志》是最早对泰山进行全面介绍的专著，其分类介绍了泰山山水、祭祀、遗迹、圣贤、列仙、建筑、历代诗章、岳治、名人、物产、杂记等。《岱史》是在考证《泰山志》的基础上修订编纂的，内容资料颇为翔实。其编写结构与《泰山志》基本相同，且每章前面都有总结。《岱览》第一卷为总论，之后是众景观的分览，后总结历代诗章，最后附金石录、艺文录，实为泰山文化大观。其中，分览对泰山景观记录十分翔实，是研究泰山风景园林的宝贵资料。

明代萧协中的《泰山小史》、清代聂剑光的《泰山道里记》也是以记录泰山景观为主。《泰山道里记》以游记的形式对泰山景观进行记录，以作者的真实考证为基础，景观之间的关系表达较为明确，有独到见解。清代孙星衍的《泰山石刻记》汇著了泰山历代石刻，是考察石刻的重要依据。除此之外，清朝嘉庆年间泰安知府金棨也编纂过一本《泰山志》，内容多为整理前人研究，少有自己的观点。

除文字记载以外，有许多泰山以及泰山局部的图片也保留下来，这些图片记录直观地表达了许多与泰山有关的信息。明《泰山志》《岱史》《岱览》、清乾隆年间《泰安府志》《泰山道里记》《泰山指南》、清朝道光年间《泰安县志》中均绘有泰山图。《岱览》、《泰山志》（清）、《泰山图志》中除泰山图以外，还保留了大量泰山分区图。这些图片较为详细地记载了各个山峰之间的关系、泰山部分景观的风貌及部分建筑的形制，对考证各山峰的位置、部分园林的想象复原等研究有很大的帮助。

（二）现代对泰山的研究

现代泰山学者也对泰山进行了不懈的研究，涌现了许多专著、古籍校注校正等。现代研究较之古籍更加系统、新颖、全面，为泰山研究做出了突出贡献。

在古籍校正方面，泰山学院的孟昭水老师对《岱览》进行了校正考察，著成《岱览校点集注》（孟昭水，2007）。全书分为上下两册，书中不仅有对全文的古文校正，还有许多孟昭水老师根据文献研究以及实地考察写成的注释，可谓是《岱览》一书在现代的续写，其内容广博、翔实、条理清晰，是本书写作的重要依据。此外，泰山学院的周郢、刘文仲老师分别对明《泰山志》《泰山小史》进行了校注，著成《泰山志校正》与《泰山小史校注》（周郢，2006；刘文仲，1992），特别是明《泰山志校正》包含了几乎所有明朝及明朝以前的古代泰山文献，对本书写作也有十分大的帮助。

除对《泰山志》进行校正以外，泰山学院周郢老师还编纂了《泰山通鉴》(周郢，2005)。《泰山通鉴》以时间顺序记载了先秦至清代泰山地区发生的重要事件。整理资料条例详细，考究论据充分。刘慧的《泰山宗教研究》对泰山宗教进行了系统的理论研究。泰山景观涉及的文化是复杂的，理解宗教与其他文化之间的关系，才能更好地理解景观建设时自然景观是与何种文化融合建造的，真正把握泰山景观与文化是如何融合在一起的，对泰山宗教景观理法，特别是问名、相地等研究有重要意义。

现代学者对于泰山的研究可谓包罗万象。除了风景园林学角度，近年来学者从地质学、生物学、气象学、历史学等诸多角度对泰山进行了深入研究。2006年，河南大学博士孟华从区域可持续发展的角度，借助人地和谐论，对泰山进行了地理环境和人地关系分析，提出泰山是一个完整的人地关系地域系统。在宗教研究方面，四川大学博士胡锐（2003）立足中国道教研究，以多座名山道教宫观和东岳庙为研究对象，重点提出了实现传统文化延存与现代化协调发展、良性循环的观点。北京师范大学刘云军在2008年提出，泰山地区的宗教在民间的普及和深入，正是由泰山的封禅文化所催生的，既非单纯的"官僚模式"，也不是单纯的"个人模式"，表现出的是一种两者相互交融的复合模式。山东大学刘晓在2013年对泰山庙会的研究中提出，泰山庙会在全国范围内影响深远，泰山在全国人民的心中已然成为一座"朝圣"的山。兰州大学刘奎（2013）研究明清时期的泰山碧霞元君信仰时，以泰山地区碑刻为研究对象，深入分析了明清以后，碧霞元君得以成为泰山主要信仰神位的原因。暨南大学孟昭锋（2010）通过明清时期泰山神灵变迁与进香地理研究，研究了泰山香客构成，并基于此提出了东岳庙和碧霞元君庙的分布关系。在泰山地区的文化研究方面，西北大学朱建光（2013）研究发现，齐鲁文化特色的根源正是其地理学的特质，而泰山正是齐鲁大地上最具代表性的地理奇观，构成了齐鲁文化的根基。湖南师范大学宋超在《东岳泰山与宗法文化研究》中从泰山的封禅文化和人们对于泰山的心理崇拜入手，研究了泰山和宗法之间紧密的联系，提出泰山是中国人宗法思维的承载者和象征这一观点。而对于泰山最为典型的儒、释、道三家文化，山东大学张贤雷（2008）以泰山的神灵信仰为研究对象，系统地研究了泰山信仰的发展脉络，并提出了泰山儒家为脉、道教为主、佛教补充、兼备民俗的信仰文化体系。

反观当前泰山地区的发展，2008年，南京师范大学丛莎莎从旅游资源开发角度对泰山进行研究，提出为了解决当前泰山面临的旅游发展问题，应从改革自身的管理体制入手，加强泰山景区的市场化，借此打造完善的旅游产品和旅游形象等。齐齐哈尔大学张岳娟（2015）着眼于当前泰山东部的封禅大典旅游项目开发，研究提出泰山的封禅活动在历史的发展过程中，由早期的粗犷型封禅活动逐渐过渡发展为唐宋时期较为典雅的封禅，展现了封禅活动的目的转变过程。这些研究成果在本文的研究过程中，都提供了从多个角度审视泰山、研究泰山的可能，为本文成果的提出打下了坚实的基础。

二、园林设计理法相关研究

（一）古代对园林设计理法的研究

中国古代系统地对造园理论进行研究的文献并不多见，主要为园林游记或者园林建造记。但《园冶》《长物志》《闲情偶寄》等理论著作为研究园林理法提供了基础和依据。严格意义上来说，仅有明代计成所著的《园冶》专门研究造园理论。《园冶》是中国造园理论史上的著作，流传入日本时被译为《夺天工》，在世界造园史上也有举足轻重的地位。计成从相地、立基开始，通过介绍屋宇、装折、门窗、墙垣、铺地、掇山、选石，说明园林建造的章法；最后一部分总论借景，着重于阐明中国古代园林的设计方法、风貌，并展现了作者的审美取向。文章中多现"泉流石注，互相借资""因山构室，其趣恒佳""夹巷借天，浮廊可度"，最后点出"夫借景，林园之最要者也。如远借，邻借，仰借，俯借，应时而借"[①]。可见计成也将借景作为园林理法的核心。北京林业大学的薛晓飞老师即是运用了《园冶》中的三句话，阐述了借景理法的三个要点："巧于因借，精在体宜""借景（景到）随机""借景无由，触情俱是"。即借景时要注意：巧妙合宜，找准机缘，表达感情，方能"夺天工"。《园冶》作为中国古代造园理论名作，值得我们细细品味和研究。

明代文震亨的《长物志》着眼于收集与"品题"，主要研究了古代的物质文化。前五卷室庐、花木、水石、禽鱼、几榻与第十卷位置，均是对园林的研究，而器具、衣饰、舟车、蔬果、香茗等六卷也均与园林有关。明末清初李渔的《闲情偶寄》则研究了古代的生活文化。其中，居室部与种植部是对古代园林的研究。虽不是专研造园，但二者均涉及了古代造园的理论。《长物志》收集了许多园林作法，更在卷一室庐的海论（总论）中提出："随方制象，各有所宜，宁古无时，宁

---

① 计成.园冶[M].南昌：江西美术出版社，2018.

朴无巧，宁俭无俗，至于萧疏雅洁，又本性生，非强作解事者所得轻议矣"[①]的园林审美观点。《闲情偶寄》则从古代人在园林中的行为入手对园林进行描述，认为造园应当"雅素而新奇"。二者比《园冶》更侧重于园林的理法，虽着眼点不同，但均认为造园不可媚俗，不可照搬，不可强作解，要根据基址本来的环境进行建设。《园冶》《长物志》《闲情偶寄》相得益彰，共同阐述了先人对中国古代造园理论的认识，园林理法理论体系的建立离不开三本著作打下的基础。

（二）现代对园林设计理法的研究

孟兆祯先生的《避暑山庄园林艺术》以及他所撰写的各类文献，对园林理法研究有提纲挈领的作用。著名古建筑园林艺术专家陈从周先生的《说园》和北京大学的世界遗产研究专家谢凝高先生的论文集《名山·风景·遗产》，前者是造园理论的著作，后者是名山风景理法的著作。陈先生本意写一卷，后陆陆续续成书五卷，以几万字总结毕生造园理论心得，涵盖古今南北。文中提出"中国园林是由建筑、山水、花木等组合而成的一个综合艺术品，富有诗情画意"[②]。对园林中虚实、俯仰、动静、真假、大小、远近等关系的描述，颇具中国古代哲学思想和美学思想深蕴。陈先生认为"造园一名构园，重在构字"[③]，人将风花雪月的自然客观存在构入园中，成为人化自然，反过来可以打动人。这种人与自然在园林中的交感，是造园的最高境界。谢先生的论文集提纲挈领地对名山景观做出分析，理论性很强。谢先生在第一编《名山》中提出我国名山风景名胜区人文构景的传统原则就是因山就势。因山就势原则应用于名山造景时要注意"远取势，近取质"[④]，即整体布局时识其山势，局部造景时注意根据自然条件的不同导致的岩石状态不同来具体实施造景。谢先生在第二编《山水审美》中提出山水美的五大特征为：自然性、时空性、科学性、和谐性、综合性。借景为中国园林景观理法之核心，因山就势为借景在名山景观理法中的具体实现原则，山水美的五大特征就是因借山水的关键之处。两位老先生的著作中虽没有提及理法一词，但实为研究园林理法的重要参考。

中国古代园林与建筑有密不可分的关系，许多建筑学学者也有对古代造园理论的分析。东南大学建筑学家潘谷西先生著有《江南理景艺术》，天津大学的彭一刚先生著有《中国古典园林分析》。潘先生通过对江南园林广泛的考察实测，对由庭院、园林、邑郊、沿江、名山等六个部分组成的江南园林大结构进行研究，

① 文震亨. 长物志 [M]. 汪有源，胡天寿，译. 重庆：重庆出版社，2008.
② 陈从周. 说园 [M]. 上海：同济大学出版社，2009.
③ 同上.
④ 谢凝高. 名山·风景·遗产 [M]. 北京：中华书局，2011.

"从空间艺术的视角进入'园林'研究再进入'理景'研究"①。理景的"理"为治理的意思，要充分利用场地原景物建设改造，发挥场地本来的美。彭先生在书中则是主要借助近代建筑理论分析古代园林，从建筑理论的角度提取古代园林的特点，再具体举例分析。二者以建筑学的视角分析造园，逻辑严谨、思路清晰。《江南理景艺术》展现了古代园林景观兼具的小桥流水式利用场地的"造"景和名山大川式依山就水的"就"景，二者并称为理景，同法不同式。这与景观理法分析有异曲同工之妙。《中国古典园林分析》是设计章法直观科学的分析。二者均为分析景观理法提供了可借鉴的思路。

近年来，北京林业大学的薛晓飞老师研究了景观理法的核心——借景，阐明了借景理法的文化理论基础、基本理论框架，并结合实例分别从理法序列的六个部分来研究借景如何在园林景观中发挥作用，最后分析了借景这一传统理法的未来发展方向，详细清晰地介绍了借景理法。秦岩（2009）、陈云文（2014）、张晓燕（2008）、马辉（2006）、于亮（2011）、魏菲宇（2009）、邵丹锦（2012）分别研究了景观中建筑、水景、廊、桥、相地、置石掇山、种植设计的理法，均是先严谨地介绍了这些景观元素的历史背景和文化内涵背景，然后具体结合借景以及景观理法序列的六个部分分析了这些元素结合景观理法的应用，并在最后分析了这些景观元素在未来设计应用中的发展方向。鲍沁星（2012）、肖遥（2016）、吴然（2016）、梁仕然（2012）、杨忆妍（2013）、谢明洋（2015）等分别从理法的角度分析了杭州自南宋以来的园林、峨眉山风景名胜区的寺庵景观、四川盆地山水城市、广东惠州西湖风景名胜区、皇家园林园中园、晚清扬州私家园林，均对理法分析有较为成熟、实际、扎实的运用。闫一冰（2015）、张博（2010）等从时间设计、三维数字技术等角度分析园林理法，为本书的研究提供了新颖的视角。这些论文都为本书提供了重要参考。

可以看出，从古至今，无论是《园冶》还是《避暑山庄园林艺术理法赞》等现代文献对园林理法的分析大多以因借自然为核心，从发现自然本身的特色与美学出发，结合造园师的功底和匠心，创造"巧于因借，精在体宜"的园林。

三、风景园林的相关研究

（一）国内研究概况

泰山是中华风景名山，现代有许多研究风景园林设计理法的著作都以泰山

---

① 潘谷西．江南理景艺术 [M]．南京：东南大学出版社，2001．

风景园林举例论证，研究名山理法的著作更是基本都会涉及泰山风景园林，其中几位老先生的研究是本书的重点参考资料。孟兆祯先生对泰山南天门借对松山两山交夹之势造景有高度评价（孟兆祯，2012）。陈从周先生的《说园》也多次提及泰山，描述了泰山十八盘至南天门的景观。陈先生的论文集中还收录了一篇关于岱庙的专论，对岱庙所处的环境进行了完整的介绍（陈从周，1984）。周维权先生的《中国名山风景区》首先以时间顺序由殷周至明清对全国名山风景区的发展做了全面的介绍，又综合阐述了全国名山风景区的自然资源和人文资源，具备相当的广度和高度，为泰山各个时期在中国名山风景区中的地位提供了横向和纵向的参考。之后，周维权先生针对主要游览线路对泰山进行了专论（周维权，1996）。谢凝高先生的《名山·风景·遗产》对泰山风景的评价最为详细。在介绍山水审美时，其以泰山举例，阐述了泰山以自然景观为基础，通过精神文化渲染和文化景观点缀创造的"雄"美。其中，第三编国家风景名胜区——中国的国家公园中，详细地对泰山的景观资源做出了评价。其首先对泰山的地质地貌、气候、植被、水文等自然景观特点，与原始崇拜、宗教、封禅、文人文化等历史文化特点，一一进行详细介绍并论述评价，又将泰山景观的独特性总结为自然之美、自然与人文融合之美、精神文化象征意义。谢先生对泰山风景园林系统的研究评价，具备相当的高度和深度，为本书研究提供了切实可靠的方向和依据。

现代泰山风景园林的研究主要集中在景观分析、景观评价、景观与文化、生态评价、地质研究等方面。本书主要参考侧重于景观分析的文献，研究对象以南侧中路景观线和岱庙为主，另有桃花峪、普照寺等各景点的分析。1997年，山东建筑大学的周今立教授就对泰山古建筑群的特征进行了概括，认为泰山古建筑群的安排重点在南侧中路景观线部分，以"朝天"为中心，并形成"三重空间、一条轴线"的布局。2006年，清华大学的王南从清宫泰山全图入手，分析了泰山南侧中路景观线主轴线上古建筑群的布局，延续了"三重空间、一条轴线"的分析，并探讨了泰山建筑文化内涵、主要建筑群的空间格局等诸多方面。2014年，山东农业大学的刘兵也对这条轴线进行了分析，阐述了泰山南侧中路景观线的历史演变、山地景观的组成和山地景观空间，主要运用的是彭一刚先生在《中国古典园林分析》一书中的线性关系空间分析方法。这两篇是对泰山南部登山线路分析比较有条理、参考性较强的文章。有关岱庙的研究，除陈先生的研究之外，吕红（2013）等对泰山岱庙建筑空间组景艺术进行了研究，同年付强（2013）对岱庙的古建园林艺术特征进行了研究。除南部登山线路与岱庙以外，泰山其他地区的风景园林研究较为分散，主要包括2000年乔平林对泰山桃花峪景区的自然景观构成要素进行的分析，以及 2005 年吕红对泰山普照寺的园林进行的分析。

在泰山石刻的研究方面，2016 年吉林大学李贞光对泰山石刻文献进行了综述研究，详尽研究展示了明朝之前、明清时期和建国之后三个时期的泰山石刻文献；而 2010 年曲阜师范大学万萍则是对泰山石刻的地理位置、石刻内容、书法特点等石刻的详细特征进行了研究。

曲阜师范大学丰湘（2006）对明清时期古人的登山路线进行了研究，将研究对象分为帝王、官宦和平民等几类登山主体。山东农业大学王尚（2013）从同一角度出发，但仅将泰山南侧中路景观线作为主要研究对象，详细研究了这一路线从先秦至现代各个时期的变化过程。古人在泰山地区的活动，不仅留下了很多现今仍在使用的登山路线，而且有很多文化景观得以留存至今。2011 年，山东农业大学王琳琳在《泰山寺观风水研究》一文中提出，泰山地区的寺观建设，选址相地、建筑设计、植物种植设计都与传统的风水暗中相契合，并列举了例子加以验证。2007 年，山东大学任双霞在景观研究过程中以泰山王母池为研究对象，对王母池的景观地域性和文化特殊性进行了研究。

2014 年，中南林业科技大学的胡秀云对泰山书法景观进行了研究，其角度主要是基于游客对泰山地区的石刻感知。同一研究角度还有山东农业大学顾威在 2015 年对于泰山中路，也就是红门至南天门一线的摩崖石刻研究，研究按照不同功能对泰山摩崖石刻进行了划分。2008 年，周晓冀从考古学角度对泰山的佛教石窟造像进行了深入研究，提出了泰山佛教造像具有种类囊括佛教各个流派，却与泰山地方民俗相融的特点。

在泰山风景园林有关的研究中，研究生毕业论文一共有 27 篇。近年来一直有博士研究生与硕士研究生对泰山风景园林有关的领域进行研究，一般每年有 2~3 篇的研究论文，且有增多的趋势（图 1-2-1）。这些文献在不同的领域，运用不同的方法对泰山进行了研究。

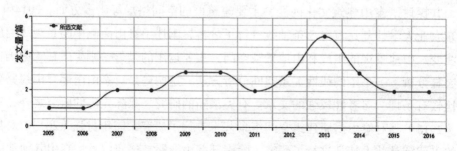

图 1-2-1 研究生研究泰山论文数量

（图片来源：运用中国知网工具绘制）

通过"中国知网"的文献分析工具，本书对这些论文的研究重点进行了分析，可以发现，对泰山的研究很多，但是研究内容均有所不同。其中，博士研究生毕业论文有2篇，硕士研究生毕业论文有27篇（图1-2-2）。而风景园林领域对泰山的研究只有6篇，更多的是从经济管理领域对泰山旅游资源、管理的研究，以及从哲学和人文科学领域对泰山风景园林的历史文化等方面进行研究（图1-2-3）。

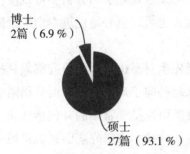

博士
2篇（6.9%）

硕士
27篇（93.1%）

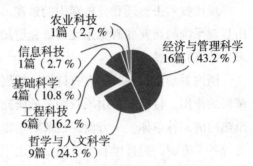

农业科技
1篇（2.7%）

信息科技
1篇（2.7%）

经济与管理科学
16篇（43.2%）

基础科学
4篇（10.8%）

工程科技
6篇（16.2%）

哲学与人文科学
9篇（24.3%）

图1-2-2　泰山风景园林研究生论文研究层次图　　**图1-2-3　泰山风景园林研究生论文研究领域图**
（图片来源：运用中国知网工具绘制）　　　　　　　（图片来源：运用中国知网工具绘制）

这些论文对泰山风景园林的研究范围有所不同，主要有五个方面：（1）对泰山国家公园、泰山风景名胜区进行研究；（2）针对泰山南侧中路景观线进行研究；（3）针对碧霞祠、岱庙、王母池等重要的一个或者多个泰山园林或建筑进行研究；（4）研究泰山周边的大汶口等其他文化景观；（5）没有明确对泰山的研究范围。这些论文采用的研究方法主要有三种：（1）通过实地调研和实测对泰山进行研究；（2）通过古代文献、古代石刻等对泰山进行研究；（3）随着近些年来信息技术手段的发展和普及，出现了用新的技术手段对泰山进行研究的文献。

可以看出，涉及泰山景观的研究虽然很多，但是从风景园林领域去研究泰山风景园林的并不多，而且研究的范围和时间跨度都比较小。研究范围多为景观点和景观线，或者为规划领域划定的范围，而且研究大多针对遗留下来的文化景观，并没有对泰山的自然山水景观资源进行整体的梳理。除从历史文化角度研究以外，风景园林领域对泰山景观的研究均是立足于现在的景观，并没有从整个历史发展的角度和景观恢复的角度对整体景观进行分析。中国园林讲究源于自然而高于自然，景观理法中相地借景也是非常重要的部分。所以，研究泰山文化景观，不仅要深入历史，还要从泰山的自然山水资源开始。这种从相地开始，基于泰山本身的研究才会使得泰山景观的道路越发展越宽。从对这些论文的分析中可以看出，作为非常重要的风景园林资源，立足于风景园林领域的泰山景观研究任重而道远。

同时，在信息化发展越来越快的时代，将地理信息系统（GIS）等新的技术应用于泰山风景园林的研究中也是十分重要的。这方面的研究已经开始了，但是更多的是侧重于技术的研究，而不是对泰山景观的分析。在技术不甚发达的时代，人们在对泰山的地形和自然景观进行表达时，只能运用直观的感知进行粗糙的图片绘制，再加以文字描述进行表达。这种表达并不精确。这些已经被发现的自然美和泰山本身的游览系统是值得人们运用现代技术去更好地挖掘和整理的。结合一些现代技术去整理和分析泰山的景观，并且辅助景观理法的分析，可以使得泰山景观系统的研究和游览系统的研究更加全面，也可以更好地促进泰山风景园林未来的研究发展。

国内对泰山景观的研究有许多，特别是老先生对泰山景观的研究都颇具提纲挈领的作用。目前对泰山风景园林的研究越来越趋向于局部研究，而且局限于几个热门的园林单体。一方面，目前对泰山景观的研究是非常多的，包括地质、生态等各个方面，而且也有学者提出要运用一些新的技术来研究泰山景观；另一方面，目前暂无对泰山景观整体由面到线再到点，以及从时间与空间两个维度并行，对泰山风景园林理法进行完整梳理的研究，这种研究也需要现代技术的辅助来完成。

（二）国外研究概况

国外对泰山的研究始于对汉学的研究。一批对东方有浓厚兴趣的外国汉学家，将泰山视为中国文化，甚至视其为宗教文化的典型与浓缩。在这种情况下，20 世纪初，外国汉学家开启了对泰山的研究，后来还有一些建筑学家也加入了对泰山的研究。他们著述的文献记录了许多当时泰山的自然、文化景观风貌，保留了大量珍贵的历史资料，并通过汉学和建筑学为研究泰山景观提供了一些不同的视角。建筑学家对泰山风景园林的看法和研究方法出自西方的文化理念，而汉学家对泰山的研究则是站在不同文化、不同宗教的立场上的研究。

被誉为"欧洲汉学泰斗"的法国史学家爱德华·沙畹（Edward Chavannes）在 1891 年与 1907 年两次登泰山考察，第二次考察还特别带了随行摄影师，进行拍摄工作。1910 年，沙畹发表著作《泰山：中国人之信仰》（*Le T'ai Chan*：*Essai de monographie d'un culte chinois*），另译为《泰山志》。这本书的法文版本共计 800 多页，包括了对泰山宗教信仰的介绍、对泰山景观的介绍，以及许多珍贵的碑文资料。沙畹对泰山的研究虽然是从宗教的视角进行的，但也对泰山进行了全面研究，特别是对泰山道教祭祀礼仪有着非常深入、严谨的研究。更为可贵的是，沙畹对于泰山整体景观具有自己的看法。首先，沙畹是法国人，其对景观的看法摆脱不了西方古典园林的分析方法，所以他提出了古代中国帝王封禅地点选择是源于自然地势，这种将泰山看作一个轴线，结合地形进行的具有高度概括性的分析有浓厚的西方文艺复兴园林的影子。但是，作为一位汉学家，他也提出了这其中高、低，天、地，泰山、社首的阴阳关系，这些观点是中国哲学对景观的看法。沙畹将这两种不同的观点融合起来形成的分析，为泰山风景园林设计理法的研究提供了非常宝贵的视角。

德国汉学家卫礼贤原名理查德·威廉（Richard Wilhelm），其《中国心灵》（*Soul of China*）一书中《圣山》这一章可以被看作宗教色彩浓厚的泰山游记。法国汉学家保罗·戴密微（Paul Demieville）发表的文章《泰山——舍身之山》（*Le Tai-chan ou Montagne du suicide*）也是主要从宗教入手，涉及泰山佛教景观的研究，将泰山称为"舍身之山"，点明了他对泰山佛教景观主题思想的认识。后来，俄国、日本的汉学学者也对泰山进行了研究，出发点都是泰山在中国文化中，特别是在宗教文化中的重要地位。关于宗教景观，特别是日本汉学家的研究多充斥着过于神秘的色彩，对风景园林设计理法研究的参考意义不大，所以本书不详细考证。

德国建筑师恩斯特·伯施曼（Ernst Boerschmann）可谓西方研究中国古建筑的第一人。他走访考察的行程涉及中国十二个省，其中就包括泰山。其 1911 年出版著作《中国建筑与宗教》（*Die Baukunst und religiöse Kultur der Chinesen*），1925 年出版著作《中国的建筑与景观》（*Picturesque China: architecture and landscape*），前者以城墙、门楼、厅堂等建筑的组成部分分类研究了中国建筑，后者以省份分类介绍中国的建筑与景观，留下了许多关于泰山景观的宝贵图片资料。伯施曼从外国建筑师的角度解读泰山的建筑和景观，认为泰山的南天门是利用山势营造园林的典范。另一位与伯施曼同时期的德国建筑师贝恩德·梅尔彻斯（Bernd Melchers）在 1921 年出版了《中国寺庙建筑》（*China. Der Tempelbau*），书中收录了泰山寺庙（包括灵岩寺、神通寺）的珍贵照片资料。瑞典史学家、哲学家——奥斯伍尔德·喜仁龙（Osvald Siren）1929 年出版了《中国古代艺术史》（*Histoire Des Arts Anciens De La Chine*），该书共四卷，其中第四卷主要介绍建筑艺术，将泰山十八盘誉为"中国建筑与自然融为一体的典范"。这几部著作从建筑视角入手，更有所侧重地对泰山进行研究，不但提供了宝贵的视角和思路，还保留了许多珍贵的参考资料。

现代外文文献对于泰山的研究包含了许多方面，其中最多的是生态和地质方面的研究。生态方面的研究重点是泰山空气中的气溶胶含量，因为泰山净化空气的作用不容小觑。泰山的森林覆盖率高达 90 % 以上，在后石坞区域内还有一片森林浴场，负氧离子浓度瞬间值最高达每立方厘米 14 万个。泰山还有许多与气溶胶相关的气象景观，所以在研究气溶胶的领域，泰山是非常重要的研究材料。此外，还有针对泰山土壤和土壤微生物含量的研究。泰山地貌分界明显，地貌类型繁多，侵蚀地貌发育良好，岩层也十分古老，非常具有研究价值。同时，还有对泰山旅游资源的开发和保护，以及对泰山地区历史文化的保护策略的研究。值得注意的是，越来越多的研究运用了新的技术手段，如 GIS、虚拟现实技术等，来研究和保护泰山的旅游、历史文化资源。一些学者在 2011 年就提出了要运用可视化的三维地形信息，对泰山的景观进行可视化分析，这对于在地形复杂的泰山分析泰山风景园林设计理法，具有非常大的帮助。

可以看出，西方学者对泰山景观的研究多出于对中国文化的热爱，我们从中也可以看到不同价值观对泰山风景园林的看法。他们严谨考证的态度以及当时对相机的使用，为我们留下了许多珍贵的史料。随着国外对汉学研究热潮的减弱，国外对于泰山的研究兴趣也开始减弱，与风景园林学相关的研究，多集中于对泰山的生态环境与特殊的地质景观的研究，也有一些运用现代技术对泰山的研究。这些研究为本书提供了一些新的思路。

第三节　研究方法和技术路线

一、研究方法

（一）文献综合法

从古至今，有关泰山的文献记载虽然相对丰富，但是专门研究泰山文化与园林的关系，尤其是风景园林设计理法的研究可谓凤毛麟角。因此，对于搜集到的泰山文献资料，本书首先利用文献综合法，对其进行专业的筛查和提取。对于搜集到的民间流传文献资料，缺乏实例或科学依据的，则有所放弃；对于专业的研究资料、矛盾的研究问题，本书进行考证，或对比得出更具有科学支撑的结论，借以佐证后文的研究；而对于文献中存在与学术界主流认知不符的记载资料，本书也大胆提出自身对于文献或主流认知的不同意见，综合其他文献，在研究过程中对不符的问题小心求证。

（二）比较分析法

运用分析法有助于对研究对象进行抽丝剥茧的分析。在对泰山风景园林的比较分析中，本书利用横向对比，发掘出泰山园林与其他地域的不同、自身园林单体早期和现今布局形制的异同点；而后利用纵向对比，分析得出其历史演变过程，厘清文化脉络，梳理得出风景园林设计理法的共性或特征，进而为后文的复原成果展示提供相关的科学依据。

（三）访谈调研法

在前期搜集资料的过程中，对于资料的搜集范围、准确性往往缺乏考证，对后文的研究支撑力度不足。因此，作者积极地走访泰山当地群众，对于文献中记载和现今已不可考的部分遗址进行了解，详细记录其位置、面积和民间流传信息；对于资料和自身研究中存在的矛盾，作者向包括泰山学者在内的专业泰山研究人员寻求答案，明确自己的研究依据和研究方向。由于泰安地方发展，泰山自然和文化景观存在着不同程度的破坏现象，因此作者在研究过程中，积极向地方专家寻求帮助，了解相关规划建设的一手信息，通过泰城的建设发展顺藤摸瓜，了解泰山风景园林的现状，保证自身研究的科学性。

（四）实地调研法

实地调研是获得真实资料最为有效的调研方式。对于搜集的资料中存在记录模糊不清或是文献存在矛盾的问题，作者主动走进泰山自然和文化景观现场，通过自身实测和拍照记录获取相关景观的资料。对于泰山当地的文化景观遗址存在的损毁现象，作者实地调研记录，并与文献资料进行对比，在此基础上推测得出泰山风景园林的设计理法。同时，对于研究中缺乏文字描述力的相关园林实例，作者实地调研感受景观，并真实记录，在本书的描述中予以展示和描述，以便提高本书的科学性和通俗性。

（五）举例分析法

在此次的研究过程中，由于泰山地区园林数量众多，因而基于有限的时间和精力，作者选取了最具代表性的 8 个单体着重进行研究。在研究单体对象的选择方面，作者着重选择了那些在自然或是历史文化方面最具代表性的园林和建筑进行举例研究。通过对这些单体隐含的自然和文化等信息的梳理研究，为提出泰山风景园林的特色理法和共性理法打下基础。

（六）归纳演绎法

泰山地区不同的文化景观之间存在着诸多不同，这不但与景观所处的地理位置、周边自然资源息息相关，更是与其建设之初的文化背景和延续至今的演变密不可分。因此，本书通过归纳演绎的方法，排除个体文化景观在历史发展过程中的个性化因素，通过历史和文化线索将地区间的文化景观串联归纳，推断出泰山文化景观的共性，明确其风景园林设计理法。

（七）研究中存在的限制因素

对于泰山地区风景园林的研究，相关文献资料记录模糊，存在着信息不全甚至是错误的问题，大部分文献资料为古文记载，影响了研究的开展和推进。同时，泰山地区的文化景观在地方经济飞速发展的浪潮之下，存在着大面积改建甚至损毁的情况，如泰山索道的建设和岱庙在 2000 年初的大规模改建，使得当地很多具有代表性的文化景观已面目全非或难以找寻，对实地调研也造成了不小的麻烦。反观作者自身，由于专业水平和相关知识储备的限制，对于泰山风景园林设计理法，未能够在研究过程中逐一依照立意、相地、问名、布局、理微、余韵六个序列提出专业论断，这也是限制研究水平的重要影响因素之一。

二、技术路线

前期围绕泰山文化和泰山自然资源，作者大量搜集相关文献资料，同时查阅相关学术论文和研究报告等，确定本书的泰山研究范围，总结前人在研究过程中积累下来的经验和存在的不足，在自身研究开展时进行借鉴或规避（图 1-4-1）。

本书一方面确立了自身的主要研究方法，另一方面通过实地调研的方式解决研究过程中存在的疑问，两方面相结合，更好地明确能够代表泰山风景园林的点，对包括碑刻、道路和古建筑在内的景观进行深入研究，重点关注各单体的文化背景、建成时期和现状，再结合前期搜集到的文献资料，提炼出泰山风景园林的设计理法汇总，对泰山风景园林保护和泰山文化弘扬提出专业的意见。

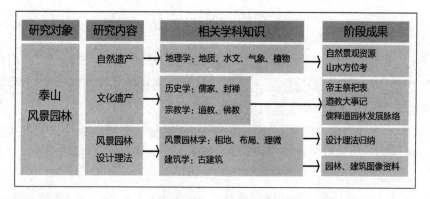

图 1-4-1 技术路线图

（图片来源：自绘）

第四节 本书框架

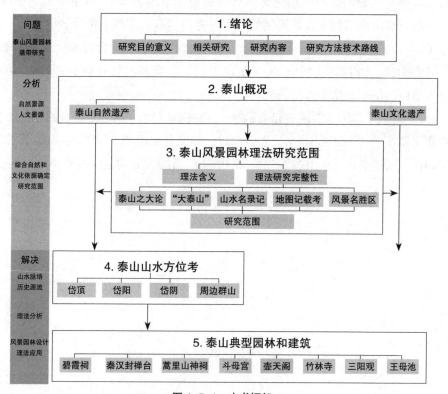

图 1-5-1 本书框架

（图片来源：自绘）

第五节　凡　例

（1）本书中以汉字（汉字数字）表示的年、月指的是古代记录事件时使用的农历历法，而以阿拉伯数字表示的年、月、日则指的是现在通用的公历历法，如汉武帝元封元年（前110）为农历日期、2000年为公历日期。

（2）本书中涉及的朝代，均是按照1994年北京文物出版社出版的《中国历史年代简表》中所列的朝代进行划分。书中突出统治者统治时期时使用"朝"，突出客观时间时使用"代"。

（3）本书中涉及的一般古代计量单位"里""步""寸""尺""丈"等计量单位，均以清代计量制度为标准。其中，1里约为576米，1丈约为3.2米，1尺约为0.32米，1寸约为0.032米。其他特殊的计量单位，如"席"等，在书中会进行特殊说明。

（4）泰山风景园林研究范围广大，山体众多。为了方便表述，本书将泰山主体山峰周围的小山，如蒿里山、亭亭山等统称为泰山周边群山，以泰山周边群山为主要研究对象时，将泰山主体山峰，称为"泰山主山"，将泰山南侧中部自一天门起至泰山顶的盘道及其两侧的景观，称为"泰山南侧中路景观线"。

（5）为了方便结合泰山山形走势，结合古代文献表述景观的位置，本书综合了《泰山志》《岱览》《岱史》《泰山道里记》等众多古籍对泰山的记载，将泰山分为岱顶、岱阳、岱阴进行研究。

（6）名为《泰山志》的古籍有两本，不特殊区分时，本书中出现的《泰山志》均指汪子卿所著。二者在同一章节出现时，如无其他说明，"明《泰山志》"指的是明朝汪子卿所著的《泰山志》，"清《泰山志》"指的是清朝金棨所著的《泰山志》。

第二章　泰山概况

　　泰山位于华北平原东面，山东省济南市以南，莱芜市以西，泰安市城区以北，地理坐标为东经 116° 55' 21.539"—117° 9' 6.595"，北纬 36° 10' 44.985"—36° 23' 13.396"。现存泰山主景区范围，南侧以泰安环山路以北为界，东至农业观光路，北达牛山口村和泰安林场，西北以济南泰安行政区划为界，西南至曹家庄水库，面积约为 137.7 平方千米。

　　泰山又被称为"岱山""岱宗""岱岳""东岳""泰岳"。据史料记载，自秦朝以来，历朝历代都将泰山奉为神山。这与泰山特殊的地理位置和气候条件是密不可分的。泰山海拔 1524 米，突立于齐鲁大地之上，使得泰山岱顶与山脚平原气候大不相同，常年云雾环绕、奇松遍山，让泰山增添了神秘气息，无形间引发了古人对于泰山的崇拜。同时，泰山在五岳之中，地理位置最为靠东，使得泰山成为最先迎来日升、见证日落的五岳之首，奠定了泰山在中国人心中的地位。

　　古人对于泰山的崇拜，主要由两类主体进行祭祀：一类是历代帝王君主所采用的封禅形式，另一类是民间依托宗教所产生的祭拜祈福活动。二者在泰山地区长盛不衰，使得泰山积累了大量的文化景观，如庙宇、神祠和碑刻等。现存于岱庙东御座内的国家级文物"秦泰山刻石"，篆刻的正是歌颂秦始皇封禅的内容。而民间对于泰山的祭拜，并没有像封禅活动一样在现代社会停止。时至今日，在佳节时期，依然会有来自四面八方的人，到泰山脚下的红门宫小泰山处祈福，或登上岱顶敲钟迎新年。

　　由于厚重的历史积淀，泰山现存 342 处风景名胜资源，包括 174 处自然资源和 168 处人文资源。自然与人文的双重优越条件，使得泰山在 1987 年被联合国评为世界文化与自然双遗产。这在中国乃至世界都是十分少见的。截至 2016 年，我国境内世界文化遗产共计 30 处，世界自然遗产共计 10 处，大多分布于中国南方，被联合国教科文组织评为文化与自然双遗产的仅有 4 处。泰山作为双遗产之一，同时又是北方省份难得的自然文化遗产，其价值不可估量。

　　泰山风景名胜区内现主要采用的登山路线有四条，其中红门游览路线，也是古代帝王主要采用的登山路线之一。这一路线由岱庙经红门，最终到达岱顶，此路段集中了大量的文物古迹和自然奇观，给人以身心的双重震撼。中天门设有索道可越过十八盘直达岱顶，也为游客创造了新的观景路线和平台。

现行的另一条登山线路为桃花源游览线，该路线经过桃花峪到达桃花源，再跋山涉水，登临泰山，因为过于险峻，过去很少有人从此登山。后来，人们从桃花源修架索道，这样游客可以乘缆车直达山顶，沿路可见证大自然的鬼斧神工，欣赏山涧的潺潺溪水，现在属于一条较为省力和亲近自然的游览路线。

而天外村游览路线与前两条游览路线相比更为省时省力。该路线由泰山正南侧天外村广场出发，沿泰山环山公路顺山而上，直达泰山中天门，再由此换乘索道直达岱顶南天门区域。经此路线，登山者可借助汽车、索道，摆脱传统的登山劳顿，轻松地享受"一览众山小"的乐趣。

最后一条登山路线为泰山东侧的后石坞游览路线，景色幽美、人迹罕至，游客必须从大津口方向徒步登顶，沿途文化景观较少，但自然景观极为丰富，奇松怪石在道路两侧密集分布，为喜欢僻静或爱好探险的游客首选的登山道路。

第一节　泰山自然遗产

泰山自然遗产所包含的景观资源种类众多，其中与风景园林学的研究紧密相关的主要有地质、水文、气象、植物四类。这四类也是理法中相地、布局、理微最为看重的自然要素，所以研究风景园林设计理法，首先要梳理出泰山的自然景观资源。

一、泰山地质景观资源

2006 年 9 月，泰山被联合国教科文组织批准为世界地质公园。泰山位于泰安地区北部，山东省中部，是鲁中南台隆中最高的部分，主体呈西北到东南走向。山东地貌类型主要组成有三类：沉积岩地层、岩浆岩和火山岩。泰山主峰为天柱峰，又称玉皇顶，海拔 1545 米，其余大大小小山峰不计其数。泰山属于断块山，是地壳断裂后整体抬升形成的。泰山世界地质公园是华北地台基底与盖层双层结构出露比较典型的地区。其基底为古老的"泰山杂岩"；沉积盖层为古生界寒武—奥陶系的石灰岩和页岩，两者呈角度不整合接触。由南向北，地层从老到新依次分布，地貌上构成一个南陡北缓的单斜断块山系。由于太古宙—古元古代的多期次岩浆活动、多期次构造变形和变质作用，使结晶基底岩系遭受不同程度的改造。因而，其区内地质构造十分复杂，既有太古宙—古元古代的构造，又有中生代的构造，新构造运动普遍而强烈。中生代的脆性断裂和新构造运动控制了泰山的形成和泰山地貌特征。

泰山从古生代到新生代先后经历了多次抬升，形成由侵蚀性构造中山、侵蚀性构造低山、溶蚀侵蚀构造低山、溶蚀侵蚀丘陵、侵蚀丘陵、冲洪积台地等多种山形组合的山体。其中，中天门以上至岱顶周围为侵蚀性构造中山，海拔在800米以上，相对高差在400米以上，多山峰、陡崖、深谷景观。泰山北部海拔500~800米的区域多为侵蚀性构造低山，相对高差200米以上，多低岭、缓坡、浅谷景观。泰山北部边缘、南部边缘与南部的蒿里山主要分布着溶蚀侵蚀丘陵和侵蚀丘陵，海拔高度为500米以下，多坡度缓和的小山丘。泰山地区居民生活的区域，就是被这些山地与丘陵地包围着的冲洪积台地。

特殊的地质构造不仅仅是科学研究的重点，也是构成泰山自然景观的主体。从整体上看，在不同海拔、不同方向上构成的不同的山体走势，使得泰山的每一条游览线路都有不同的特色。在每一条游览路线上，也形成千变万化的山、岭、坡、峪、谷等景观；同时，也形成许多奇石景观，为泰山景观增加了许多情趣。

泰山整体坡度较大，坡度均值在30°以上，山体西南一侧和东北一侧坡度变化尤为剧烈，大坡度点位（45°以上）在这两处呈现明显的带状分布。而两条大坡度山脉之间，只有岱顶区域和北侧少量山峰的坡度变化比较剧烈，坡度可达45°以上。这种地形坡度变化规律，使得泰山的主峰，即岱顶区域，高耸于群山之中而无明显的山峰可与之比肩，从南侧泰安城区观赏泰山尤为明显。从南侧红门至中天门，再到南天门这一著名的传统徒步登山路线望向岱顶，这一规律尤为突出。

总体来说，泰山南部的大坡度地形，适逢山体南部为山脉边缘突出的一角，如人面部五官中的鼻，突出群山直接连接平原，自平原向北望泰山，相对高度1392米，给人以拔地而起之感。泰山北部虽坡度较缓，但与周围的山地相连，群山环绕，深曲幽静，与南部形成对比，不仅主山体层峦叠嶂，周边群山也扩散至济南、兖州、莱芜等区域，形成一个南部群山前呼、北部群山后拥的泰山地区整体风貌。

二、泰山水文景观资源

泰山不仅山体景观雄伟，水文景观资源也十分丰富。泰山南部有中、东、西三条溪水，其中，中溪与西溪同泰山南侧中路景观线交错成景。

中溪是泰山景区与中路景观线结合最为紧密的河流，由泰山黄岘岭发源，沿途依次经过回马岭、壶天阁、斗母宫、万仙楼，流入王母池，是中路景观线水景的主要观赏对象。从河谷发育特征来看，中溪以斗母宫为界分为上下两个河段，中溪上半段指的是中天门至斗母宫一段，水量常年不大，雨季略有增加，河道在此段主要呈现为 V 形河谷，谷底极为狭窄，大部分仅为 2~3 米。水面坡度上陡下缓，中天门至壶天阁一段河道比降约有 21°，中溪其余上半段水面比降也在 8°以上。中溪下半段河流的水面比降在 5%~11%，由北向南呈羽状流入泰安城区范围。在河道下半段，即斗母宫至泰安城区这一河段，河道呈现出较为狭窄的 U 形谷地，河谷谷底宽约 50 米，河底的石子以泰山常见的砾石为主，而由于泰山石质特殊，石子灰白相间，具有"石筋"，所以有水流经就会出现"石在水下走"的奇特景观。古时修建的登山线路大都依此河谷蜿蜒上山，而著名的泰山斗母宫和万仙楼都修建在比较开阔的河谷地带。同时，由于周边居民活动较多，为方便取水和交通，中溪下半段修建了不少人工石坝。虽是人工，但由于所用石料都是泰山石，加之年代已久，非但没有在中路水景当中显得突兀，反而增加了水面落差，形成动静交替出现的美丽水景。在雨季到来时，中溪水量丰沛，处处可见大大小小的山泉瀑布。著名水景由上到下依次有小蓬莱、小西天、三迭瀑布、虎山水库等，雨水过后，山泉清澈，瀑布响彻耳畔，山中清风鸟语，美不胜收。

西溪，上段现名顺天河，自岳顶南部发源，流经快活三里北部，向西流经百丈崖。虽与中路景观线景观仅在快活三里之上有所交叉，但快活三里北部云步桥（古称"雪花桥"）形成的瀑布，是中路景观线中最为壮阔的水景。之后西溪下百丈崖形成瀑布，因"瀑泻若垂绅"，所以名为"天绅泉"，再流经大峪，注入白龙池与黑龙潭，黑龙潭瀑布常年有水，落差约有 40 米，由于河水水流急、落差大，常年冲刷形成黑龙潭深不见底的特征。这一整条线路是泰山最主要的水景线路，特别是黑龙潭水清而深不见底，瀑布注入时蔚为壮观。

东溪源出岱顶南部登仙台下，在延坡岭北汇众多谷水，经汉明堂，向东南流。东溪经过的主要是泰山南部东线，是汉武帝封禅时经过的线路，发源于泰山中溪山，而后流经摩天岭，与柴草河相汇后，注入下游的安家林水库。东溪河道呈现较为标准的 V 字形，流经地区大多为山峰的阴坡，日照不充分，却因此保持了极好的水分条件，部分河段被植物覆盖，郁郁葱葱，幽密僻静。

泰山北部的岱阴区域也有两处主要溪流。一处是发源于玉皇顶和遥观顶之间的大董沟，河谷陡峭深陷。玉皇顶至扫帚峪距离短、落差大，致使大董沟在短短

3.5 千米的长度内垂直落差有 1050 米，河面的比降达到了惊人的 300 ‰。河谷内遍布泰山石，石头尺寸惊人，植物生长也很茂盛，河流一年四季均有河水，没有明显的枯水期。由于河谷深、落差大、转折多，河水时而急转直下，构成了岱阴东天烛峰一线的主要水景。天烛峪由数百米高的悬崖相夹成峪，穿梭于山岭间，多小潭小瀑，趣味盎然。另一处溪流是从遥观顶西北发源而来的窑子沟，从源头直至北侧卖饭棚，河谷较宽，自卖饭棚至下游的河谷，两侧山峰耸立，河谷幽深，深度为 400~500 米，此段河水并不丰沛，部分河段在枯水期会裸露出河床上的岩石。

西线水源自西天门下的上桃峪，水经上桃峪至桃花峪，再流入泮汶河。桃花峪由三岔林场处分为上下两段：三岔林场至下游，河谷较为平坦，整体呈现为 U 形河谷；而三岔林场至桃花峪上游，河谷以狭窄居多，谷底宽度仅为 10~20 米，整体呈现为 V 形河谷。桃花峪支流较多，常年有水，水量丰沛，汇聚了上游多种植物种子和多样的石子，加之居民在此处活动并不频繁，因而桃花峪成为一处水质好、景色佳的绝佳游览去处。此地群山环绕又有桃花伴水，是泰山西北的重要景观，古代文人墨客也在此留下了许多描写桃花峪的诗句。

主山之下，泰山城区之中，中溪汇成梳洗河，西溪汇成漆河，东溪、天烛峰水系汇于汶河，桃花峪水系汇入天平湖，梳洗河、漆河汇于泮河，再汇于汶河，形成泰山地区的主要水网。山环水绕的环境孕育了新石器时代重要的大汶口文明。泰山不仅多溪多水，因裂隙构造发育还多山泉，并有碧天泉这种在岱顶涌出的山泉。天绅泉、水帘泉等在山中形成垂瀑景观，在山下亦形成王母池、玉女池等水景，直到现在仍有居民在王母池旁的水井吊取生活用水。

三、泰山气象景观资源

泰山又称"岱宗"，"岱"，代也，表示万物生长更新发展。《岱览》谓泰山"天地之产物也，云雨之宣气也，五行之含魄也，皆于是乎始"[1]。有了气象的变化，自然就有了光影、质感、层次等丰富的变化，赋予山水景观以灵性。特别是原始社会时，泰山蓄泄雷雨、吐纳风云的丰富气象变化给人主宰万象更新之感，加之所处位置为主生长的东方，所以有了"岱"之名，也成为五岳之首。气象景观一向是我国古代造景时非常注重的，加之泰山特殊的历史背景，使其成为泰山自然景观资源中非常重要的一部分。这一点在不少文人墨客的诗词中更是表现得非常

---

[1]　孟昭水 . 岱览校点集注 [M]. 济南：泰山出版社，2007.

明显。杜甫著名的《望岳》中"……阴阳割昏晓。荡胸生曾云……"两句即描绘了泰山的气象景观。

泰山主峰位于向南突出山脉的一角,东部有山脉作为映衬,却没有遮挡,形成观日出的绝佳场所。人们在晴朗的天气可观日出海平面的胜景,云雾天气也可观朝霞云海。海拔1500多米高的山顶出云雾之上,故常年可欣赏到云雾景观。在夏季多云的天气,清晨或傍晚太阳斜照时,云雾中还会出现光晕。人影映在光晕中,如佛像一般,所以又称作"佛光"。泰山山顶云雾缭绕,水汽充足,所以在冬季山顶还可以欣赏到水雾在树叶上凝结形成的雾凇景观,白色结晶覆盖在树叶上,像羽毛一样。而在下雨天气,泰山主体为坚硬的岩石,所以会形成许多小溪流,水景更为灵动。

四、泰山植物景观资源

山东地处于北温带,气候类型是典型的暖温带季风气候,降水集中于7月至9月,春季和秋季时间较短,冬季和夏季时间较长。此地光照充足,年均光照时间在2500小时左右。泰山位于鲁中偏西,气候整体与山东保持一致,但由于山体海拔较高,温度随山体海拔上升逐渐降低,同时光照也受山体朝向、高度影响,光照强度、光照时间、光照角度可谓处处不同,使得泰山山地间的局部小气候随光照、降水、温度等自然条件的不同而变化。

从泰山坡向分析图可以明显看出,泰山整体呈现出"南阳北阴"的坡向规律,即以岱顶的东西为界线,南侧山峰整体坡向均在180°左右,局部坡向70°左右,光照条件极好;而岱顶北侧山峰整体坡向50°左右,局部坡向10°以下,光照条件较差。加之泰山地区冬季盛行西北风,北侧山峰气温与南侧山峰气温差距进一步扩大。这种极具差异的小气候优势使得泰山为多种植物生长提供了多样化的条件,成就了泰山多样的植物景观面貌。

泰山丰富的植物资源对于景观的塑造有非常重要的作用。陈从周先生曾经对泰山地区引种雪松表示强烈反对,认为泰山本地的泰山松(油松的一个品种)可以形成地区景观特色,引种雪松是对景观的破坏。泰山森林覆盖率达到90%以上。泰山相对高度1300多米,山体形式多样,形成丰富的小气候类型,所以拥有非常丰富的植物资源。泰山拥有野生观赏植物255种,其中有152种植物可观花、35种植物可观叶、44种植物可观果;除此之外,还包括特殊生境的观赏植物,岩生植物36种、垂直绿化植物31种。泰山不仅观赏植物种类丰富,其典型的侵蚀地表形成许多裸露的悬崖峭壁，在这些峭壁上生长的松树更是大自然的奇观。不论是因奇峻险傲，还是因其所代表的坚韧不拔的精神，松树一直以来就是文人墨客争相描写的对象，是文化景观时常被因借的元素。而且，松柏是代表帝王的树种，为泰山景观增加了一份苍劲庄重。最有名的山松景观应为十八盘起点处的对松山。对松山为两座山峰夹着中间的道路，呈对峙状。苍松虽生于石缝之间，但山上湿度大，有云雾水汽滋润非常茂盛，形成壮观的奇景。倘若没有对松山夹道而立，从起点仰望整个十八盘也不会如此壮观。乾隆有诗云："岱宗穷佳处，对松真绝奇。"

除了野生观赏植物数量众多，泰山还拥有非常丰富的古树名木资源（表 2-1-1）。岱庙有 6 株树龄在 2100 年以上的汉柏，其中 5 株侧柏、1 株桧柏，各具形态，遒劲苍翠，颇具历史气韵。岱庙还有一株 1300 年树龄的唐槐和 800 年树龄的银杏。银杏树高将近 30 米，胸围 5 米以上，很有气势。普照寺的六朝松也有 1500 年历史，东西冠幅 13 米以上，南北达到 16 米以上，如华盖一般。秦始皇上泰山封禅时，遇到暴风雨，秦始皇就在一棵松树下避雨，"因封其树为五大夫"[1]，现在这棵松树虽被雷电摧毁，但后人又补植，补植后的油松也有接近 300 年树龄。此外，关帝庙 150 年的凌霄，孔子登临处 150 年的紫藤，红门宫内 120 年树龄的牡丹，王母池内 100 年树龄的蜡梅等，都是非常珍贵的古树名木资源。这些只是有记载可考的古树名木，而泰山上遍布着树龄很高的松柏不计其数，也使泰山的历史底蕴感更加浓厚。

表 2-1-1　列入世界遗产名录的古树名木一览表

地点	誉名	树种	树龄 / 年	树高 / 米	胸围 / 米	冠幅 / 米		海拔 / 米
						东西	南北	
岱庙汉柏院	汉柏影翠	侧柏	2100	11.5	3.4	10.4	7.2	145
岱庙汉柏院	岱峦苍柏	侧柏	2100	12.5	2.22	9.5	9.0	145
岱庙汉柏院	苍龙吐虬	桧柏	2100	8.0	4.9	10.5	7.5	145
岱庙汉柏院	赤眉斧痕	侧柏	2100	12.5	3.04	10.5	8.4	145
岱庙配天庭院	挂印封侯	侧柏	2100	10.5	4.2	7.2	7.8	145
岱庙配天庭院	昂首天外	侧柏	2100	13.5	4.4	11.5	10.9	145
岱庙	—	银杏	800	29.4	5.35	22.2	23.3	145
岱庙	唐槐	国槐	1300	—	—	—	—	145
关帝庙	汉柏第一	桧柏	500	6.6	1.9	14.2	16.1	230

---

[1]　司马迁. 史记 [M]. 北京：中国长安出版社，2020.

（续表）

地点	誉名	树种	树龄/年	树高/米	胸围/米	冠幅/米 东西	冠幅/米 南北	海拔/米
关帝庙	—	凌霄	150	—	—	12.3	10.8	230
普照寺	六朝松	油松	1500	8.3	2.6	13.5	16.7	250
普照寺	一品大夫	油松	300	3.5	0.94	7.4	11.5	250
五松亭	望人松	油松	500	7.4	2.35	14.3	12.5	920
五松亭	五大夫松	油松	250	4.2	1.1	4.9	6.3	920
斗母宫	卧龙槐	国槐	600	13.3	1.6	13.1	12.5	450
遥参亭	翠影秀	国槐	500	10.2	2.56	14.6	14.1	145
灵岩寺	鸳鸯檀	青檀	300	8.7	2.3	7.6	8.7	400
孔子登临处	—	紫藤	150	—	—			250
灵岩寺	—	银杏	—	20.1	4.84			550
红门宫	—	牡丹	120			20	18.8	250
王母池	—	蜡梅	100					200
后石坞	姊妹松	油松	500	6.8	2.34	17	14.5	230

第二节　泰山文化遗产

泰山文化遗产与其他名山相比更为独特，其在自然资源基础上积淀了丰厚的文化底蕴，并以数量庞大的碑文刻石、园林建筑为载体流传至今。从产生时间来看，其中对于泰山风景园林设计理法研究有影响的主要包括：远古文化、祭祀文化、封禅文化、儒释道文化。

一、齐鲁地区产生的远古文化

齐鲁大地一直是中华民族文化的发源地和传承地之一，而追本溯源，泰山周边区域内远古文化分布众多，距离较近的主要为北辛文化、大汶口文化、龙山文化。璀璨的文化氛围使得泰山在中华文明的早期深受东方民族的崇拜。泰山成为上天的表征，绵延了几千年的泰山文化就是从这种崇拜开始的。

北辛文化距今已有 6100~7300 年，是山东境内产生的典型母系氏族文化之一，也是大汶口文化的前身，由于发掘出的北辛文化陶器和装饰最具文化特色，因此将同时期同源的多种文化类型统称为北辛文化。据考古考证，除去山东中部的山脉地区，北辛文化几乎在现今山东省境内均有分布。

早期北辛文化具有四种最具地域特色的文化类型：北辛类型、苑城类型、白石类型、大伊山类型。其中，北辛类型文化和苑城类型文化紧紧包围泰山南北两侧，加之南侧江苏境内的大伊山文化，使泰山的咽喉地位在远古时期就已经初见端倪。

大汶口文化属于新石器时代的文化之一，在早期的江苏淮安青莲岗和山东藤县岗上村都有发现，其文化遗址是距离泰山地区最近的。大汶口文化距今4500~6500年，居民以农业生产为主，考古发掘出了大汶口文化遗址中保存较好的农用石器，推断大汶口文化中远古居民已经形成比较成型的农业规模。虽然大汶口文化在北辛文化的基础上距离泰山更近，但是一方面由于以农业生产为主，泰山正南部辽阔的平原地区有利于生产活动，大汶口文化居民并没有选择进一步向水资源和森林资源相对丰富的泰山靠拢，而是选择了在现今泰安与曲阜两城市的中间地带——现今大汶口镇地区继续发展。而从大汶口镇的位置可以看出，此处确实是山东整片山系之中难得的面积大、水源丰富的平原地区。

大汶口文化在泰山区域内的活动极为活跃，并在发展的过程中产生了丰富多彩的文化遗产，其中最为著名的是大汶口出土的陶器。在诸多瓷器当中，大汶口陶尊因其独特的文化符号而闻名于世。该符号明显由上、中、下三部分构成，上部为圆圈，中部似船形，下部如同山形，整体呈现对称结构。大部分专家学者都认为符号的三部分分别代表的是太阳、火焰和山岭。太阳代表着原始部落对于自然条件的依赖，风调雨顺则农业丰收；火焰代表着先祖在生活、防御上对于火的依赖，同时火在日之下、山之上，也在一定程度上反映出了火的来源；而最后的山形符号结构，既体现了先人对于山林中木柴资源的依赖，也反映出早期人类对于山岳的崇拜心理。可以说大汶口陶器符号集中体现了先民生产、生活和信仰上三个最为重要的元素。如果将其作为一个整体来看，则更像是对大汶口居民的早期祭祀活动描写。在没有海拔概念的先民眼中，山岳之顶无疑是最为接近太阳这一农业生产关键因素的地点。因而，为求农业丰收，祭祀活动就往往在山顶举行，也就是现在我们所说的燔柴祭天活动。在活动过程中，部落领袖向上天告知所求，并陈述所做，点燃柴火以上达天听。随着活动逐渐发展，告天的思想深入人心，为日后秦汉时期封禅文化的产生和发展打下了基础。

龙山文化距今4000~4600年，由于处于新石器时代晚期，龙山文化在发展中，相比前两种山东文化，聚落数量更多、规模也更大，甚至在寿光和景阳冈等地区已经初步出现了原始的城镇形态，具备了相当规模的人口、内部交通和生产条件。考古中发掘出了黑陶这一工艺成熟的制陶作品，由此可以看出，由于生存能力的加强，龙山文化的居民在大汶口文化的基础上，开始向泰山等山系迈进。

远古文化的发展和分布，与泰山的存在可谓相互作用、相互影响。上述三种文化密布泰山周边区域，而且大部分文化村落选址都在水源丰富的平原地区。因此，在远古时期的泰山范围内，是没有远古文化生活痕迹的。

从远古居民角度来看，一方面，泰山等山脉虽然森林资源比较丰富，但在早期的远古文化发展中，相对于木材，居民在生存选址相地时更加注重水源。河流是否具备充足的水量，旱季有无明显的断流，居住环境是否平坦广阔适宜种植，才是远古居民更为注重的。显然，泰山并不具备这样的自然条件。泰山海拔高，难以攀登，河流流量小，旱季有可能存在断流。而且，在远古时期，自然灾害对居民威胁较大，山地内自然环境、动物和自然灾害都会威胁居民的生产生活。另一方面，泰山山体高耸，又有西北方黄河流经，导致泰山范围内的河流走向全部背山而流，因而边缘地带的水资源极为丰富和稳定，形成东平湖和微山湖等面积巨大的湖泊。因此，远古居民选择在泰山周边生活是理由充分的。

从泰山角度来看，周边的人类活动为后期秦朝、汉朝乃至现在泰山良好的人文氛围打下了坚实的基础。第一，泰山周边区域内远古文化的发展，逐渐形成很多早期的城镇，使得泰山从古至今一直处在一个人类活动集中的范围内。周边人口数量多、活动频繁，使得泰山周边交通路线得以初步建立，为后期封禅文化、儒家文化、道家文化、佛家文化在泰山传播和发展奠定了关键性基础。这也是后世的泰山能够逐渐成为自然景观和文化景观的集大成者的根本原因。第二，远古文化围绕整个泰山山脉分布，加之泰山山体高耸，因此泰山成为众多远古文化在早期的神灵崇拜中最直接的山体崇拜对象，也使得泰山的"中华神山"形象在远古时期就得以初步建立，并在历史不断演进的过程中，借助人们的活动得以传播。

二、泰山孕育的祭祀文化

泰山祭祀缘于对自然的崇拜，可以说是泰山封禅文化的前身和基础。祭祀文化起源于黄色文明，即农业文明。人们用祭祀的形式感谢风调雨顺，表达对自然的敬畏。最初的祭祀方式为"柴祭"，在甲骨文中就有记载。封禅之礼在原始社会应当未成形，古七十二帝封禅可能为后人夸张。但大汶口文化发掘出的祭器可以证明新石器时代泰山地区已有祭祀山川文化产生。《舜典》云："岁二月，东巡守，至于岱宗，柴。"《尧典》云："岁二月，东巡守，至于岱宗，柴，望秩于山川。"①
结合《尧典》《舜典》的记载，原始社会首领祭祀泰山的可信度很高，他们用烧
柴产生白烟的方式祭祀泰山，祈求风调雨顺。后来，民间产生白烟的方式由柴转
化为香，一直流传至今。

　　早期对于泰山祭祀的记载除柴祭以外，《诗经·鲁颂》中"泰山岩岩，鲁邦
所瞻"的描述，主要歌颂疆土之广——"鲁侯之功"，鲁侯的功绩如泰山高大雄伟，
鲁国上下敬仰；疆土覆盖到龟蒙山（现位于沂蒙山景区内），并把版图扩展到
极远的东边；海外的众小国也听命于鲁国。可见在《诗经》中，对泰山的描述
和定位是"封疆固土的大山"。但是，在这个时候，泰山祭祀还没有发展成一
种成熟的祭祀活动，泰山也没有被明确定性为象征天下的"神山"，而与当时
其他的山岳崇拜没有区别。

　　泰山地理位置特殊，因此慢慢地从山岳崇拜中脱颖而出。《风俗通·山泽篇》
云："泰山，山之尊者，一曰岱宗。岱，始也；宗，长也。"②泰山位于东方，东方
代表初始和生长，而且，泰山周边的齐鲁两国为先秦时期中国发展最好的地区之
一。所以，无论是从文化信仰，还是从经济基础的角度来看，泰山都是众多山岳
中特殊的存在。泰山慢慢地从"鲁邦所瞻"变成了五岳独尊。西周之始，便有了
国家性的祭祀泰山活动，并在泰山下设汤沐邑，为泰山祭祀发展出封禅礼制奠定
了基础。

　　长期的祭祀发展为泰山留下了诸多祭祀遗址，主要包括山岳、封禅场所和一
些古城街道。三类文化资源分布相对集中。

　　泰山登山祭祀文化资源分布集中于泰山周边，大部分都分布于距泰山主峰10
千米范围之内，这与帝王封禅活动中以泰山为绝对主体地位是分不开的。山岳方
面除泰山外，还有泰山西北方向的灵岩寺、正南方的蒿里山、社首山，而离泰山
较远距离处的石闾山、云亭山、梁父山、肃然山在早期封禅活动中也曾经作为禅
地的场所。多次封禅活动为泰山地区古城的发展创造了条件，包括现在保存比较
完整的岱庙在内，泰山地区30千米范围内，还有奉高和博城两处遗址。保存至
今的封禅场所包括古登封台、周明堂遗址、汉明堂遗址。

　　祭祀在古代长久以来一直被视为重中之重，《国语·鲁语上》中说："夫祀，
国之大节也；而节，政之所成也。故慎制祀，以为国典。"③将祭祀喻为国家典礼。
古代祭祀制度对于各个项目都有极为明确的要求，祭祀的要求又根据祭祀的主体

---

①　孔子.尚书 [M].陈戍国，注.长沙：岳麓书社，2019.
②　齐豫生，夏于全.风俗通义 [M].长春：北方妇女儿童出版社，2006.
③　左丘明.国语 [M].北京：商务印书馆，2018.

和目的不同而变化。泰山作为中国历代统治者的必争之地，朝代更迭，统治权随之易主，祭祀制度也在不断发展演化。《史记·封禅书》记载了从舜帝至汉武帝时期的祭祀活动，还记载了远古时期的祭祀活动产生和发展过程。从中可以看出，远古至汉代的祭祀制度及其活动的发展并非一帆风顺，在部分时期甚至出现了祭祀活动发展的停滞。而司马迁在写作过程中，受时代和调查方式限制，对于秦代以前的祭祀活动并没有进行十分详细的描述。但是，书中对于从秦代至汉代时期，祭祀是如何一步步发展成形并为帝王所用的都进行了十分详细的描述，尤其是汉武帝时期的祭祀活动，描述极尽翔实。研究古人祭祀是研究泰山封禅的根本，基于《史记·封禅书》，整理上古至汉代祭祀制度发展如下（表2-2-1）。

表 2-2-1　上古至汉代祭祀制度发展表

帝王	记载	祭祀发展
舜	遂类于上帝，禋于六宗，望山川，遍群神	建立巡察制度
禹	禹遵之	沿袭巡察制度
似孔甲	后十四世，至帝孔甲，淫德好神，神渎，二龙去之	发展神坛祭祀
汤	其后三世，汤伐桀，欲迁夏社，不可，作夏社	企图改换神坛祭祀中的祭祀神位
太戊	太戊修德，桑穀死	祭祀有所发展
武丁	祖己曰："修德。"武丁从之，位以永宁	祭祀有所发展
武乙	后五世，帝武乙慢神而震死	祭祀发展停滞
纣	后三世，帝纣淫乱，武王伐之	祭祀发展停滞
武王	后三世，帝纣淫乱，武王伐之	祭祀发展停滞
周成王	周公既相成王，郊祀后稷以配天，宗祀文王於明堂以配上帝	完善祭祀制度
周幽王	自周克殷后十四世，世益衰，礼乐废，诸侯恣行，而幽王为犬戎所败，周东徙雒邑	祭祀发展停滞
秦襄公	秦襄公既侯，居西垂，自以为主少暤之神，作西畤，祠白帝，其牲用骝驹黄牛羝羊各一云	建立早期的诸侯祭祀制度
秦文公	文公问史敦，敦曰："此上帝之徵，君其祠之。"於是作鄜畤，用三牲郊祭白帝焉	沿袭秦襄公祭祀制度

（资料来源于《史记·封禅书》）[1]

帝王	记载	祭祀发展
秦德公	作鄜畤后七十八年，秦德公既立，卜居雍，"後子孙饮马於河"，遂都雍。雍之诸祠自此兴。用三百牢於鄜畤。作伏祠。磔狗邑四门，以御蛊灾	修建大量祭祀场所
秦宣公	其后年，秦宣公作密畤於渭南，祭青帝	祭祀青帝

---

[1]　司马迁. 史记 [M]. 天津：天津古籍出版社，2019.

（续表）

帝王	记载	祭祀发展
齐桓公	秦穆公即位九年，齐桓公既霸，会诸侯於葵丘，而欲封禅	意图封禅泰山，被管仲劝服
周灵王	是时苌弘以事周灵王，诸侯莫朝周，周力少，苌弘乃明鬼神事，设射貍首	建立鬼神活动制度
秦灵公	其后百馀年，秦灵公作吴阳上畤，祭黄帝；作下畤，祭炎帝	发展秦疆域内神灵祭祀活动
秦献公	栎阳雨金，秦献公自以为得金瑞，故作畦畤栎阳而祀白帝	祭祀白帝
秦始皇	秦始皇既并天下而帝，或曰："黄帝得土德，黄龙地螾见。夏得木德，青龙止於郊，草木畅茂。殷得金德，银自山溢。周得火德，有赤乌之符。今秦变周，水德之时。昔秦文公出猎，获黑龙，此其水德之瑞。"……而遂除车道，上自泰山阳至巅，立石颂秦始皇帝德，明其得封也。从阴道下，禅於梁父	采用五德始终说，祭祀制度进一步完善，封禅制度得以建立
秦二世	二世元年，东巡碣石，并海南，历泰山，至会稽，皆礼祠之，而刻勒始皇所立石书旁，以章始皇之功德	沿袭秦始皇祭祀活动
汉高祖	高祖初起，祷丰枌榆社。徇沛，为沛公，则祠蚩尤，衅鼓旗。……乃立黑帝祠，命曰北畤。有司进祠，上不亲往。悉召故秦祝官，复置太祝、太宰，如其故仪礼。因令县为公社。下诏曰："吾甚重祠而敬祭。今上帝之祭及山川诸神当祠者，各以其时礼祠之如故。"……高祖十年春，有司请令县常以春月及腊祠社稷以羊豕，民里社各自财以祠。制曰："可。"	沿用秦朝祭祀制度和祭祀官员、机构设置，明确了祭祀所用的祭品
孝文帝	其后十八年，孝文帝即位。即位十三年，下诏曰："今祕祝移过于下，朕甚不取。自今除之。"……於是夏四月，文帝始郊见雍五畤祠，衣皆上赤	丰富祭祀礼制
孝景帝	数年而孝景即位。十六年，祠官各以岁时祠如故，无有所兴，至今天子	沿袭孝文帝祭祀活动
汉武帝	於是济北王以为天子且封禅，乃上书献泰山及其旁邑，天子以他县偿之。……上亲望拜，如上帝礼。……天子至梁父，礼祠地主。乙卯，令侍中儒者皮弁荐绅，射牛行事。封泰山下东方，如郊祠太一之礼。封广丈二尺，高九尺，其下则有玉牒书，书祕。礼毕，天子独与侍中奉车子侯上泰山，亦有封。其事皆禁。明日，下阴道。丙辰，禅泰山下阯东北肃然山，如祭后土礼。天子皆亲拜见，衣上黄而尽用乐焉	将天子统治的范围进一步扩大，覆盖整个五岳地区，五岳祭祀活动得以完整

　　泰山地区的文明发源得很早，其州治在奴隶社会和封建社会曾经经历过许多次的变迁，其所属州治先后有博邑、奉高、博平等名称，到金朝开始有了泰安一名。泰山地区在春秋初始时属于鲁国，然后被齐国占领，将所在区域命名为博邑。秦朝开始设立郡县制，泰山所属地区被划入齐郡，所属的两座县分别被命名为奉高县和博县。到了汉朝，泰山仍然属于奉高和博平二县，但所属郡改为了泰山郡。

东汉和晋延续了郡县制。到了南北朝时期泰山郡先后隶属于刘宋和元魏，刘宋仍然遵循旧制，而元魏则将博县改名为博平县。

隋朝时将博平县改名为汶阳县，取泰山与汶水为郡县命名，后来汶阳县又被改名为博城。在唐朝，泰山属于鲁郡的兖州，所属县城也有区域的变化，梁父、嬴、肥城、岱山四县被并入博城。博城分别在乾封元年（666）与神龙元年（705）被改名为乾封。宋朝时泰山所属区域为岱岳镇，后来被改名为奉符。到了南宋时期泰山地区被金占领，设立了泰安郡。在大定二十三年（1183）被升为泰安州，泰安州内设立有奉符县、莱芜县、新泰县三座县。元朝时泰山隶属于东平，有四个下属县城。明朝时泰山地区被并入济南府。清雍正年间泰山地区又被升级为泰安府，同时在泰安府内设立了泰安县。

泰山祭祀行为中最有名的莫过于封禅，但封禅并非泰山祭祀的唯一形式。明代汪子卿在《泰山志》中将帝王泰山祭祀活动按照狩典、望典、封禅三个部分来阐述。清代唐仲冕的《岱览》介绍了帝王泰山祭祀相关的几个名词：宗、巡守、柴、望、血祭、旅、前代封禅。宗可被解释为朝拜自然神的礼制，《虞书》云："禋于六宗"[1]，即柴祭六宗的意思。对于六宗为哪六者，历朝历代说法不一，有"水、火、雷、风、山、泽""日、月、星、山、川、海"等说法。巡守同巡狩，与狩典同义，为古代帝王巡视地方体察民情时，在沿途各地举行的祭祀活动。柴与望是两种不同的祭祀形式，柴通柴，"柴祭"即点燃柴火让白烟到达天上，传递愿望与感激。望为不通过登山，在山下仰望泰山，或者在远方向着泰山的方向进行祭祀活动。柴而望，是最早古代帝王祭祀泰山的方式，也是最常用的方式。血祭为杀牲取血的祭祀形式，《礼记》云："血祭，盛气也"[2]，血祭是表达强盛的一种方式。旅也是祭山的一种方式，但礼制并不很严谨，帝王祭祀一般不称为旅，旅多被用来讽刺诸侯越礼对泰山的祭祀。由此可以看出，对泰山的祭祀主要分为：巡守时进行的祭祀、在远方望而祭及封禅三种；形式有：望、柴、血祭等。先秦至宋泰山祭祀发展如表 2-2-2 所示。

---

① 北京师联教育科学研究所 . 虞书 [M]. 北京：学苑音像出版社，2005.
② 张延成，董守志编著 . 礼记 [M]. 北京：金盾出版社，2010.

表 2-2-2　先秦至宋泰山祭祀发展表

朝代	记载	方式	主体	思想	祭祀制度	祭祀权	五岳观念	泰山地位
先秦	先秦史书《礼记·王制》记载上古天子巡守五岳：天子五年一巡守。岁二月，东巡守，至于岱宗。柴而望，祀山川。……五月南巡守，至于南岳，如东巡守之礼。八月西巡守，至于西岳，如南巡守之礼。十有一月北巡守，至于北岳，如西巡守之礼	巡守	古舜帝		未形成	中央	未形成	五岳并列
春秋战国	—	望祭	鲁国、齐国的君主	"祭不越望"，祭祀国内别区域的山川神祇	—	各诸侯	未形成	嵩山地位最为显赫，泰山并非处于十分显赫的地位，但地位随着齐国、鲁国发展有所上升
秦	《史记》卷二十八《封禅书》记载，日、月、参、辰、南北斗、荧惑、太白、岁星、填星、辰星、二十八宿、风伯、雨师、四海、九臣、十四臣、诸布、诸严、诸逑之属，百有馀庙	封禅	皇帝	把五行思想正式引入帝国宗教系统之中	统一规划天下所祭祀的管理办法	中央	形成	五岳地位下降
西汉	《史记》卷二十八《封禅书》记载，名山大川在诸侯，诸侯祝各自奉祠，天子官不领。张守节《正义》记载，齐有泰山，淮南有天柱山，二山初天子祝官不领，遂废其祀，令诸侯奉祠。今令太祝尽以岁时致礼，如秦故仪	封禅	诸侯	沿袭	改革传统祭祀制度，在长安城确立了南北郊祀，并为后世所沿袭	中央交与诸侯，汉武帝时期回归中央	形成	泰山地位有所上升
东汉	《后汉书》志八《祭祀中》记载，位南面西上，高皇后配，西面北上，皆在坛上，地理群神从食，皆在坛下，如元始中故事。中岳在未，四岳各在其方孟辰之地，中营内。……地祇、高后用犊各一头，五岳共牛一头，海、四渎共牛一头，群神共二头。秦乐亦如南郊。既送神，瘗俎实于坛北	望祭	皇帝	沿袭	五岳祭祀的祭品由牲、币变为酒、脯	中央，三国时期转为诸侯	形成	泰山地位有所上升

（续表）

朝代	记载	方式	主体	思想	祭祀制度	祭祀权	五岳观念	泰山地位
东晋	《通典》卷45《礼五·吉四·方丘》记载，于覆舟山南立地郊，以宣穆张皇后配，五岳、四望、四海、四渎、五湖、诸山江等凡四十四神，及诸小山，从祀。比依魏氏故事，非祀旧也	旅祭	无	无	南北郊岳渎从祀之礼得以恢复，五岳的祭祀却渐趋废弛	诸侯	弱化	泰山地位下降
北魏	献文帝诏："朕承天事神，以育群品，而咸秩处广，用牲甚众。夫神聪明正直，享德与信，何必在牲。《易》曰：'东邻杀牛，不如西邻之礿祭，实受其福。'苟诚感有著，虽行潦菜羹，可以致大蝦，何必多杀，然后获祉福哉！其命有司，非郊天地、宗庙、社稷之祀，皆无用牲。"	望祭	皇帝	恢复并沿袭	祭祀所用祭品由牲、币变为酒、脯	中央	恢复	泰山地位有所上升
北周	《隋书》卷七《礼仪志二》记载，自天帝、人帝、田畯、羽毛之类，牲币玉帛皆从燎；地祇、邮、表、畷之类，皆从埋	望祭	皇帝	沿袭	祭祀所用祭品恢复了传统的用牲、币祭祀，蜡祭	中央	恢复	泰山地位有所上升
隋	《隋书》卷八《礼仪志三》记载，"隋制，诸岳崩渎竭，天子素服，避正寝，撤膳三日。遣使祭崩竭之山川，牲用太牢。""隋制，行幸所过名山大川，则有司致祭。岳渎以太牢，山川以少牢。"	巡守	皇帝	山岳祭祀承担祈雨的职能	对南北朝时各国不同的五岳祭祀仪制进行整顿，统一规划。开始将五岳纳入国家官僚体制内。开始了镇山之祭。五岳四渎神人格化与偶像崇拜已经完成，岳渎庙中已有神像，并为朝廷诏令所保护	中央	全面完善	泰山地位有所上升
唐	《通典》卷四十三《礼三·吉二·大雩》记载，开元十一年，孟夏后旱，则祈雨，审理冤狱，赈恤穷乏，掩骼埋胔。先祈岳镇海渎及诸山川能兴云致雨者，皆于北郊遥祭而告之。又祈社稷，又祈宗庙，每以七日皆一祈。不雨，还从岳渎如初。旱甚，则大雩。秋分后不雩。初祈后一旬不雨，即徙市，禁屠杀，断扇，造大土龙。雨足，则报祀。祈用酒脯醢，报准常祀，皆有司行事。已斋未祈而雨，及所经祈者，皆报祠。至二十年新撰礼，其正雩旱祷，并备本仪	巡守	皇帝	山岳祭祀承担祈雨的职能。道教思想通过祭祀融入山岳，皇帝地位高于山岳神仙地位	祭祀体系更加完整、严格，也更被重视，对于负责各山岳祭祀的官员，明确规定了官职、品阶和职责	中央	加封五岳，进一步提升其地位	泰山地位有所提升

（续表）

朝代	记载	方式	主体	思想	祭祀制度	祭祀权	五 岳观念	泰山地位
五代十国	《旧五代史》卷四《太祖纪四》记载，以秋稼将登，霖雨特甚，命宰臣以下祷于社稷诸祠。诏曰："封岳告功，前王重事；祭天肆觐，有国恒规。朕以眇身，恭临大宝，既功德未敷于天下，而灾祥互降于城中。虑于告谢之仪，有缺斋虔之礼，爰修昭报，用契幽通。宜令中书侍郎、平章事于兢往东岳祭拜祷祀讫闻奏。"	旅祭	诸侯	沿袭	沿袭	地方	—	—
北宋	《玉海》卷九十八《郊祀·封禅·祥符封禅乐章》记载，详定所言封禅用乐章八首，命学士院撰。五月丁亥，晁迥上之。六月丙午，上奉天书入太庙、升泰山圜台、社首山登歌瑞文曲、乐章二首。壬子，易乐章之名为《封安》《禅安》《祺安》。十月甲午，判太常李宗谔上圜台登歌亚、终献乐章二首	封禅	皇帝	沿袭	沿袭并加以完善	中央	加封五岳，进一步提升其地位	泰山地位进一步提升
南宋	—	望祭	地方官代替	"祭不越望"：从"气"的角度为这种祭祀原则进行了解释	提出了一套更为具体的礼制。第一，山川祭祀采用设坛、露天祭祀；第二，不设山神像，只设山神席位，望席位祭拜；第三，祭祀时强调精虔；第四，祝文要贴合地方现实，不用形式化语言	地方	—	泰山地位下降

　　《泰山志》和《岱览》总结的均为帝王祭祀活动，但是，民间祭祀活动也是泰山祭祀文化的重要组成部分。泰山上的宗教建筑多为民间祭祀所建，或由统治者为了维持民望建立修缮。丰富的祭祀文化，加上得天独厚的自然条件与文人墨客的登临，使得泰山文化景观呈现一种多元化的和谐。因而，泰山风景园林既有自然景观的雄浑壮美和皇家景观的宏伟大气，又有民间的风土情调和文人的诗情画意。理法先理源头，相地问名不仅仅要出于场地的物质条件，也要了解场地的人文条件。复杂的人文关系在泰山山岳景观中得以融合，正是天人合一精神在不

同层次文化中的反映。

泰山是中华文化的缩影，泰山风景园林也是多文化融合的复杂景观。研究泰山风景园林设计理法必须达到一定的广度，才能阐明先人在塑造泰山景观时的考量因素。这种广度包括地域的、时间的、文化的广度。作者从各个阶段的发展程度，简要概括了对风景园林有较大影响的泰山祭祀文化。

三、封禅礼制的成形与发展

关于泰山封禅的历史记载不胜枚举，但真正成行的帝王却不是很多。《史记·封禅书》说："自古受命帝王，曷尝不封禅？盖有无其应而用事者矣，未有睹符瑞见而不臻乎泰山者也。虽受命而功不至，至梁父矣而德不洽，洽矣而日有不暇给，是以即事用希。"[1] 大意是指，从古到今，受天命成为帝王的人，为什么会有人没有封禅过？大概是有人因为没有出现天象而不去封禅，没有人看见祥瑞和天象而不去泰山进行封禅的。有的人成了帝王但是功劳却不符合标准，有的人已经成为梁父但品德却不得当，也有帝王都符合标准却因日程太忙没有时间进行封禅，因此封禅的次数在历史上比较少。可以看出，在实际的记载中，历史上泰山封禅成行的帝王人数不多，能够成功到泰山地区进行封禅的帝王，要具备以下几个条件。第一，由帝王或掌管古时天象观测的部门，如秦代和汉代的太史令、唐代的司天台、宋元的司天监等，见到祥瑞或者吉兆。第二，帝王本身的品行功德、治国功绩能够满足封禅泰山的要求，但是可以看出，不同于祭祀中各个项目明确的要求，对于封禅的帝王是否符合要求，古代礼制并没有给出明确的标准。因此这种标准可能只存在帝王自己心中，可以说已经来泰山进行封禅过的帝王，对于自身的治国功绩或是品行功德还是相当自信的。第三，要有来泰山进行封禅的时间，古代的交通条件绝不能与现代相提并论，部分定都离泰山较远的帝王，如秦朝、南宋等，可能来泰山进行一次封禅要耗时数月，这对于日理万机的古代帝王也不是容易的事。因此，研究曾经到泰山进行封禅的诸位帝王的封禅活动，探究其背后的封禅文化，既是对帝王历史活动的生动再现，也是对泰山景观与文化根源的研究。

封禅是由泰山的山岳祭祀演化而来的，封禅礼制是慢慢形成的。虽然有说法将周以前古东夷族五帝、夏、商诸帝对泰山的祭祀活动列为封禅，但目前大多数学者认为，封禅说大约产生于战国末年，之前的祭祀行为可以看作封禅的前身。《五经通义》云："易姓而王，致太平，必封泰山，禅梁父，天命以为王，使理群

---

[1] 司马迁.史记（中）[M].天津：天津古籍出版社，2019.

生，告太平于天，报群神之功。"①说明封禅发源于朝代更替时，统治者通过封禅来表达自己是受命于天的天子，有资格代替上天管理天下。易姓而王，封禅泰山的礼制，源自于战国末期邹子创立的"五德终始说"历史观。"五德终始说"认为王朝更迭是"五德转移"的结果。《史记》引邹子曾经说过的话："五德转移，治各有宜，而符应若兹。"②以五行的金、木、水、火、土为五德，因五德相生相克、更迭交替发展，所以朝代发生更替，这为易姓而王提供了合理依据，所以很受统治者重视。

当五德转移时，上天会有示意——符瑞。所以统治者要寻找、制造符瑞，并举办表征王权的祭祀活动感谢天降符瑞，广诏天下，使百姓认可自己是名正言顺的天子。而泰山作为东方的大山，与天相接，自然成为祭祀场地的最佳选择，这种祭祀活动就是封禅。"五德始终说"与山岳崇拜祭祀相结合，帝王对自然从单纯的崇拜，演变为崇拜与利用的两层关系，形成封禅礼制。所以说，封禅礼制不仅仅是一种有宗教性质的活动，同时也是一种中央集权社会制度，从此王权与宗教权统一在天子一个人身上。封禅标志着泰山正式成为王权与官方宗教权的象征，泰山文化景观开始有了一个发展契机。

封禅分为封天和禅地两个部分。《史记·正义》中云："此泰山上筑土为坛以祭天，报天之功，故曰封。此泰山下小山上除地，报地之功，故曰禅。"这里所说的封为登山祭天，禅为山下禅地。这使得泰山与周边群山形成一个完整的风景园林体系，在这个体系不变的情况下，其他的文化内容再进行填充。

历史上载入史册有据可考的有六位帝王举行过完整的封禅仪式，分别是：秦始皇、汉武帝、汉光武帝、唐高宗、唐玄宗、宋真宗。这些帝王虽然都到泰山地区进行封禅祭祀，但帝王与帝王的封禅路线和禅地对象不尽相同。其中，秦始皇、汉武帝、汉光武帝在今泰山东南处的梁父山禅地，而后至泰山封天，汉武帝则在泰山正南云亭山、石闾山一带禅地。蒿里山、社首山位于今泰安城区之内，曾经作为汉武帝、唐高宗、唐玄宗、宋真宗的禅地场所。

虽然诸位帝王都选择泰山作为封天的唯一对象，但禅地的对象却不相同，并且随着历史的不断发展，帝王对于禅地场所的选择，逐渐地向泰山主峰靠拢，泰安城区内现存的蒿里山景区，离泰山与皇帝的直线距离仅8千米。究其原因，是封禅活动随着历史的发展逐渐形式化，秦汉等早期的封禅活动，在选择山峰作为封禅的场所时，并不完全拘泥于帝王本身的日程安排，或者说封禅本身就应当属

---

① 刘向.五经通义[M].北京：商务印书馆，1930.
② 司马迁.史记（下）[M].天津：天津古籍出版社，2019.

于帝王工作的重中之重，在选择场所时，无论距离远近、交通便利与否，都会以封禅礼制要求为首要。但随着封禅活动形式化加重，帝王王权地位升高、神权地位下降，唐宋等晚期的帝王虽然能亲临泰山进行封禅，且当时的交通和古泰安城的发展较之秦汉也有了大幅度的飞跃，但他们却仍旧选择了泰山脚下距离相当近的山峰作为禅地场所，体现出封禅这一活动在封建社会逐渐弱化，至明清时期，祭祀甚至能通过祭文的发布和巡守来体现，因而泰山封禅已经完全成为帝王巡视自己疆域的一种理由。

封禅是帝王向天述报自己的政绩，并且祈求平安，这一行为具有宗教的朝拜色彩，所以在一般的认知中，经常将封禅视作一种宗教行为。泰山上的各种标识、宣传和介绍中也没有明确地对封禅行为进行定义。再加上唐朝后帝王对泰山的祭祀开始有了道教色彩，而许多地方也将帝王祭祀与封禅混为一谈，导致许多人将封禅视作一种道教祭祀行为。实际上，封禅与道教虽然相互影响，但是封禅并不是道教祭祀。封禅是一种远古的自然崇拜行为，其形成于道教之前。康熙、乾隆等帝王登岱顶对泰山的祭祀是对碧霞元君或者其他道教神的祭祀，并非封禅。

封禅使得泰山文化景观经过了许多次最高规格的建设与修缮。诸多祭祀形式中，封禅礼制最为完整，且需登山祭祀。其虽不是最主要的祭祀方式，但却对泰山风景园林影响最大，成为统领泰山文化景观的核心骨架。泰山祭祀礼仪实际上有帝王对自然崇拜的利用。反过来说，自然崇拜会被帝王利用，也代表了泰山在人们心目中的地位。这种崇拜是根深蒂固的，从而形成泰山文化的精神力量。

四、封禅终止与其他祭祀方式的延续

封禅终止于金元时期少数民族政权入侵中原。少数民族政权入侵之初，对泰山信仰并不接受，北宋灭亡之后，泰山的地位受到影响，直到金世宗把泰山列入祀典，其第一山的地位才得以恢复。根据《泰安阜上张氏先茔碑》记载，蒙古族入主中原，泰山经历空前浩劫："其宫卫，其辇辂，其祠宇，自经劫火之后，百不存一。"忽必烈在中统二年（1261）又确定了遣使祭祀的制度，把泰山排在祭祀序列第一位。唐宋以来，帝王封禅泰山时，封泰山为"天齐王""仁圣天齐帝"等。元世祖至元二十八年（1291）加封泰山为"天齐大生仁圣帝"，是历代泰山封号最尊贵的一个，但没有再恢复封禅制度。明太祖朱元璋在泰山立《去东岳封号碑》示天下："因神有历代之封号，予起寒微，详之再三，畏不敢效。"之后明清虽然

对泰山的建筑不断地兴建修复，特别是明朝中叶，盛极一时，然而经历过几次兴衰，泰山再无封禅。

明代多为臣子方士代君祭祀。到了清代，帝王也喜欢巡狩。封禅终止的根本原因是随着中央集权的发展，皇权一直在不断加大对哲学思想的利用和压制。明清君王对道教已经没有了信仰，"五德始终说"渐渐地失去了影响力。虽然此时小农经济产生了自然崇拜思想，天子必须小于天，但仍要求皇权一定要大于宗教权，政治系统对人民的思想要有所控制。在这种矛盾斗争中，宗教和人民思想越来越处于下风。泰山封禅在这种情况下逐渐消失，保留的是对君权神授思想的利用、对神仙方术的追求，以及借助祭祀的名义带来的狩猎游玩便利。宋真宗是最后一位封禅泰山的君王。明清两代对道教均采取抑制政策。不过，明代帝王继位改元、出兵征战、祈求风调雨顺的时候，仍然会为了证明自己的正统、正义，派遣道士和官员祭祀泰山。而清代的几位帝王经常巡狩，所以祭祀泰山的次数也较多，但礼制均较为简洁。康熙三次巡狩祭祀泰山，而乾隆则达到了十一次。

虽然封禅终止了，帝王祭祀也逐渐衰退，但是随着道教的成熟，民间祭祀如火如荼地发展着，特别是对碧霞元君的崇拜日益高涨。碧霞元君被当地人称为"泰山奶奶"。关于其身份有众多说法，流传较广的为她是东岳大帝的妹妹。宋真宗东封泰山时发现一座玉女石像，然后建立了昭真祠来祭祀，后来便演变成了碧霞元君。因其为女性，形象和善，容易让人有亲近之感，所以平民对其祭祀的热情更甚于东岳大帝。直到现在，泰山顶峰的碧霞祠仍然是香火最盛的道观。

五、儒释道思想与泰山

（一）儒家思想与泰山

儒家思想作为中国封建社会的主流思想，在泰山的儒释道文化中有着核心作用。泰山是一座宗教名山，但泰山景观受宗教与非宗教哲学思想影响都很严重。

儒家思想中，关于儒学与儒教的争论一直没有间断过。有的学者认为，儒家思想只有儒学没有儒教，也有学者认为对孔子等大儒的崇拜已经可以称为宗教。因为孔子是鲁国人，孔子在鲁国期间，曾经多次亲上泰山探求礼制，于是留下了许多与泰山有关的文字记载，其中一句"苛政猛如虎"，几乎家喻户晓，所以泰山与孔子有不解之缘。南天门区域现存有孔子庙，人们主要是通过祭拜孔子来祈求学业顺利。红门处也有"孔子登临处"的牌坊。

这种祭祀祈求保佑的现象，与道教文曲星庙中祭祀文魁的现象是相同的。除了对儒家先哲的尊重，也是一种将孔子神化的现象。所以，如果将儒教视作一种宗教，那孔子庙的祭拜就是一种儒教对泰山文化和景观产生的影响。但由于学界对儒教本身的存在还存有质疑，因此虽然这种对孔子的崇拜具有宗教属性，但本书还是将这种对孔子的崇拜与其他儒学思想对泰山文化和景观的影响，统一视作儒家思想对泰山的影响，不再做出区分。

泰山祭祀的体制以儒家礼制为主。儒学推崇周礼，而泰山祭祀是周礼中非常重要的一部分。除了孔子曾亲上泰山考察泰山的祭祀礼仪，秦始皇封禅泰山也是带70位儒生随行，元初名儒上书忽必烈使得泰山祭祀礼仪得以恢复。各朝代祭祀礼仪都归于儒礼。可见儒家思想对泰山文化的影响是十分深刻的。

泰山从先秦时期开始，就成为一种精神信仰，这种信仰产生于儒、道两家在中国正式形成体系之前，同时也产生于佛家思想传入中国之前。所以，早期儒、道两家的思想都受到了泰山祭祀文化的影响。在儒学建立社会体系的正名思想中，天为最大，泰山祭祀即是君主正天名。只有君主维护了天的地位，臣子才能维护君的地位。儒学对伦理纲常的重视，充分体现在泰山祭祀复杂的礼仪之中，并影响着泰山景观的整体框架。

先秦时期的泰山祭祀就被载入《周礼》，后来又被载入《礼记》之中。周明堂的形制也被载入了《考工记》之中。这些古代的文明后来都被归入了儒家思想的体系之中，并在之后被儒家思想继承整理，形成最终的封禅、巡守、郊祀等丰富的礼仪制度，这些礼制随着封建社会发展也一直在发展变化着。因为泰山地区是中华文明的发源地之一，所以泰山的经济、文化发源也很早，早在先秦时期，泰山就是大儒辈出的地区。

泰山景观虽受众多文化影响，但杂而不乱，与儒学在泰山文化中的骨架地位有关。孟子在《离娄》中曾经说过："离娄之明，公输子之巧，不以规矩，不能成方圆；师旷之聪，不以六律，不能正五音；尧舜之道，不以仁政，不能平治天下。今有仁心仁闻，而民不被其泽，不可法于后世者，不行先王之道也。"[①] 孟子分别用离娄、公输班、师旷、尧舜的例子，说明了儒家学说的主张：人的行为需要制度的框架约束。孔子、孟子等大儒都曾在泰山地区积极地传播儒家的思想，所以这种框架约束对泰山有着根深蒂固的影响。

制度约束在《大学》中有更系统的表达。需要管理天下的人，要先管理好国家，管理好国家前，要管理好家庭，管理好家庭要先修身养性，修身养性需要心正、格物致知。从社会规则到家庭规则到个人需要遵守的准则，再到内心如何看

---

① 王瑞. 孟子 [M]. 成都：四川人民出版社，2019.

待事物，是一个约束个人行为到国家行为的完整规则制度系统。这个系统就是"礼乐"制度。

　　儒家学说对于规则是非常看重的，泰山地区作为儒家学说的发源地，同时作为儒家学说十分发达的地区，受到这种制度的影响也是十分深远的。首先，泰山区域有一个整体景观规则，这个规则是通过祭祀礼乐制度产生的，最明显的就是封禅行为。在礼乐制度中，正如君臣父子之间的关系一样，泰山与其他四岳也有一个明确的排序关系。泰山主山与周边群山也有明确的从属关系，封、禅、郊祀都有明确的景观形制规则和考究的地点。主山的景观最初是以帝王祭祀为主，后来演变成了道教祭祀的景观。虽然泰山的佛教祭祀香火十分旺盛，但是泰山南侧中路景观线上仅有斗母宫一处为佛道相混的庙宇，其他的全都是道教建筑。而斗母宫实际上也只是曾经由佛教僧人管理，从本质上来说与佛教寺院有很大区别，更加接近道教建筑。所以说，泰山虽然儒家、道教、佛教思想都十分兴盛，但是景观却是在一套规则中进行建设的。在这个规则中，虽然儒家思想只有"礼乐"的祭祀行为，但是没有形成神祇系统，主要是祭祀精神的"天"，所以祭祀大儒先贤的寺庙较少，但是以道教祭祀为主的景观线路，是在儒家思想对制度重视的大背景下产生的。这些排序、主从、尊卑的框架根植于泰山景观，是不可以改变的。这也是所谓的"正名"思想：有"第一山"的名字，就要有"第一山"的状态。

　　正是儒家思想在统治者心中的地位以及在泰山地区的发达，使得在"礼乐"制度理论的框架下，泰山的高等级地位可以确立，泰山景观也在这个等级框架内进行发展。

　　除"礼乐"体制以外，儒家思想中的天道观对泰山也有着非常大的影响。《论语·述而》中提道："子不语怪力乱神"[1]，说明儒家思想反对"鬼神"传说的存在。但是儒家思想并不属于辩证唯物主义思想，其对"天"的认识还是具有神秘主义色彩的。儒家思想理论中提到的"天"一字，有许多的意思。其中与天道观有关的"天"是指主宰世界的"天"。《孟子·万章》中提道："昔者，尧荐舜于天，而天受之；暴之于民，而民受之"[2]，也就是说，虽然儒家思想中没有神祇的存在，但是却认为有一个主宰万物规律的"天"。在"礼乐"制度中，帝王尧向天举荐舜，天接受了，然后舜再领导人民，这就形成臣从君，子从父，君、父从天的等级制度。儒家思想中"天"是最高等级的存在。

　　既然"天"在"礼乐"制度这种行为之中是最高等级的，那么人就需要与天

---

① 徐平. 论语 [M]. 刘强，译. 长沙：岳麓书社，2020.
② 王瑞. 孟子 [M]. 成都：四川人民出版社，2019.

发生关系，要有所交感。而在儒家思想中"天"有没有实体，只是一个模糊的概念，那么在儒家思想的落实中就必须要找到"天"的化身。所以，泰山作为"礼乐"制度中表现等级的大山，在封建社会初期并不是那个神祇的山岭，而是"天"的代表。这段时期也是泰山地位最高的时期，这种影响力也一直持续到最后。当然，这种天道观对整个中国古代园林还有更为深远的影响，就是后来我们所说的中国古代园林中体现的"天人合一"的精神。这一点在泰山的园林中也有所体现。

总而言之，虽然对孔子等儒家先贤祭祀的景观在泰山景观中占的比重较少，但是儒家思想对泰山的影响是根植于框架的。

（二）道家思想与泰山

道家各个思想和派系之间的关系比较复杂。

在研究有关"道"这个体系思想的学者中，对"道家""道学""道教"的区分问题是有所争议的。因为"学"一字在中国古代哲学的研究中，通常指的是一个大的理论系统中的某个特定学说，涵盖面比较小，如"心学""理学""玄学"，所以为了防止概念的混淆，"道学"一词在中国古代哲学的研究中使用得较少。在国外对汉学的研究中，对"道家"和"道教"没有区分，而是以英文单词"Taoism"来统称"道家"和"道教"。本书对"道家"和"道教"的区分采用了几位专家的观点。"道家"这个词可以有广义和狭义两种不同的理解。狭义的"道家"思想指的是老庄之学、黄老之学、魏晋玄学等"道家"思想的不同流派代表的学术理论体系；而广义的"道家"思想，既包含上述的学术理论体系，还包括了中国本土的重要宗教体系——"道教"。

狭义的"道家"和"道教"从理论上来说是有区别的。道家思想这个大的理论体系一般被认为是从老子的学说开始的，后来又在春秋战国时期分别在稷下学宫结合了阴阳家、儒家、墨家、名家思想发展成了黄老之学，以及被庄子发展成了老庄之学，在魏晋南北朝时期又发展成了魏晋玄学。此外还有杨朱、阴阳学等，也有人将其归入道家学说中，但是最有代表性以及最为广泛认可的三个学说就是老庄之学、黄老之学和魏晋玄学。

与儒家学说不同的是，在道家思想的天道观中，"天"并不是最高主宰，无和道才是万物产生的原理。儒家思想认为天是主宰和依靠，人要遵从以天为首的整个规则框架。而《老子》中却说："天地不仁，以万物为刍狗；圣人不仁，以百姓为刍狗。"[1] 老子的这段话，表明了道家学说认为天无所谓仁与不仁，认为天是

---

[1] 李耳.老子[M].阚荣艳，译注.北京：时代华文书局，2019.

不能决定人的行为的。不仅仅是天，甚至圣人都无所谓仁与不仁，天、圣人等都不能是人行为的最高准则，这个准则只能是道。老子把不管是天、圣人，还有君王、刍狗等万物，共同地放在了"道"的规则之下，这与儒家思想的框架就是截然相反的。

《老子》这段话之后，紧接着阐明了："天地之间，其犹橐籥乎？虚而不屈，动而愈出。多言数穷，不若守于中。"①说明了在狭义的"道家"思想中，世界很像是一个风箱，虽是看起来是空的，但是却不是死的。越去扰动它，里面的风就会泄漏得越多，因而提倡保持自然的发展状态。庄子主要是继承了老子理论系统中对世界的认知，并且具有批判和超越的精神。老庄思想主要在于精神的超脱，后来发展成为魏晋玄学对有无的论证，成为出世哲学。然而在当时的社会状况下，其并不能指导社会的运行。

黄老之学是除老庄学派之外道家的最大分支，成形于齐国的稷下学宫，其特点是道法结合。与老庄之学不同的是，老庄之学侧重的是无为而无所不为中的"无为"，而黄老之学侧重的是"无所不为"。黄老之学继承了老子学说中"道生万物"的理论，所以将诸子百家中的阴阳家、儒家、墨家、名家等兼收并蓄，形成"无所不宜"的一套理论体系。与老庄之学不同，黄老之学有积极的处世态度。刑德的观念是黄老之学从老子学说中发展出来的经世致用的学说，以刑为阴，以德为阳，主张阴阳相互结合、事半功倍、休养生息的"治大国若烹小鲜"的治国之道。黄老之学在当时也促进了文化的繁荣和经济的发展。

黄老之学是当时齐国的治国方略，而当时泰山地区是属于齐国领土的。所以，泰山地区在春秋时期主要受到的是孔子的儒家思想影响，而在战国时期，则是受道家黄老之学的影响。二者共同的特点是注重对人的"教化"，泰山地区一直以来深受这种"教化"的影响。这也使得泰山地区形成一种虔诚的，可以催生出信仰的氛围。

道教作为中国本土宗教，是以狭义的道家思想的自然观为基础，对其他各种文化兼收并蓄。在科学技术落后的时代，人们需要靠信仰神力来解释许多自然现象。泰山为神山，自然要有神迹、有神仙居住管理。而狭义的道家思想，特别是老庄之学的神秘主义中"绝对逍遥""心斋""坐忘"等描述，则附有神话色彩。相比于儒学的纲常理性，狭义的道家思想的逍遥虚无更适合成为宗教的支撑。道教以狭义的道家思想的"道""有""无"等思想为基础，以狭义的道家思想中的无为清修作为修道的方法，奉老子为"道德天尊"，与阴阳学的"九州学说"以

---

① 李耳.老子[M].阚荣艳，译注.北京：时代华文书局，2019.

及一些民间传说相结合，创立了独有的宗教体系。

泰山为道教三十六小洞天第二。许多君王借封禅之由，来泰山及其周边的蓬莱、瀛洲寻找长生不老药，最著名的就是秦始皇。后来道教继续发展，如对于泰山影响很大的碧霞元君虽然最早并不属于道教，但是后来道教将其归入系统中，使得民间对泰山祭祀热情高涨。虽然封禅是帝王的正式祭祀，但泰山上的寺庙园林以祭祀道教神为主。道教有功有德而封神的观点，以及众神的官阶分级体现了它的入世性。同源同天的道家和道教，将入世和出世同时体现在了泰山文化之中。

最早的道教著名道士，如张道陵、崔文子等都会修习一些医学、药学知识，靠着以"仙丹"治病救人来传播道教；或用假的仙符、仙丹，以救人之名传播道教。这种可以使老百姓感受到切身利益的行为，使得道教传播很快，在民间颇受欢迎。到了唐朝，李氏为了给自己的统治赋予正确性，宣扬老子（李耳）为自己的先祖，奉道教为国教，道教祭祀被引入帝王的祭祀中。唐朝帝王曾经多次在泰山行道教祭祀礼节，也派遣道士祭祀泰山。但封禅与道教祭祀还是被明确分开的，即使唐朝帝王痴迷道教炼丹之术，奉道教为国教，但封禅祭祀中仍然是没有道士跟随的。

道教与狭义的道家思想相同的地方是，它们都是吸收了"道"的理念。道教是以"道"为理论基础，给予了神仙符箓理论的支撑，使得其容易被人所理解和接受，从而可以更好地传播信仰。老庄之学，是主张逃离框架的，而道教看似与黄老之学更加接近，是建立了一个神祇体系的框架，框架内的神有一个相对逍遥自在的状态，道教用这套系统去限制信奉这个宗教的人的生活方式。

从战国的齐国到秦汉时期，一直深受黄老学说影响的泰山地区不仅仅有传播这种神仙方术的信仰氛围，而且在当时国土之上，海岱一线也成为帝王理想中的仙境，所以当地神仙方术的发展受到帝王的支持，泰山地区成为道教的重要发源地之一。道教在泰山地区的兴盛也是水到渠成的事情，一直影响着泰山地区上千年，直到现在。

所以在泰山地区，无论是从广义还是狭义的角度去定义，道家思想的影响都是十分深远的。泰山作为封建政权认定的第一山是入世的，而作为风月无边的大山又是出世的，道教则是融于入世的框架，又追求出世的超脱。这种多文化的结合形成泰山严谨而又灵活的风景园林布局。

（三）佛家思想与泰山

佛家思想以佛教的形式传入中国。发源于印度的佛学思想，因为语言不同加上其内容过于复杂，所以并未在中国普及。佛教于两汉之际传入中国。最迟在东晋时期，佛教就已经传入泰山地区。泰山是佛教在山东早期的传播点之一。泰山最早的佛寺为朗公寺，后来又有灵岩寺等著名佛寺被建立起来。中国历史上三次著名的灭佛运动，有两次都对泰山地区佛教造成打击（因北魏太武帝灭佛运动时期，泰山属于南朝宋的统治范围，免遭劫难）。但两次劫难中高僧均成功避难隐居，灭佛运动后几位高僧即出山主持寺庙重建、重修，所以泰山佛教的发展只经历过短暂的破坏，并未完全断绝过。

　　佛教与儒家、道家思想不同，在中国传播前已有复杂的系统。泰山佛教主要以简化传播为主，禅宗为主要流派，是以佛寺为出发点向外传播的宗教，佛寺的建设主要靠有能力的高僧。对儒家、道家思想来说泰山是向心崇拜的胜地，而对佛教来说泰山则是向外扩张的据点。当然，佛教为了立足传播也将泰山描述为圣地，岱阴的《谷山寺碑》将佛教与泰山的关系解释为："佛法自西方来，天下名山胜境化为道场。"[①] 佛教后期也主张儒释道三教一理，在根深蒂固的本土文化中寻求生存发展。《石堂集》中泰山普照寺著名僧人元玉法师云："释之言，化人悟自佛心为第一义，儒之言，化人体自天性为第一义。心与性名别而理同，佛与儒名易而理亦同。"[②]

　　儒家思想和狭义的道家思想是骨，道教是主要的躯干，而佛教可以说是四肢。由于齐、鲁文明的发达，可以说春秋战国时期，泰山地区在整个中原地区文化都很发达。这个时期是儒道文化在泰山奠定基础的时期，因而在封建社会早期，泰山也是向外输出文化的地区。儒家思想与狭义的道家虽然从景观上表现得并不明显，但是潜移默化地影响着整个泰山地区，有着框架和基础的作用。道教、佛教则是泰山文化在景观方面显而易见的部分。道教根植于泰山，其正统地位是佛教难以动摇的。佛教虽然是一个外来的宗教，但在泰山地区也受到信奉，虽然在泰山地区不能成为最正统的宗教，但其以泰山地区为根据地，向外扩张的勃勃生机也是不容小觑的。儒、释、道三家的文化在泰山有各自的地位，在文化上共同发展，在地位上则有互补的关系。

　　总之，儒、释、道三家对泰山文化影响的方式各不相同。儒道互补是中国封建社会的主流思想，二者虽有互相辩论，但相互承认、互相认可是总的趋势。中国古代园林大部分都反映了儒道互补的哲学思想，这里的儒道互补指的是儒家思想与狭义的道家思想。而在泰山，祭祀文化是早于儒家思想、道家思想出现的，

---

① 泰安市文物局. 泰山石刻大全 [M]. 济南：齐鲁书社, 1993.
② 释元玉. 石堂集 [M]. 馆藏中文资源, 1913.

也早于佛教传入中国。在秦代，先秦儒学、道学形成基本框架，并逐渐为统治者所接受。泰山是儒学礼制中最高等级的山，在道学中也是气运的发源。而在道教中也有"泰山神全"的说法，并且泰山也是掌管生死的主神栖息的山。道家的道学和道教在泰山有不同影响，帝王祭祀遵循儒学礼制，而地方平民祭祀的主要为道教众神。泰山登天景观主线上，一天门、中天门、南天门等布局，也是道教系统，均是按照道教说法来问名。佛家对泰山的影响比较小且有依附于儒家、道家的现象，佛家作为后来的外来宗教，在儒家礼制的圣山与道家道教的神山上，寻找传播思想的方法。

战国末期的阴阳家提供了阴阳五行、天人合一的哲学观点，后来儒家、道家思想都认可并运用其观点，成为中国哲学天道观的基础。儒家、道家思想有相互融合的部分，每个阶段二者的关系也有所不同。在此，我们大致概括二者天道观的不同：儒家思想认为要践行仁义礼智之道来提升修养，才能接近天道，实现天人感应；而道家思想认为要使自己虚空宁静，才能接近天道，实现天人感应。道教与佛教也在第一山的环境下寻求生存发展，一方面，在接近上天的泰山地区修炼钻研教义，希望悟得天道；另一方面，借助泰山圣地的优势招揽信徒，将思想扩散传播。

可以说，泰山祭祀是多文化的复合体。儒家、道教、佛教的祭祀，同时也可以分为帝王祭祀、臣子代为祭祀与平民祭祀。总之，天人合一、天人感应的思想是统领泰山文化的核心，祭祀文化是泰山文化得以繁荣的基础。儒、释、道三种思想在这种环境中共同生长，虽然其必须借助祭祀文化、天人感应的核心，以此为基础发展文化理论，但同时也反作用于泰山的祭祀文化。各种文化在封建文化认可并且支持的框架中相互磨合。儒、释、道在泰山祭祀文化影响下的融合发展，实际上是整个封建中国哲学系统中儒、释、道融合发展的缩影。

由此可见，在泰山文化景观范围内，不论儒家、道家、佛家思想都必须与祭祀文化发生关系，泰山风景园林具有的独特文化性，正是以祭祀为主，儒释道三种文化不断交织融合的产物。祭祀的礼仪规范多现于儒家思想中"礼"的部分，道教借助祭祀以及道学的基础，也占据重要地位，佛教无法再分享这个体系的核心，多表现为适应与融入泰山祭祀文化中。而儒、释、道文化本身在天道观的不同，也会体现在泰山园林中。泰山的风景园林需要在保留自然胜境的基础上，表现等级制度、天道观、众神崇拜、禅意等各种内容。有碰撞才有比较与融合，完整地融合了儒、释、道三种寺庙园林，也是泰山风景园林设计理法中非常重要，甚至可以说独一无二的特点。所以，研究三种文化的不同与融合，对于研究泰山风景园林是至关重要的。

第三节　泰山风景园林现状概述

当前，泰山旅游业开发相对成熟，景点周边餐饮、交通等旅游附属产业发展迅猛。但同时，泰山区域的风景园林资源开发矛盾也日益突出。一方面，由于泰城城市发展迅速，城市格局与泰山景区产生了不可调和的矛盾，在泰山南部和东部都存在明显的景区蚕食现象，部分山体和水系出现了过于人工化的气息，影响了泰山的整体风貌。另一方面，由于城市建筑高度过高、体量过大，传统的看山视线被阻挡，直接弱化了泰山雄浑的气势。例如，古时由遥参亭，透过岱庙，经岱宗坊，视线可直抵红门宫，视线距离近 3 千米，两侧茅屋散布，古木林立，以雄伟的泰山为背景，香客内心油然地迸发出对于泰山的崇敬之情。如今，由于这条路线建设不合理，两侧建筑规划缺乏协调性，古时天为幕、山为景、水木共舞的诗般画面已很难重现。最为可惜的是，泰山地区的旅游开发和景观恢复工作，缺乏对于泰山地区文化的梳理和遵循，部分旅游项目开发建设盲目，失去了对于原有泰山文化的发掘机遇。因此，综合分析当前泰山地区景观现状，进而对比研究，有利于进一步发掘和发展泰山的历史文化。

一、泰山景点分布现状

通过在百度地图上对泰山区域的景点进行检索，然后再对兴趣点进行获取，我们得到了泰山区域中现存的景点目录。接着我们再对景点的类型进行分类，分为：自然景观、古代保留下来的文化景观和现代人新建的文化景观三类（附录 3）。对全部景点以及三种类型的景观分别进行密度分析后，就可以得出目前泰山景点的分布，以及目前泰山主要保留、维护了哪些景观。

现存的景观以泰山风景名胜区内的景观为主，而泰山风景名胜区的景观很明显地集中在泰山南侧中路景观线和东部的后石坞登山线路上，形成两条非常明显的景观线路。岱顶和岱庙处形成景观密度最大的两个节点。除了这两条线路，还有位于泰山南部海拔较低处的普照寺、竹林寺、三阳观景观。但根据作者实地调研发现，三阳观、普照寺、竹林寺分别位于三条游览线路上，只是位置较为接近，没有形成一个游览系统。所以，除两条主要的登山线路以外，泰山风景名胜区的泰山主山部分就没有其他景观集中的游览线路，其他景观的分布比较散乱。泰山风景名胜区灵岩部分景点主要以灵岩寺为主，景点也并不是特别集中。其他的景点散落在泰山区域的各个位置，没有按照山水骨架来布局，而是主要按照城市范围分布。整个泰山区域被划分为城市与各个风景区，城市中有一些新建的景点。围绕泰山风景名胜区，还有柳埠国家森林公园（昆瑞山）、泰山国家地质公园（陶山园区）、卧龙峪生态景区、徂徕山国家森林公园、莲花山风景区等几个其他的风景名胜区。

保留的古代人文景点主要集中于泰山南侧中路景观线上，还有一部分延伸到了泰安市城区内。根据泰安市总体规划，泰安有两条主要的轴线，一条是历史文化轴线，另一条是时代发展轴线。这里古代人文景点的延伸线就是泰安市的历史文化轴线。除这条轴线以外，普照寺、竹林寺、三阳观区域保留的文化景观密度较大。整个大泰山区域其他位置古代文化景观点的保留就比较少了，主要的保留文化景观也是在各个风景区内。

自然景观被开发为景观点主要也是分布在泰山南侧中路景观线和东部的后石坞登山线路上。结合保留的古代人文景点密度进行分析，我们可以看出泰山南侧中路景观线是文化景观与自然景观并重的游览线路，而后石坞的登山线路则是以自然景观为主。根据实地调研，作者还发现泰山南侧中路景观线正在开发一条地质景观游览的支线。南部中路景观线以及东部后石坞登山线路上自然景观转化为景点的密度相近，均低于南部中路景观线上文化景观的密度。普照寺、竹林寺、三阳观区域内也有黑龙潭等保留的自然景观，但是其余地区的泰山自然景观并没有被很好地利用起来。

为适应日趋现代化的旅游发展需求，满足游客和当地民众的需求，在原有部分继承泰山旅游资源的基础上，与现有自然山水资源结合，泰山周边也新增了部分游览景观，其中比较著名的景观项目由东向西依次包括：东御道景区、中华泰山封禅大典、天外村景区和泰山彩石溪。这些新增景观均分布于泰山脚下，在东、南、西三个方向均有设置，对于泰山原有文化资源和自然资源都进行了进一步的挖掘，并与登山的主游览项目互为犄角之势。其中，东御道景区名称源自"东为首，气东升"，以水景闻名。泰山东侧水资源丰富，山势险峻，其间溪谷众多，视野开阔，相传汉武帝刘彻曾经此直达岱顶。虽为古登山路线，但现今已少有人经此登山。凭借优美的自然景观优势，东御道已发展成为当地的自然观光地。中华泰山封禅大典位于泰山东麓，作为封禅文化再现的大型舞台演出项目，其虽然对地区的自然景观有所破坏，但是也实实在在地传播了泰山封禅文化，讲述了由秦至清漫长的泰山文化脉络，填补了泰山地区夜间旅游的空白。天外村景区位于泰山主峰正南，与主峰直线距离约 6 千米，青山环绕，河流湍急，著名军事将领冯玉祥先生的墓就坐落于此。现今的天外村景区，一方面担负着游人来此参观周边古迹和自然景观的任务；另一方面还兼顾着泰山天外村至中天门游览路线的交通集散功能。泰山彩石溪位于泰山西侧景区内，泰山作为世界地质公园，其地质特色在彩石溪处得到了充分的体现。彩石溪上游为泰山桃花源，由泰山西侧多条河流汇聚而成，因而下游的植物种类和水中石子材质都丰富多样，同时，彩石溪溪水极其清澈，造就了彩石溪青山环抱、四季景异、水流石上、石走水下的绝美自然景观。

二、现存宗教建筑、碑刻统计

泰山风景区内现存不可移动文物 228 处，其中古建筑 70 处、石窟寺及石刻 1565 处、古遗址 13 处、古墓葬 2 处、近现代重要史迹和代表性建筑 9 处、馆藏文物 10 178 件。同时，有全国重点文物保护单位 6 处：岱庙、冯玉祥墓、泰山石刻（北齐至唐）、齐长城（泰山段）、灵岩寺和泰山古建筑群。其中，泰山古建筑群（包括古建筑 21 处）：王母池、关帝庙、红门宫、万仙楼、斗母宫、三官庙、壶天阁、三大坞庙、烈士祠、五贤祠、三阳观、普照寺、灵应宫等。亭 7 座：高山流水亭、酌泉亭、望月亭、西溪石亭、长寿桥亭、洗心亭、对松亭。桥 6 座：八仙桥、高老桥、过仙桥、步天桥、云步桥、长寿桥。坊 10 座：岱宗坊、一天门坊、孔子登临处坊、天阶坊、回马岭坊、中天门坊、五大夫松坊、升仙坊、北天门坊等。各景点详细对应宗教（表 2-3-1）。

表 2-3-1　寺庙园林一览表（泰山名胜区总体规划，2016）

编号	寺庙园林名称	宗教类型	是否为宗教活动场所
1	五贤祠	儒	否
2	孔子庙	儒	否
3	碧霞祠	道	道教活动场所
4	王母池	道	道教活动场所
5	青帝宫	道	否
6	斗母宫	佛、道	否
7	万仙楼	道	否
8	三阳观	道	否
9	元始天尊庙	道	否
10	无极庙	道	否
11	三官庙	佛、道	否

（续表）

编号	寺庙园林名称	宗教类型	是否为宗教活动场所
12	吕祖庙	道	否
13	小泰山	道	否
14	玉皇洞	道	否
15	灵应宫	道	道教活动场所
16	碧霞灵应宫	道	否
17	三大士殿	佛、道	否
18	元君庙	道	否
19	壶天阁	道	否
20	红门宫	儒、佛、道	否
21	关帝庙	道	否
22	中天门财神庙	道	否
23	增福庙	道	否
24	玉皇庙	道	否
25	老君堂	道	否
26	桃花峪元君庙	道	否
27	吴道人庵遗址	道	否
28	四阳庵遗址	道	否
29	谷山玉泉寺	佛	否
30	普照寺	佛	否
31	灵岩寺	佛	佛教活动场所
32	藏锋寺遗址	佛	否
33	碧峰寺遗址	佛	否
34	白羊坊遗址	佛	否
35	竹林寺	佛	否

由表中类型可以看出，虽然泰山文化兼具儒、释、道三家文化，但是道教在泰山的发展最为活跃，从蒿里山东侧的灵应宫，到岱顶的碧霞祠，沿路均有道教建筑分布。相较之下，佛教园林建筑在泰山的分布就相对边缘化，海拔最高的为佛道共用的斗母宫，像竹林寺和灵岩寺等其他佛教园林，则完全处于泰山边缘地带，因此在游览过程中，沿路的园林和建筑往往给人以泰山为道教名山的印象。

泰山地区寺庙园林众多，景区范围内有历史记载的就有 35 处，其中道教园林 22 处，占比 63 %；佛教园林 7 处，占比 20 %；儒家建筑 2 处，占比 6 %；另有复合宗教寺庙园林 4 处。

古建筑大多依附遥参亭至南天门这一主要登山路线，大部分建筑因年代久远或人为破坏，为基于原址的修复或重建，其中作为中国古代四大古建筑群之一的岱庙，历经几次大拆和修缮，现今成为泰城地区每年庙会的举办地，香火不断。而岱庙北侧不到 1 千米处为泰山著名石坊岱宗坊，重建于清雍正八年（1730），现存于泰安市红门路路中心，高约 7 米、宽 8 米，是连接南侧岱庙与北侧红门的重要纽带。

泰山地区文物数量众多，而由于历代帝王的封禅活动，文人墨客常来此游览，儒家文化得以体现。泰山地区现存文物中，石刻数量占据大部。这其中，为防止自然风雨侵蚀或人为破坏、盗挖，那些具有重要史学价值的碑刻，如秦泰山刻石，现已移至泰安岱庙中进行集中馆藏。作为中国现存规模最大的崖石刻——经石峪，为防止人为盗拓，大部分已被地方政府有效保护起来。

可移动文物主要包括泰山景区内存在的碑刻和岱庙博物馆内保存的文物。岱庙不仅是庙会举办地，也是泰安市内重要的文物保护场所，散布在泰山区域内的诸多文物被迁移至岱庙进行集中保护。其中，迁移至岱庙的著名建筑有明朝建造的铁塔和铜亭。铁塔为明嘉靖十二年（1533）铸造，由泰山天书观迁入，现存于岱庙北院西北角，铁塔上部已经遗失，现仅存下部四级，其中底部的三级刻有捐款铸塔的人名和铁塔铸造者的姓名。铜亭为明嘉靖十二年铸造，由泰山山顶碧霞祠迁入，现存于岱庙北院东北角，与明铁塔对称安置。铜亭整体仿木结构铸造后搭建穿插而成，但整体体量较小，原为碧霞祠内供奉碧霞元君所用。

现今，岱庙保存了诸多泰山地区迁移至此集中保护的碑文刻石，这些碑刻本应位于自身所处的山水处标记泰山自然山水名称，或记载寺庙园林的修缮情况。将其集中于岱庙虽然有利于碑刻长久保护，但是却导致泰山风景园林失去了山水参照或详细的修建记载，因此研究泰山碑刻的铸造年代及形制，对于研究泰山寺庙园林的园林设计理法就显得十分必要了。岱庙保存的部分文人刻石已被嵌入墙体或安置于馆内。人们将体量较大的碑刻部分露天存放，而对那些历史价值极高的碑刻则新建碑亭加以保护。部分碑刻由于露天存放，经受风雨侵蚀和人为损坏，年代文字均不可考，仅能通过碑刻底部的碑座（石雕赑屃）进行推断，借此断定碑刻的年代和规格（表 2-3-2）。

表 2-3-2　各朝代典型赑屃特征表

朝代	图示	特征
宋	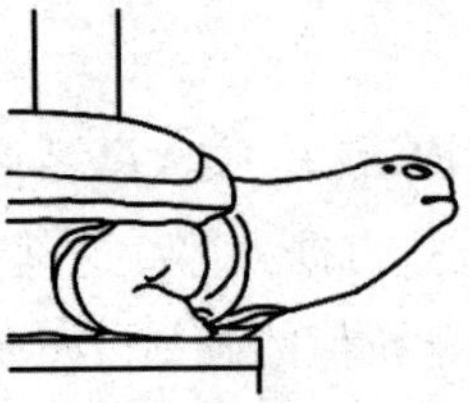	形态圆润，头与真实的龟形极为接近
金	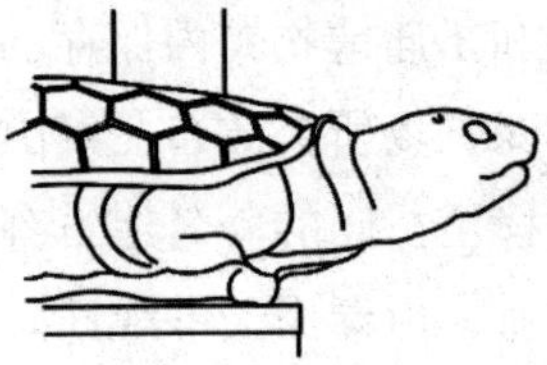	金代赑屃在造型上与宋相仿，但龟首较宋相对硕大，顶部较为扁平，给人雄浑有力的感觉
元	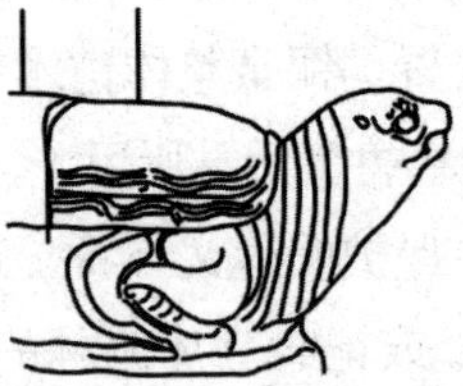	元代赑屃是从写实到抽象变化的过程，这时的头与躯体的比例加大，眉骨宽大突起，并有偏首斜颈的特点
明	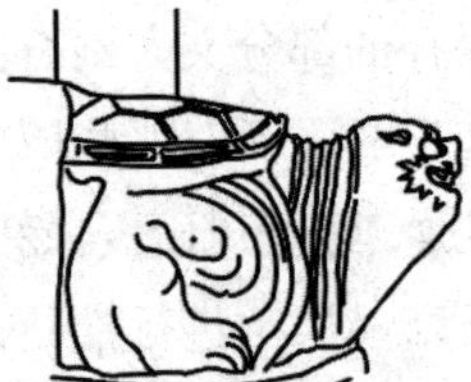	赑屃形象进一步抽象化，出现了兽类的耳朵，头部也出现了毛发。头部高抬，颈部缩短，呈现出敦实厚重的形态
清	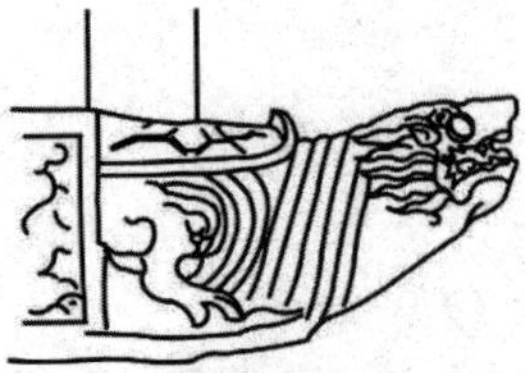	赑屃单看头部已经很难分辨出是否为龟的头部，赑屃头部毛发进一步加长，眼、口、鼻的比例扩大，身形比例与明代相比略显轻巧

第三章　泰山风景园林理法研究范围

在明确泰山自然与人文信息基础之上，研究泰山风景园林理法，仍需要借助相关学科知识确定泰山的研究范围，对在此范围内的风景园林进行梳理研究才能最终得出泰山风景园林设计理法特征。

第一节　风景园林设计理法的含义

在中国古代风景园林设计理论的研究中，对设计"理法"的研究至关重要。理反映了事物之间的脉络关系，法代表了事物形成的章法、规律。陈从周先生的《品园》以"有法无式格自高"总结了中国古代园林造园境界[①]。"理法"二字精确地表达了中国古代园林成脉络、成系统，有内在规律和方法的联系，却不被固定形式束缚的特点。明代造园理论家计成描述中国古代园林的意境为"虽由人作，宛自天开"。借自然环境之力，巧妙地成就让人有所感怀的景观。孟兆祯先生曾在许多著作论述中对园林设计的理法进行研究，认为古代园林设计的理论和手法很难分割，应合并起来以理法进行研究。著名美学家李泽厚先生总结华夏民族的美学创造特点为自然的人化和人的自然化。中国古代园林设计的理论和手法正是来自这种美学哲学理念，这与西方园林的哲学理念"一切美都是符合数学规律的"有所不同。数学规律来自论证推导，而如何发挥自然美，则要靠理论和手法实践相互验证，二者无法分割。既然理法是综合性、系统性的综述，我们就要综合地去分析二者并以理法研究，才不至于破碎。

孟兆祯先生总结古代园林的设计理法序列为立意、相地、问名、布局、理微、余韵，六者以借景为核心，并绘制了借景理法示意图（图 3-1-1）。

设计理法序列为中国古代园林设计中必须要考虑的章法，是古代园林设计的入手和落脚点。而将这些章法组合上升为理法的就是借景。孟兆祯先生精确地将"借"释意为"凭借"，指出借景并不是简单的视觉上借鉴外物的组景手段，园内

---

① 　陈从周. 品园 [M]. 南京：江苏凤凰文艺出版社，2016.

园外所及环境均为造景的凭借。孟兆祯先生认为园林理法中"借"所要达到的艺术境界，与文学中的"物我交融"和绘画中的"外师造化，内得心源""贵在似与不似之间"有异曲同工之妙。

理法系统，是由自然与文化两方面决定的，在自然与文化的统一和谐中形成一个系统。其以场地的自然环境为本，仔细思考立意，考察场地，然后以问名点情，具体布局、理微设计，再经过世代的交替，形成源于自然而高于自然的风景园林。有了序列和核心，就有了方法和方向，方法随方向不同，因势利导，富于变化，故而理法可以多样但统一。可以看出，理法中的自然与文化是不可分割的，这也是中国山水的特点——"融情于景"，所以自然景观就变成了有灵性的"山水"，是自然景观的提炼，也是文化的载体。这也是为什么许多中国园林学者，用山水概括中国古代风景园林。理法的研究方法，即是对中国人心中"山水"的研究（图3-1-2），它将自然与文化两个命题合并在一个理论系统中，是以现代的方式传承了中国古代园林的设计、研究方法。孟兆祯先生对古代园林理法的认识实为精妙，是本书写作的重要理论依据。

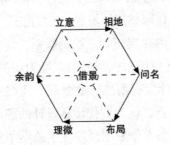

图3-1-1　借景理法示意图
（图片来源：孟兆祯《借景浅论》）

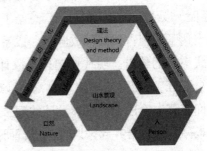

图3-1-2　理法与山水的关系示意图
（图片来源：自绘）

孟兆祯先生的著作《避暑山庄园林艺术》透彻地分析了避暑山庄的园林艺术。该书先分析了其自然地理特征、时代背景，在此基础上分析避暑山庄的建设意图和如何借势起名、布局，然后由布局入手，分析在大山水框架中，园林是如何布置的，以原有经典园林为主，分别从其特点入手介绍其立意、相地、问名、理微的巧思，以及其逐步发展的余韵，将避暑山庄的风景园林设计理法完整地展开说明。该书以借景为核心，并按照序列的六个部分去分析风景园林设计理法，铺垫完整、由总及分、核心明确、章法有序，是孟兆祯先生提出研究，经过许多学者验证的，比较明晰并且较为全面的风景园林分析方法。

第二节 泰山风景园林理法研究的完整性

泰山，狭义上指的是泰山主山，而广义上指的是泰山及其周边群山所包括的被泰山文化影响的广大区域。泰山的风景园林发展和轴线很多都延伸到了这些区域。古代泰山封禅中的"封泰山，禅梁父"，指的就是在泰山主山封天，在泰山周边群山禅地。在泰山地区的民间传说"天堂—人间—地狱"说中泰山主山为天堂，蒿里山为地狱。蒿里山也是中国古代阴间的所在。泰山上的道教、佛教园林更是在周边群山分布广阔。泰山的隐士文化是泰山文化繁荣、延续的基础之一。这些隐士得意于丘中，徜徉于林泉，在泰山周边的小山隐居，拥抱泰山、赞美泰山，写出了不少名篇佳作，为泰山文化留下了丰富的宝藏。这些都是泰山周边群山值得研究的地方。

泰山研究和开发目前面临着许多问题，单单以泰山主山为研究范围会有"管中窥豹"一般的困境。在泰山主山，旅游过度开发，泰山主山景区的容量越来越不能满足游客的需求，研究泰山主山现存的景观资源固然重要，但对泰山周边群山景观的研究也应当予以重视。把周边本身就属于泰山景观范围的景观资源整合入泰山主山，也是泰山寺庙园林提升和发展的一条可行道路。

目前的泰山风景园林研究，未曾对泰山的整体布局进行梳理和研究。不仅如此，目前对泰山主山的研究基本集中在景观分布最密集、文化元素最为核心的南侧中路景观线。这里是泰山景观最集中的部分，也是现在游览泰山最重要的一条线路。清朝聂剑光的《泰山道里记》云："盖登山者，皆由红门一路，适值其南，于此仰望，峰岩掩蔽，不见绝巅。"[1] 表明因为泰山面向南边，由南路而上山势最为壮丽，游人登山也多选择从红门开始的南部中路。但名山大川类的景观以利用自然景观为主，注重叠山理水，而泰山南侧中路景观线以外的区域，自然景观与文化景观资源也很丰富，同属于泰山研究的范围。我们应当认知到，保证泰山风景园林设计理法研究的完整性是很重要的。

要保证泰山风景园林理法研究的完整性，首先要对完整性有所认识。这里的完整性不是指"涵盖全部与泰山有关的研究"的绝对完整性，而是指在理法研究中的相对完整性。理法的核心是借景、凭借，其序列为：立意、相地、问名、布局、理微、余韵。泰山景观一直以来凭借的是其"造化钟神秀""一览众山小"的自然风貌，以及丰富而源远流长的完整文化，这些正是立意、相地、问名、布局、理微、余韵理法序列的根基，而其成果展现在完整的景观体系和百花齐放的景观形式上。

---

[1] 聂剑光.泰山道里记 [M].北京：商务印书馆，1937.

确保理法研究的完整性就要对泰山从面到点进行全面梳理。在面的层次上，研究要涵盖泰山主山的完整区域，以及与泰山相关的周边群山，从而理出泰山景观的整体理法系统；然后再从点的层次上，详细分析这套系统的具体理法。

泰山风景园林理法的研究范围与泰山风景园林的范围也是不同的，泰山风景园林理法的研究范围要更广。泰山的风景园林不是被围墙围起的园子，而是一个没有确定边界的区域。泰山文化与其他周边的文化也一直有着交融，既有文化输入也有输出，不论自然还是文化与周边的关系都是逐渐过渡的，但这不代表泰山风景园林没有区域。从理法的角度去看待一个地块是否属于泰山景观的区域，要看其与泰山是否属于同一个"理"的系统。是否在同一个"理"中的判断方法是看其在围绕着立意、相地、问名、布局、理微、余韵六个序列进行"因借"造景时，是否与泰山主山有相同的文化脉络以及造景思路，这决定了它是否存在于泰山景观的系统中，是否为不可缺少的一部分。研究泰山风景园林理法可以从理法的角度出发思考，去梳理泰山的景观，定义出一个以风景园林为主要视角的泰山区域，这是之前的研究所没有的，但对于泰山景观的保护和延续又是十分必要的。

第三节　泰山之大论

我国古代以"羊大为美"，涉及泰山范围的研究，就不得不提到泰山之大论。泰山之大论主要有两种说法，一个是海岱地区的说法，还有一个就是泰山龙脉的说法。宋代郑樵《通志》说："济南诸山其北麓也，兖州诸山其南麓也，青、齐、海上诸山其左翼也，河东诸山其右翼也。斯其为泰山矣乎。"[1] 认为泰山北面包括济南的灵岩山、昆瑞山等，南面包括兖州境内诸山，向东北经过青州、齐州延伸到渤海，向西南延伸过黄河。明代东阁大学士于慎行《岱畎图经记》云："岱宗之山，周回三千里……又东百里为龟蒙。龟蒙之前不足百里，为陪尾之山……沸水之北为金舆之山……是为北纪……又南六十里为邹峄之山……是为南纪……又四十里为云翠之山……是为西纪……"[2] 将泰山的范围划定为东到沂蒙山范围内的龟蒙山，北到济南的华不注山，南到邹城的峄山，西到平阴县的云翠山。到清代李光地《禹贡》注云："岱为岳宗，自营州跨海而来，与扬州之山，左绕右卫，为九州藩蔽。"[3] 将泰山描述为从辽东半岛跨整个渤海而来，为九州的屏障之一（古

---

① 郑樵.通志 [M].杭州：浙江古籍出版社，1998.
② 金棨.泰山志上 [M].陶莉，赵鹏，点校.济南：山东人民出版社，2019.
③ 李光地.尚书七篇解义 [M].天津：古香斋，1883.

代九州大致为华北地区，包括华中、华东北部的部分地区）。清代《山东通志》中有："岱脉有辽左旅顺口渡海，入蓬莱县境。左翼为栖霞县之翠屏山，出清阳水至之罘，海口为之罘山。右翼为栖霞之蚕山，至黄河营海口为埒屺岛。其中为正脉，居东北而达西南。"[①] 认为泰山山脉从旅顺跨渤海到达烟台境内，将烟台境内的翠屏山、芝罘山等都化为泰山山脉。清代泰安知府朱孝纯在《泰山赞碑》中说泰山："根昆仑以迤北，跨渤澥而遂东。"认为泰山山脉源自昆仑山，向东一直跨越渤海。嘉靖年间的《山东通志》与宋代郑樵《通志》说法基本相同。

　　明《泰山志》中所绘制的泰山全图以及康熙年间的《岱史》中的泰山旧图，大致就描绘了这个区域范围，其绘制了龟山、蒙山、金舆山等各山体的方位。虽然限于当时的绘图技术，《泰山全图》的绘制尺度不对，主要体现在泰山主山的山体绘制过大，其他山体体积绘制过小，以及泰山主山与东海的距离过近两个方面。但是也为我们展示了在古人的眼中泰山主山是多么的高大，以及泰山磅礴入海的气势。

　　这个泰山至渤海的范围是由古代的"海岱"地区演化而来的，这个区域是大汶口文化的代表区域，是中华文明重要的发源区域。古老的文明使其变成了民间神话中颇具神秘色彩的区域，秦汉时期帝王派遣了许多方士到此寻找仙人、仙药。所以将泰山至渤海视为一个区域，自古有之。

　　此外，关于泰山之大的言论，也源自古代对山的脉形走势的注重。虽然有诸多说法，但总体来说泰山的走势是自大陆延伸，直到东南入海，或者反过来跨渤海而来，延伸至大陆。而封建社会多以泰山为龙脉，对其脉形走势难免有所神化。泰山象征着君权神授，夸大泰山的范围，实际是在夸大封建统治者的功绩，也有以泰山脉络来证明统治合理性的情况，如康熙的《泰山龙脉论》中将满族人的故乡长白山描述为泰山脉源，加强了清代政权的合理性。泰山跨渤海而来的说法，清代学者多迎合此说。

　　泰山之大的言论，虽然具有神化泰山的色彩，只能成为研究泰山景观范围的参考，但可以看出，先人对大泰山范围的认识。在泰山景观的演进中，有可能涉及较远的范围。因而我们在划定泰山景观范围时，要将考察区域扩大，对周边考察严谨，不仅要考察泰安范围内，也要延伸到济南、兖州、莱芜等地。

---

① 岳浚 . 山东通志 [M]. 济南：济南出版社，2016.

第四节 历史文化视野下的"大泰山"区域

现代泰山学者周郢（2005）在研究泰山历史的时候就将泰安、济南、莱芜区域内的群山列为历史文化视野下的"大泰山"区域。他的研究范围包括：东南一线的泰安市岱岳区、新泰市境内的徂徕山、梁父山、云云山、亭亭山、新甫山、青云山等山；东北一线的岱岳区、莱芜市境内的祝山、观山、羊丘等山；西南一线的岱岳区、宁阳县、肥城市、东平县境内的彩山、神童山、云邑山、安山、腊山等山；西北一线的岱岳区、肥城市、济南市长清区、济南市历城区境内的金牛山、陶山、灵岩山、昆瑞山等山。这个范围基本上可以说是泰山文化辐射的范围，现在的泰山学者在研究泰山的历史文化时也多以这个范围为参考。

这个历史文化视野下的"大泰山"区域，是各类文献中较为宝贵的对大泰山景观范围进行的划定。它是根据泰山整体的历史文化发展得来的，旁征博引，综合考虑了泰山从古代到现代的整体发展历史。相比于其他的范围划定，其主要有两个特点。第一，它是在对泰山有充分的了解后，根据历史事件的发生和文化的传播总结的，比起前文提到的以龙脉论为核心的"泰山之大论"，具有更加丰富和严谨的资料基础。第二，它是基于泰山现状以及历史文化事件划定的范围，所以与旅游以及景观研究的侧重点有所不同。景观的研究有很大的地缘连续性，而历史文化事件的发生，则与位置没有绝对的联系。距离泰山较近的山体，可能历史文化事件的发生次数较少，在这个区域范围内的记录就会较为简略。例如，蒿里山、介石山等。而某些山体虽然距离泰山位置较远，与泰山景观没有联系，但是可能发生过重大的与泰山相关的历史文化事件，就会被列入历史文化视野下的"大泰山"区域范围。例如，腊山、青云山等。还有某些山体在某个阶段受到过泰山文化的影响，尽管其没有影响到景观方面或者对景观的影响十分短暂，没有和泰山景观形成一个体系，也会被列入历史文化视野下的"大泰山"区域范围。例如，祝山、羊丘等。

第五节 山水名录记

一、以山水为记的泰山风景

谢凝高先生曾经说过山水为自然环境中最核心的要素，认为山水与风景所含的内容是相同的。以山水二字概括自然风景的说法自古有之。山水一词本来就是古人对自然景观的概括和提炼。明代的《泰山志》、清代的《岱史》《岱览》三本著作均有一部分记录泰山山水名录，实际上就是对泰山范围内景观的统计。我们只有了解先人对山水景观的认识，才能了解道路边界模糊、勘察技术不完善的先人对泰山景观的范围是如何界定的。也可以说以山水名录为记，是古人对山岳景观范围的一种划定方法。

泰山自然风景多样，《岱览》将泰山的山景分为二十五类，将泰山的水景分为十三类，由此可见泰山山水景观的多样性。《岱览》对每种山水景观都做了介绍。山景中，高大者为山，最高处与天相接的为顶，盘伏在地上的为盘，突出尖锐的为峰，山肩的部分为岭，像屏障一样的为嶂，陡峭的绝壁或呈上大下小状或突出明显呈屋檐状的为岩、崖或厂，山脊横卧为冈，两山断绝处为峡，周围群山环绕的为坞，连绵不断直达平原的为坡，靠近水的地方为埠，小洞穴为寨，险峻的好像被劈开的山奇数为壁、偶数为门，两山之间狭长的通道为关、宽广平坦的为坪，顶部圆润、四周陡峭的为崮，上方张开、下方平坦的为口，可以远眺的为台，可以进入的为洞，可以藏匿休息的为窝，小山为石。水景中，沟注入谷，谷注入溪，溪注入河，河水汇于川，夹在两山之间的河流为涧，从下面涌出的为泉，从上面倾泻下来的为瀑布，在两山之间有山林、泉水的景致是峪（谷流水量大，峪注重的是丰裕的景致），积水深的为池，水流回旋处为湾，澄澈而深不见底的为潭，并有时即是泉。

命名系统完整有条理，清晰地呈现了先人对山水景观的分类。命名系统可以让后人对古人在风景园林设计理法中的考量进行部分了解，借此了解古人眼中的泰山风景和他们所踏过的泰山山水。因此，山水名录除了是泰山风景园林设计理法研究范围的重要参考，同时也是研究泰山寺庙园林理法时非常重要的参考。《岱览》对山景、水景的定义，也是研究山岳理法问名、相地、布局等理法的重要依据。

二、泰山山水范围

《泰山志》卷一第一部分即为山水，《岱史》以第四卷山水表记录，《岱览》则是以山水名录概括，并在后面的分览中详细对各景观进行了描述。相比于《泰山志》与《岱史》，《岱览》的分览中将山水景观以位置分类描述，包括岱庙下、岱顶、岱阳、岱阳之东、岱阳之西、岱阴、岱阴之东、岱阴之西、岱麓群山、汶水、徂徕山、新甫山、灵岩、昆瑞十四大部分。另外，在两本著作中，《泰山志》为现存最早的泰山专著，作者汪子卿实地考察后，以当时泰山山水景观的名称分类记录，记载峰、岩、洞、岭、嶂、崖、山、台、门、峪、石、寨、园、泉、池、井、涧、溪、河、湾。右仙台、八宝、灵岩、千佛山因地理位置较远，虽没有考察到，但汪子卿也认为其属于泰山支联山麓。《岱史》也是以名称分类记录，但与《泰山志》不同的是，查志隆记录时进行了类型的合并，以峰石、洞岭嶂峪、岩涯台、门园寨、泉池河、溪涧井湾总集了泰山的景观。相比之下，《岱览》总结的山水类目最为详细，但是《岱览》将峪划分为水景，而《泰山志》《岱史》则将其划分为山景。峪和谷确实山水兼备，所以可被列为山水景（表 3-5-1）。

表 3-5-1 泰山山水表

景观分类		泰山志	岱史	岱览
山景	山	云云山、亭亭山、徂徕山、傲徕山、青山、东神霄山、西神霄山、石后山、孤山、玉女山、石马山、雕窝山、褪山、鹤山、三尖山、八山宝、千佛山、蒿里山	凤凰山、象山、石闻山、介石山、亭亭山、梁父山、云云山、梁父山、傲徕山、东神霄山、西神霄山、石后山、孤山、玉女山、石马山、鸥窝山、褪山、鹤山、蒿里山、社首山、凌汉山、徂徕山、玲珑山、八宝山、蜡烛山、玉女山	东神霄山、西神霄山、鹤山、对松山、拦住山、虎山、金山、马鞍山、三尖山、金牛山、傲山、天空山、天烛山、谷山、返倒山、龙门山、青山、雨金山、祝山、秋干山、透明山、龙山、拔山、三缩山、社首山、蒿里山、介石山、石闾山、介山、亭亭山、梁父山、云云山、肃然山、长山、布山、东泰山、徂徕山、蕹山、黑山、乳山、悬珠山、团山、他山、铁牛山、凤鸣山、玲珑山、角山、嵝峒山、吴山、笔架山、宫山、莲花山、小泰山、灵宝山、义山、青云山、五峰山、方山、玉符山、绣球山、宝山、黄尖山、朗公山、东西磨山、明孔山、黄现山、鸡鸣山、昆瑞山、金与山、金庐山、屏风山、灵鹫山、扶山、圆通山、康王山、梯子山、卧虎山、黄山、华不注山
峰石	峰	日观峰、月观峰、秦观峰、周观峰、吴观峰、丈人峰、鸡笼峰、玄石峰、回雁峰、独秀峰、狮子峰、悬刀峰、芙蓉峰、飞鸦峰、老鸦峰、龙泉峰、凌汉峰、莲花峰	天柱峰、日观峰、月观峰、周观峰、吴观峰、丈人峰、鸡笼峰、傲徕峰、悬石峰、回鸦峰、独秀峰、狮子峰、莲花峰、悬刀峰、芙蓉峰、飞鸦峰、老鸦峰、君子峰、独秀峰、十峰岭	平顶峰、日观峰、大观峰、秦观峰、望吴峰、围屏峰、周观峰、月观峰、丈人峰、龙泉峰、凌汉峰、傲徕峰、金丝峰、莲花峰、十字峰、真人峰、回雁峰、贵人峰、独秀峰、五峰山、灵辟峰、狮尾峰、凌霄峰、交战峰

（续表）

景观分类		泰山志	岱史	岱览
山景	峰石	石	望海石、大玄石、小玄石、仙桥石、试心石、剑匣石、试剑石、仙影石、龙文石、虎阜石、龙口石、牛心石、羊阑石、胭脂石、红门石、方正石、五女圈石、石舟石	岳巅石、望海石、大悬石、小悬石、仙桥石、试心石、剑匣石、试剑石、仙影石、龙文石、虎阜石、龙口石、牛心石、羊阑石、胭脂石、红门石、五女圈石、石舟石	石舟、景贤石、元圭石、剑匣石、试剑石、仙影石、两牛心石、五女圈石、船石、招军石、朗公石
	岩崖台	岩	两峰岩、仙闾岩、蜕仙岩、古云岩、弄水岩、看月岩、弥高岩、锁云岩、灵岩	两峰岩、仙闻岩、蜕仙岩、古云岩、弄水岩、看月岩、弥高岩、锁云岩、灵岩	德星岩、堆秀岩、蜕仙岩、五陀岩、摘星岩、宿岩、小普陀岩、映佛岩、贫乐岩、灵岩、悬星岩、仙人岩、佛日岩、积翠岩、巢鹤岩、蹲狮岩、香霏岩、华岩泉、快活岩、雨花岩、千佛岩
		崖	三字崖、舍身崖、东百丈崖、西百丈崖、仙影崖、五花崖、马棚崖、鹁鸽崖	舍身崖、千石崖、百丈崖、孔子崖、东百丈崖、西百丈崖、仙影崖、五花崖、鹁鸽崖、马棚崖	舍身崖、五花崖、歇马崖、全真崖、扇子崖、仙影崖、百丈崖、鹰窝崖、半室崖、梯子崖、红鹤崖、柏崖、渴马崖
		台	登仙台、南拱台、北拱台、尧观台、读书台、瞻鲁台、右仙台	凤凰台、登仙台、南拱台、北拱台、尧观台、读书台、瞻鲁台	授经台、尧观台、仙台岭、文姜台、晒缨台、望仙台、晾经台、秋千台
	门园寨	门	小天门、东天门、西天门、南天门	红门、一天门、二天门、南天门、东天门、西天门、诚意门、玄武门	东天门、南天门、西天门、北天门、小天门、红门、一天门、风门
		园	杨老园、药园	杨老园、药园	—
		寨	水仙寨、九女寨、凌汉寨、仙人寨、天胜寨、张远寨	东寨、西寨、门园寨、水仙寨、九女寨、仙人寨、天胜寨	九女寨、天胜寨、傲阳寨、仙人寨、张远寨、石坞寨、姜倪寨、天平前寨、天平后寨、大寨口、黑风寨、季儿寨、齐王寨、木梨寨、方山寨
		厂	—	—	大石厂、小石厂
		冈	—	—	振衣冈、九龙冈、黄矛冈
		峡	—	石峡	大石峡、小石峡
		坞	—	—	后石坞
		坡			
		埠	—	—	水牛埠、云头埠
		盘	十八盘	十八盘	十八盘、独足盘
		顶	太平顶		太平顶、玉皇顶、功德顶、如来顶
		壁	—	—	—
		关	—	—	—
		坪			御帐坪、中军坪

（续表）

景观分类		泰山志	岱史	岱览
洞岭嶂峪	崮	—	—	三岭崮、女智崮、攒石崮、麻塔崮
	口	小龙口、小龙口	大峪口、大龙口、小龙口	大龙口、小津口、大津口、风门口、大寨口、三叉口
	窝	—	—	云窝、虎窝
	洞	水帘洞、云阳洞、白云洞、迎阳洞、吕公洞、遥观洞、鬼仙洞、白鹤洞、黄伯阳洞、金丝洞、桃花洞、朗然子洞、观音洞、娄敬洞	白云洞、水帘洞、云阳洞、朝阳洞、黄华洞、吕公洞、过观洞、鬼仙洞、白鹤洞、黄伯阳洞、金丝洞、桃花洞、朗然子洞、观音洞、娄敬洞	水帘洞、刘盆子洞、八仙洞、黄华洞、黄伯阳洞、老君洞、野人洞、朝阳洞、兴云洞、白云洞、函云洞、鲁班洞、巨和洞、观音洞、朝元洞、麻衣洞、金驴洞、黑风洞、子房洞
	岭	回马岭、黄岘岭	青岚岭、回马岭、黄岘岭、雁飞岭、西横岭、乡岭、十峰岭、分水岭、升仙岭、长城岭、思谷岭、仙台岭、招军岭	黄岘岭、回马岭、延坡岭、摩天岭、鸡坿岭、振铎岭、大埠岭、摩云岭、双凤岭、仙台岭、仙源岭、九阪岭、清风岭、青天岭、长城岭、青岚岭、雁飞岭、西横岭、骆驼岭、万松岭、演马岭、九龙岭、长春岭、朱霞岭、卧象岭、瓦子岭、月牙岭
	嶂	—	明月嶂	明月嶂、中军嶂
山水景	峪	桃花峪、仙趾峪、经石峪、石壁峪、大峪、鄷都峪、鬼儿峪、佛寺峪、椒子峪、溪里峪	桃花峪、仙趾峪、经石峪、石壁峪、大峪、鄷都峪、鬼儿峪、佛寺峪、溪里峪	冰牢峪、礴石峪、大藏峪、大龙峪、大峪、丁香峪、佛峪、海螺峪、红窝峪、猴愁峪、扈碌峪、经石峪、九曲峪、梨园峪、埽帚峪、上桃峪、芍药峪、石壁峪、石坞峪、桃花峪、仙趾峪、小龙峪、溃米峪
	谷	—	—	朗公谷、神谷
水景	泉池河 泉	天绅泉、白鹤泉、护驾泉、圣水泉、水帘泉、涤尘泉、非鸾泉、醴泉、玉环泉、东西二柳泉、羊舍泉、浊河泉、水泊泉、斜沟泉、力沟泉、马儿沟泉、谷家泉、顺河泉、北滚泉、曲沟泉、周家泉、铁佛泉、板桥湾泉、鲤鱼湾泉、侯村泉、龙湾泉、龙堂泉、孔家泉、颜谢泉、胡家泉、马黄沟泉、张家泉、狗跑泉、报恩泉、陷湾泉	天绅泉、碧天泉、碾驼泉、白鹤泉、护驾泉、圣水泉、水帘泉、涤尘泉、飞鸾泉、醴泉	白鹤泉、趵突泉、冰泉、都泉、独孤泉、方泉、甘露泉、华岩泉、朗公泉、醴沁泉、醴泉、立鹤泉、龙洞泉、明堂泉、琴泉、染池泉、汝泉、神宝泉、石龟泉、双鹤泉、天绅泉、悬泉、印度泉、涌泉、卓锡泉、自来泉

（续表）

景观分类			泰山志	岱史	岱览
水景	泉池河	池	王母池、百龙池、玉女池、封家池	紫源池、王母池、百龙池、封家池	白龙池、虎窝池、镜池、龙池、染池泉、王母池、饮虎池、印池子、长生池、紫源池
		河	漆河、梳洗河、汶河、泮河	漆河、梳洗河、汶河、白湾河	堰岭河、竹林西河、天津河、麻搭河、津洪河、堑汶河、泮河、羊公河、响水河、灵带河
	溪涧井湾	溪	东溪、西溪、中溪	东溪、西溪、中溪、竹溪	蓝溪、竹溪、北溪、南溪、大溪、昆瑞溪
		涧	投书涧、三叉涧	投书涧、鹰愁涧	投书涧、鹰愁涧
		井	香井、天井	香井、天井	方井
		湾	龟儿湾、黑水湾、忽雷湾、饮马湾、天井湾、虬在湾、锣鼓湾	龟儿湾、黑水湾、白河湾、饮马湾、天井湾、忽雷湾、锣鼓湾	马蹄湾、忽雷湾、洗鹤湾、天井湾、龙湾、石匣湾、白鹤湾
		沟	—	—	大倒沟、饮马沟
		瀑	—	—	—
		潭	—	—	黑龙潭、仙龙潭

　　虽然记录的详细程度和分类略有不同，但三部作品记录的大致泰山景观范围仍旧相似。它们划定的范围大概为：岱顶东侧包括秦观峰、日观峰、独秀峰、雕窝峰、东神霄山、青山、升仙岭等；岱顶西侧包括周观峰、月观峰、丈人峰、回雁峰、西神霄山、百丈崖、傲徕山、凌汉峰等；岱顶南侧包括三天门、二天门、一天门、黄岘岭、御帐坪、红门等；泰山的南侧还有蒿里山、石闾山、介石山、亭亭山、云云山、徂徕山、梁父山等；而芝罘山、华不注山、龟蒙山等则没有被列入泰山周边的范围。

第六节　地图记载考

　　除文字记载以外，古代也有一些关于泰山的地图记载。目前可考的较为清晰的史料主要为明、清、民国时期留下的泰山图。其中，以《泰山志》《岱览》等泰山的各综合性专著的配图为主。各个时期留下的地图对泰山的描绘方式以及侧重点有所不同。

　　明《泰山志》、康熙年间的《岱史》中泰山图描绘的重点为大泰山区域，取南起梁父山、徂徕山、龟蒙山等泰山周边群山，北至玉皇顶区域，东到东海，西至肥城的区域作为泰山图表现的范围，主要描述的是海岱地区范围，此前在泰山之大论中已经有所论述。此外,《岱史》内还加入了一套泰山新图。这套泰山新图以横轴画卷的形式绘制了泰安城至岱顶的泰山南侧中路景观线,侧重于记录建筑景观,基本上可以视其为泰山当时主要游线的一张路线地图,标注了当时泰山上的主要景观点。

中国第一历史档案馆藏的《清宫泰山全图》也是以泰山南侧中路景观线为绘制重点,但这张彩图同时还绘制了整个泰山南侧的山形水势。《清宫泰山全图》是具有地图性质的艺术品,对于建筑的形制等描绘得较为详细,而且因为是珍贵的彩图,所以也可以作为考证建筑色彩的重要资料,但其对泰山山峰主要是进行写意概括而非记录。

汉学家沙畹绘制的《泰山图》与民国时期的《泰山指南》以及《清宫泰山全图》的范围大致相同,只是建筑景观与山峰的刻画并重,并且有一些山峰名称的标注。清朝道光年间的《泰安县志》中的泰山图、乾隆年间《泰安府志》中的泰山图、《泰山道里记》中的泰山图均取南起泰安古城北门,上至玉皇顶的区域绘制。《泰安县志》《泰安府志》仅刻画了南侧中路景观线,而《泰山道里记》则将泰山南侧的东盘道也绘制了出来。

《泰山图志》的泰山图、清《泰山志》的岱岳全图表达方式与《清宫泰山全图》相似,也较为写意,取的是南起岱宗坊北至玉皇顶的区域,还是侧重于泰山南部中路景观。乾隆年间的《岱览》将岱阳图与岱阴图合称为"泰山全图"。岱阳图取南起蒿里山,上至玉皇顶,东西包含傲徕峰等众山峰的区域。岱阴图取上至北天门,北达灵岩,东西包含桃花峪、肃然山等众山峰的区域。但这三本书中还包含了许多刻画范围较小的泰山其他区域图。《岱览》中每一个分览都绘制了相应的区域图,包括行宫图、岱庙图、岱顶图、岱阳图、岱阳之东图、岱阳之西图、岱阴之东图、岱阴之西图、岱麓诸山图、五汶图、徂徕图、新甫图、灵岩图、琨瑞图、陶山图。《泰山图志》则是对主要的景观节点区域绘制了图片,包括岱庙图、白鹤泉(行宫)图、红门图、经石峪图、壶天阁图、五大夫松图、朝阳洞图、对松山图、南天门图、白云洞图、碧霞祠图、后石坞、投书涧、明堂图、谷山寺、桃花峪、社首山、徂徕山前面总图、太平顶石榴峪图、竹溪佳境图、大庵三官殿图、作书坊图、中军山图、礤石峪图、光华寺图、大悲庵图、三岭崮图。清《泰山志》则是区域、景观节点图均有,包括岱阳图、岱阴图、岱顶图、岱阳之东图、岱阳之西图、岱阴之东图、岱阴之西图、灵岩图、社首山蒿里山图、经石峪图、壶天阁图、白云洞图、桃花峪图。但区域图不如《岱览》全面,景观节点图不如《泰山图志》丰富。

可以看出，最早的明《泰山志》是以泰山之大论中的泰山范围绘制的。其余各个版本的地图均以泰山主山南侧为绘制重点，特别是南侧中路景观线。以这条路线为绘制重点，最能够体现出泰山的整体美景和山形山势。这些古图除作为地图以外，同时也具有一定的艺术性，特别是《清宫泰山全图》作为宫廷画，具有很高的艺术价值。而《岱览》、清《泰山志》《泰山图志》等文献选择用组图的形式将泰山主山与周边群山都表现出来。因为受古图绘制技术的限制，很难在一张图上包含泰山主山以及周边群山的景观，所以虽然《岱览》等著作在绘制配图时，以泰山主山或者泰山主山南部作为"泰山图"，但实际上是以组图的方式，将泰山主山以及泰山周边群山这个大泰山区域内的景观风貌展现出来。

古代文献中，泰山地图对于泰山范围的表现并不一致。泰山古代的地图以文献的附图为主，所以主要根据文献的描述进行绘制。尽管绘制受到当时条件的限制，但也能够说明泰山南侧景观是泰山景观的代表。也可以说，狭义的泰山景观为以泰山南侧中路景观线为主的泰山南侧景观，广义的泰山景观是泰山主山（南侧与北侧均包含在内）以及周边群山景观。

第七节 泰山风景名胜区范围

风景名胜区的定义在当前的研究中不尽相同，但在当前风景园林专业研究中，普遍将风景名胜区定义为风景资源集中、环境优美，具有一定规模和游览条件，可供人们游览欣赏、游憩娱乐或进行科学文化活动的地域。从此定义可以看出，第一，在风景名胜区的定义上，并未要求同一风景名胜区必须是一个相连的整体，区域内可被城镇、道路或建筑等人工区域分割；第二，一个区域若想被称为风景名胜区，必须具有一定规模和数量的风景资源，包括自然景观和文化景观；第三，风景名胜区如果要满足人感受自然的需求，包括游览、娱乐和科研，就必须具备一定的可达性，有条件的风景名胜区内部要具备一定的交通便捷度，满足人或是车辆在景区内的穿行需求。我们以此反观泰山风景名胜区，可以看出泰山作为风景名胜区是很具有典型性的。

中华人民共和国成立后，我们对泰山风景名胜区的划分范围的研究，除参考1985 年、2017 年的《泰山风景名胜区总体规划》外，《山东省志·泰山志》与《泰山大全》也是重要的参考材料。1982 年，国务院正式批准泰山成为第一批国家重点风景名胜区。所以，以 1982 年为分界线，1982 年之后对泰山风景名胜区的范围研究主要参考《泰山风景名胜区总体规划》，1982 年之前主要参考《山东省志·泰山志》与《泰山大全》中记载的一些泰山风景区规划相关的文本和政府工作报告。根据 1985 年的《泰山风景名胜区总体规划》，泰山曾经在 1958 年、1960 年、1979 年、1980 年先后进行过四次规划。其中 1960 年与 1980 年的两次规划均留有资料。本书从《山东省志·泰山志》与《泰山大全》中参考的就是 1960 年和 1980 年的两次规划，以及其后 1980 年、1981 年对 1980 年泰山风景区规划的修改和讨论。

根据中国社会科学院山东分院历史研究所修编的《山东省志·泰山志》的记录，中华人民共和国成立后，国家在 1960 年对泰山风景区的范围进行了划定，规划了 82.5 平方千米区域。这个范围东起泰安市的黄前水库，西至津浦铁路，南至泰城，北至仲宫、柳埠。这个范围主要是泰山主山向北延伸一部分，然后包括了南部的灵岩、昆瑞二山及东部的肃然山。这次的泰山风景区是按照地理位置进行划分的，划分时还考虑到了林业、景观等因素。

此外，《山东省志·泰山志》还记录了山东省基本建设委员会在 1980 年 4 月划定的泰山风景区的范围。这次范围的划定考虑到了泰山、泰安市城区、泰山周边群山的关系。这次的规划划定了泰山风景游览区，其面积为 69 平方千米，这片区域以泰山主山为主要游览区域。虽然相比于 1960 年的 82.5 平方千米区域，泰山景区面积大幅减少，但这次规划中还加入了控制泰安市城区的规划范围，限制了城区向泰山风景区扩张的内容。同时，除主要的风景游览区以外，还将黄前水库、药乡林场、徂徕山的起义纪念地、温泉，以及大汶口文化遗址等区域，以景点的形式加入泰山风景区中。这次规划之后，泰山风景区产生了主要游览区和周边景点的区别。该规划将周边的一些景点也划入了泰山风景游览区，形成了以点带面的格局。可以看出这个划定更有利于整个泰安市的旅游开发。

但是，这次规划仍然存在一个问题，就是虽然名为"泰山"风景区，但实际上是以泰山为核心的旅游开发区域规划。例如，大汶口文化虽然与泰山文化有交集，但与泰山文化并没有从属关系，而是一个独立的新石器时期文化。所以，大汶口文化遗址应为一个独立的风景区。而徂徕山整体为泰山的案山，单独将起义纪念地和温泉划入泰山风景区，从泰山风景区的角度来看可能不太全面。

1995 年出版的《泰山大全》中记录道，1980 年 7 月，在泰山风景区的管理运营等方面，泰安市政府及相关机构主要按照《关于泰山管理局职权范围、机构编制和归属关系问题的请示报告》来行使职权。在这个报告中，有关部门划定了一个泰山管理局的管理范围。这个范围的总面积为 42.6 平方千米。其以泰山四周山麓的走向和泰山林场的经营区域为参考，划定泰山主体。其中，南界为泰安市城区的环山路，北界为佛爷寺，东界为柴草河村，西界为桃花峪和樱桃园西山，并且将泰安市城区内与泰山有关的古迹——岱庙、灵应宫等，也划入了这个管理范围。

这个范围是泰山管理局的行政范围，更加注重文物的保护与管理。而蒿里山等文物已经被破坏严重的区域并没有被包括在内。这是一个暂时的行政范围，由于当时泰山还并不是国家重点风景名胜区，泰山管理局的管理范围不能超出泰安市市域范围，所以这个范围也只包括泰安市市域范围内的一部分泰山景观。因为灵岩山、昆瑞山等属于济南市市域范围，所以并没有被划分进来。

根据《山东省志·泰山志》记载，在1981年10月山东省政府正式向国务院申请将泰山列为国家重点风景名胜区。在《关于将泰山、崂山列为国家重点风景名胜区的请示报告》中，山东省政府将泰山风景名胜区划为一片57平方千米的景区。这个景区与《关于泰山管理局职权范围、机构编制和归属关系问题的请示报告》中划定的泰山主景区范围相似。取南至泰山环山路、北至佛爷寺北山头、西至桃花峪口、东至柴草河口的区域为泰山主景区，并在主景区内设立了65个风景名胜点。此外，政府还在这个范围外划定了86平方千米的保护带，这为后来泰山风景名胜区的划分奠定了基础。

《山东省志·泰山志》保存了泰安市市政府在1981年11月针对泰山风景区划分向山东省政府提出的意见。在这份意见中，市政府建议将泰山风景区划分为两个部分，面积分别为19.5平方千米和105.5平方千米。其中，面积为19.5平方千米的为泰山主峰与泰山的南部划分成的泰山风景区主景区。这个景区是泰山景观最为集中的部分，其范围南起环山路，北至九龙岗，东起摩天岭，西至傲徕峰。而其余的区域则被划分为105.5平方千米的保护地带，从而形成125平方千米的泰山风景区。

1982年11月8日，国务院公布了第一批国家级重点风景名胜区，其中，山东有泰山与崂山两处风景区。同年开始编纂的《山东省志·泰山志》划定的泰山风景区的范围如下：南面始自泰安古城的泰安门，东南、西南侧以环山公路的红线为界，东、西两侧与林场界线相吻合，西北包括灵岩寺、万德至张夏的寒武纪地质剖面，共约242平方千米。

1987年编制的《泰山风景名胜区总体规划》沿用了这个范围。该范围的划定综合考虑了山脊线、山脚、河流等自然界限，以及林场、道路、铁路、行政区划等人为划定的界限，大致可以分为：南部主登山线路、天烛峰景区、桃花峪彩石溪景区、樱桃园景区、玉泉寺景区、齐鲁长城景区、灵岩寺景区、古地层景区、待开发景区等。为了丰富泰山风景区的地质学内容，该规划将万德至张夏一带划入风景区。

最新的《泰山风景名胜区总体规划（2016—2035年）》划定的泰山风景名胜区总面积为138平方千米，主要包括泰山主景区、蒿里山—灵应宫景区和灵岩寺景区三大部分。泰山主景区面积约为109平方千米，南侧以泰山环山路为边界，东侧以农业观光路和局部自然等高线为界，西侧主要以济南与泰安行政区划为界，北侧以牛山口村西向北接现有道路，其余以泰山林场管辖范围为界。灵岩寺景区面积为28.5平方千米，基本以海拔210米的山脚线为界。蒿里山—灵应宫景区面积为0.3平方千米，以蒿里山周边道路为界。规划范围以外设保护带，面积119.7平方千米。这一版《泰山风景名胜区总体规划》细致地增加了风景名胜区保护带，但去掉了万德至张夏的地质景观范围。

泰山风景名胜区从设立之初到现在，面积一直在变化中，虽然期间有扩大和缩小，但总地来说呈扩大的趋势，对范围的界定也逐渐趋于成熟。

最开始的泰山风景区范围主要是按照地缘和地形来划定的，并且将林场划入风景区的范围内。其围绕着泰山主峰划定了一片区域，并没有考虑周边的景观。1980年4月与1980年7月划定的泰山风景区范围均是以泰山主景区为主，包含了几个周边的景点。虽然泰山主景区的范围有缩减，但这个范围与景观结合得更加紧密了。1981年的泰山风景区开始设立了周边保护带，兼顾了生态、地质等方面，泰山风景区的范围也有了明显的扩大。1982年，泰山风景区开始申请国家级风景区，泰山风景区的规划范围逐渐摆脱了行政区划的限制，不再仅限于泰安市域范围内，因而，泰山风景区的面积扩大了很多，保护力度也越来越大。到了2000年，泰山风景名胜区制定了新的规划，不仅范围有所扩大，将泰山主景区进行了划分，还添加了蒿里山—灵应宫、灵岩寺景区。该规划同时考虑到生态、林场、地质等多方面因素，再次设立周边保护带，景区的划定更加细致、科学，考虑的方面也更加全面。这个范围的划定一直延续到现在。

第八节　研究范围划定

泰山景观研究范围应当以泰山景观因借的基础为核心，并综合其他资料划定。本书综合了泰山之大论、山水名录记、地图记载考，以及泰山风景名胜区规划对泰山景观范围的划定，大致可以看出各类观点对泰山风景园林范围的争议主要集中在以下方面。

（1）泰山南侧中路景观线是否能代表泰山风景园林；

（2）研究泰山风景园林时是否要研究泰山周边群山；

（3）泰山周边群山主要包括哪些山峰。

从研究理法的角度来看，研究泰山就必须研究大泰山区域，即泰山主山与泰山周边群山形成的完整区域。虽然南侧中路景观线是泰山风景园林的精华，但泰山区域的整体景观才是泰山可以在先代获得"第一山"地位的凭借。泰山周边群山，如亭亭山、云云山、社首山等，在封禅景观中与泰山南部中路景观也是一体的关系。泰山主山体负责"封"，而周边众山负责"禅"。周边群山也分布有道观和山洞，供附近居民日常祭祀，佛教崇拜也基本分布在岱阴众山。而且在道教系统中，泰山的东岳大帝为主管生死的神，所以泰山地区"地狱—人间—天堂"说也很有研究价值。所以，仅仅研究南部中路并不能保证泰山风景园林理法的完整性。泰山主山与泰山周边群山的关系就像一条河的主干与其分流出的不同的支流的关系。泰山周边众山没有自己的文化属性，如果没有泰山主山的繁荣，这些山峰不会有自己独特的景观。同时，如果泰山文化止于主山体，也是不完整的。所以，当我们考虑泰山的景观序列、景观分布时，应当将周边众山包括进来。此外，一直位于泰安城中的岱庙，也是泰山风景园林非常重要的部分。其作为泰山中路景观线的延长线，也应该被划入泰山寺庙园林理法的研究范围中。

在泰山之大论、历史文化视野下的"大泰山"区域、山水名录记、地图记载考、泰山风景名胜区范围这些划定范围中，泰山之大论划定的范围中各个部分之间的联系本来就较为牵强，加上由于其依托古代的龙脉论已经失去了发展空间，所以这个划定范围的研究意义不是很大。泰山之大论的范围，可以算作历史文化视野下的一个衍生范围，与设计理法等其他的研究并没有什么关系。地图记载考主要根据地图所载的文献进行绘制，是描绘山水名录范围的一种方式。所以泰山风景园林设计理法的研究范围主要参考的是山水名录记、泰山风景名胜区、历史文化视野下的"大泰山"区域范围，这三个范围与风景园林之间的关系就是山水、风景区规划、历史文化与风景园林之间的关系。

这些范围各有与自身相关的方面和侧重。风景区规划主要考虑的是生态、经济、高程、水体、地形、地质、行政区、林业、文物保护等多种复杂的问题。山水名录则主要收录山水景色，主要考虑地形、水体、植物、奇石、山势等问题。而历史文化主要涉及宗教、祭祀、名人、文物等方面。至于风景园林设计理法，其主要由以借景为核心的立意、相地、问名、布局、理微、余韵六大序列组成。虽然这些范围侧重各有不同，但是在山水名录和风景区规划中地形、水体都是重要的考虑因素。历史文化和风景区规划的范围也都要考虑文物保护的问题。同时，"情"与"景"二字也是山水和风景园林设计理法中讨论的重点，是历史文化和园林的交集。

以山水为记的范围划定，本身就是基于先辈对泰山风景园林的理解进行划分的。与现代风景名胜区的划分不同，这个范围的划定与泰山寺庙园林理法是同源的，同时也是泰山景观发展的凭借。而且由于民国时期泰山文化的遗失，以及来的开发对泰山景观的破坏，现代风景名胜区的范围遗失了泰山景观中一些重要的部分。但是，以山水为记的泰山寺庙园林理法划定范围因为年代较早，存在没有与时俱进、不如现代风景名胜区划分严谨的问题。历史文化视野下的"大泰山"区域范围与泰山寺庙园林理法研究范围之间的关系，实际上与文化和景观的关系是一致的。文化对风景园林有影响，但是文化要发展到一定的程度才会影响景观的风格。历史文化的记载重点也与景观的发展不同。文化的传播更广，而景观与地域的关系更加紧密。泰山景观一定是在泰山文化辐射范围内的，但是泰山文化辐射范围内的点所形成的景观，不一定以泰山文化为特点，也有的可能已经不可考了，而景观研究的范围也比历史文化研究的范围更加紧凑。

本书对泰山理法的研究范围确定为泰山主山以及泰山周边群山。泰山周边群山研究范围取距离泰山主峰30千米内的云云山、亭亭山、蒿里山、社首山、石闾山、梁父山、介石山、肃然山、长山、布山、灵岩、昆瑞山、徂徕山。其中，灵岩是泰山风景名胜区、山水名录记和历史文化视野下的"大泰山"景观范围皆涉及的；蒿里山是泰山风景名胜区和山水名录中记载的；其他山体均是山水名录和历史文化视野下的"大泰山"景观范围都涉及的。这些山体与泰山的联系性是最强的，这个范围内的历史文化视野下"大泰山"景观中提到的观山和山水名录中的肃然山应为同一山体。而羊丘与观山均已经被开发破坏，且没有发生过重大历史事件，仅在范围内提及与历史文化的关系也不是很大，所以本书没有将其列入泰山风景园林设计理法的研究范围。距离泰山主峰30~50千米的诸山，与泰山的距离已经较远，所以本书选取历史文化视野下的"大泰山"景观范围与山水名录记中均重点提到的陶山和新甫山，将其划入泰山风景园林设计理法的研究范围。其他山体的联系性均较弱，故未被划入泰山风景园林设计理法的研究范围。50千米以外的范围，基本上与泰山仅有文化的联系，而景观没有形成体系。这个范围中的青山、彩山、神童山、龟蒙山等，未被本书列入泰山风景园林设计理法的研究范围。本书选中的这些山峰围绕在泰山主山的周围，不仅与泰山在地缘学上位置接近，而且与泰山主山的文化和风景园林都有密切的关系。

在与泰山风景园林设计理法研究范围相关的诸多研究范围中，历史文化视野下的"大泰山"范围与泰山之大论均没有说明泰山主山的范围。地图记载考对泰山主山范围的描述也是根据山水名录的记载而来。所以，本书对泰山主山的范围划分依据风景名胜区规划范围与泰山山水名录的范围来划定。山水名录记载的区域北界与泰山风景名胜区划定的区域北界基本相同。南侧山水名录记载大于泰山风景名胜区划定的区域是已经被城市覆盖的部分，这个边界的景观在历史的发展中一直是泰山山水与泰安城过渡的区域，所以这个边界一直在变化，这是历史演替中难以避免的问题。在南界的划分上，山水名录记载与风景名胜区划定不存在根本矛盾，所以按照时代的发展，本书以风景名胜区规划范围为泰山主山的南界，并将泰山中路景观线延长到岱庙的位置。对于东、西两侧泰山风景名胜区的划定，分别比山水名录的划定少了大津口区域和黄山、三缩山区域。为了使研究更加完整，所以本书选取山水名录的范围，将两片区域包括在研究范围内。

第四章　泰山山水方位考察

泰山是自然与文化双遗产，从本书前文研究中可以看出，泰山文化的产生和发展，都是紧密依托泰山自然山水的。泰山闻名于世是因为文化，但是自然才是泰山传世的根本。泰山的自然山水特征，是经人主观感受之后才能提炼出的。现今的泰山风景园林布局在秦汉时期就已初见端倪，单纯以风景园林学手段分析泰山现况不能完全说明此布局成因。因此必须借古籍研究，提炼出古人视野里的泰山山水。

第一节　研究意义和区域划分

要提炼山水景观特征，标明山水方位是第一步。在泰山风景园林设计理法研究中，明确其选址是第一要素。现今传世的古籍和碑刻，对泰山园林的方位描述往往参照山石河流，但是由于古人记载不精确和现今碑刻的集中保护，部分自然山水的名称已遗失，导致对泰山风景园林进行理法研究时，对于相地选址无法追本溯源。因此，依照古籍古图对泰山原有山水的位置和名称进行标注就显得十分重要。其既是对现有园林理法研究的相位选址的明确，也是对已经破败的园林复原的重要参考。

泰山山峰众多，山泉亦秀丽壮观，不少文人墨客都对泰山山水进行过描写。曹植的《驱车篇》中描写道："隆高贯云霓，嵯峨出太清。周流二六候，间置十二亭。上有涌醴泉，玉石扬华英。东北望吴野，西眺观日精。"[1] 诗仙李白的《泰山吟》亦描写："六龙过万壑，涧谷随萦回。马迹绕碧峰，于今满青苔。飞流洒绝巘，水急松声哀。北眺崿嶂奇，倾崖向东摧。洞门闭石扇，地底兴去雷。登高望蓬瀛，想象金银台。天门一长啸，万里清风来。"[2]

泰山山水胜境物华天宝，加上历史悠久、游人众多，自古代发展至今形成一套完整的山水体系。作为风景、政治、文化的游览胜境，泰山山水景观的秀美、

---

① 林久贵，周玉容. 曹植全集 [M]. 武汉：崇文书局，2020.
② 李白. 李白全集 [M]. 上海：上海古籍出版社，1997.

雄壮、趣味都被先人充分地挖掘。考证对泰山山体的考察和归纳，是"理"清山水之"法"的第一步，也是非常重要的一步。古代地图测绘方法落后，在现代景观研究中，目前也没有对史料进行过系统的研究，导致泰山景观的研究有所断裂。泰山众山体的名称、特点、具体位置，目前处于遗失状态，一直以来也没被系统地考证。"相地"是风景园林设计理法序列中的第一步，泰山自然景观丰富且复杂，本身就是非常好的景观资源。只有对泰山的山水景观进行仔细的研究考证，才能发现园林、建筑、碑刻等文化景观的发源，才能在文化景观逐渐遗失的当下，从根源出发，找到泰山风景园林未来的发展方向。所以，本书遵从风景园林设计理法研究的序列，先对泰山的山水景观进行考证，并且研究逐渐遗失的泰山山水"问名"系统。

泰山是一个整体，不能分割，但其为一个非常庞大的系统，考证时倘若一口气全部归纳，不免杂乱，所以需要对其进行划分，对各个部分分别研究，然后再进行综合整理，方能更加系统、全面地对泰山风景园林理法进行分析。本书将《岱览》《泰山道里记》《岱史》等前人对泰山的划分方法进行整理，并且结合泰山的自然、人文风貌对泰山区域进行划分。泰山山势分层明显，《岱览》中以"上锐下博"来描述泰山的山势，即岱顶部分陡峭矗立，岱顶下面的部分则厚实稳重，所以岱顶自然成为非常重要的一个研究部分。岱顶以下部分山体众多，山阳与山阴景色差异较大，所以本书在研究时首先将岱顶以下的部分划分为岱阴、岱阳两部分进行研究。岱阳地区与岱阴相比，登山线路数量多使用广，自然景观和文化景观更为集中。岱阴与岱阳的划分界线是根据山势，结合传统登山路线与景观分布决定的。西侧分界线以泰山樱桃园为起点直至岱顶西天门，东侧分界线以大河峪为起点延伸至岱顶东神霄山。

本书按照山形、山势将泰山分为岱顶、岱阳、岱阴、泰山周边群山四部分对泰山的山水景观进行考证。其中，岱顶、岱阳、岱阴是对泰山主山的划分：岱顶为南天门以上的区域，岱阳为岱顶以下南部区域，岱阴为岱顶以下北部区域。

第二节　方　位

岱顶为泰山最高部分，其位置注定了它成为泰山景观的中心。而其自然景观形成的骨架，很好地为泰山后来形成名山景观奠定了基础。岱顶山峰众多，海拔在 1468~1545 米，且各具特色，山峰景色四季不同，加之一天之内光影各异，更演变出了千变万化的奇特景观。从园林理法的第一步相地来看，岱顶十分适合园林景观的建设，甚至可以说，岱顶就是一座大自然建造的园林。岱顶区域山峰及其自然景观分布如表 4-2-1 所示。

表 4-2-1　岱顶山水景观表

序号	区域	山体	自然景观	位置	概况
1	岱顶上部	太平顶	天柱峰及其上玉皇顶	岱顶上部中部	自南天门东抵日观峰，西抵月观峰，讫北天门。全岱之主峰，极巅为玉皇顶
2		日观峰	探海石	岱顶上部东	高耸略逊于绝顶，但景观时间广阔，目及东、西、南三面。在日观峰上，东北有一块巨石向北往斜上方探出峰顶，东、北两面均为悬崖峭壁，故名探海石。探海石长近 10 米，宽约 3.2 米
3		爱身崖（舍身崖）	瞻鲁台可止台观海石仙人桥观海石	岱顶上部东南	三面陡峭，绝无尾径。中石高丈所为瞻鲁台，旁有可止台。崖西有仙人桥，桥畔有石向南伸出，名曰观海石
4		东神霄山	影翠石	岱顶上部东南	距玉皇顶十里，自瞻鲁台东观，直逼人眉宇。有云河绕其而过
5		五花崖	试心石遥观洞神泉	岱顶上部南	北面形成宝藏岭的一道障，西边连接莲花峰。危崖万仞，顶南诸峰皆逊之。可俯视十八盘。其巅有试心石，二石勾连，登山时会动摇，有传说心诚石则不动，故谓试心石。崖南有遥观洞。崖下有泉水名神泉，水质清甜美味。南流，到达涤虑溪，向西注入龙峪
6		周观峰	—	岱顶上部西南	岱顶南部，传可望见洛邑
7	岱顶中部	宝藏岭	—	岱顶中部东南	南为五花崖，东为爱身崖
8		大观峰	德星岩弥高岩	岱顶中部南	弥高岩，南向岩壁平削。德星岩位于大观峰东，岩壁向西南
9		堆秀岩	—	岱顶中部南	大观峰南，北倚最高峰天柱峰，东为日观峰，西为月观峰，莲花峰、围屏峰好像屏风一样列在旁边。时而幽暗，时而明朗，十分具有仙气
10		秦观峰	—	岱顶中部东南	传可望见长安
11		越观峰	—	岱顶中部东南	传可望见越国
12		吴观峰（望吴峰，孔子岩）	登仙台	岱顶中部西南	岳顶西部，振衣岗西北部，传可望见会稽。西南部有崇冈，为登仙台

（续表）

序号	区域	山体	自然景观	位置	概况
13		振衣冈（斗仙岩）	鲁班洞珍珠泉	岱顶下部西	又称斗仙岩。振衣冈上有鲁班洞。东北崖有珍珠泉，泉水从石隙中涓滴如一串珍珠
14		凤凰山	—	岱顶下部南	白云洞西，五花崖南
15		象山	白云洞百丈崖西溪	岱顶下部南	凤凰山西，形状如象，故名象山。有白云洞，洞顶东北有平坦处。象山南部为百丈崖，深谷陡峻，西溪自此向西南流入石壁峪，形成壮阔的瀑布
16		围屏峰（悬石峰）	—	岱顶下部东南	凤凰山东
17		虎头崖	巨石状若卧虎	岱顶下部东南	凤凰山东，有巨石状如卧虎
18		避风崖	石厂	岱顶下部东南	凤凰山南折转东，有向南的石厂
19		莲花峰（望人峰）	泉水	岱顶下部南	五花崖西，百丈崖南。五峰攒簇如莲花。向东可观五花崖危岈，仰视不见绝巅。又可观十八盘行人，古又名望人峰。莲花峰南有泉水，向南流入涤虑溪，经对松山而西注龙峪
20	岱顶下部	南天门区域	万福泉避人厂	岱顶下部南	十八盘上部，南部中路景观线登山时必经之地。距离绝顶五里。双峰相夹而成一处天然的门关。北约70米处有万福泉，明万历年间修万寿宫时发掘，泉水常年不竭
21		西神霄山（两峰岩）	卧马峰峡	岱顶下部西南	岱顶西南部，与东神霄山东西相望。比东神霄山更加葱郁又云深雾紫，越向西越深奥。形态为双峰对峙，形成一峡。峡口有卧马峰，形似卧马。峡中水向南流，流至对松山，向东注入龙峪
22		石马山	—	岱顶下部西	陡峻沟壑多，不可通车
23		西天门	—	岱顶下部西	两边石峰高耸陡峭，相夹成门，石即是门，蔚然天成，宽度可容两辆车
24		月观峰	—	岱顶下部西南	南天门西，怪石嶙峋。又被称为仙人石间
25		北天门	—	岱顶下部北	丈人峰东北部，回车岩北部
26		丈人峰	碾陀泉	岱顶下部西	位于岱顶西稍北。色如冻梨，状入台北。周围群峰独高，可下视层峦叠嶂。层云上腾时，遮盖住群峰，只有丈人峰一峰出云独立，十分壮观。其下有碾陀泉，下雨前泉水会涌得更加激烈
27		鹤山	—	岱顶下部东北	岱顶东北，据岱顶七里。山崖上有松树，有鸟类的鸟巢。有人走过，脚步声惊动鸟，就会有空旷的鸟鸣与翅膀声，故名鹤山

泰山岱顶依据海拔高度和景观分布可以分为上、中、下三部分，岱顶整个山峰分布，相比岱阳和岱阴都更为集中。仅就岱顶而言，岱顶上部和岱顶中部的山峰和自然景观都更为密集，两者更像一个整体区域。岱顶下部相对平坦，山形走势也与上部、中部不同。

以日观峰和太平顶等名闻天下的岱顶上部地区，分布有山峰6座，大体呈东西走向，自然景观11处，位置集中于岱顶东南。岱顶上部最东侧为东神霄山，与西神霄山之间隔着岱顶诸山，两山遥遥相望。中央是泰山最高点所在地，太平顶之上的玉皇顶，也是著名自然景观"旭日东升"和"黄河玉带"的绝佳观赏地点。岱顶中部分布有山峰6座，大部分山形面向正南方，自然景观3处。堆秀岩周边景观相对集中，此处也是俯瞰南侧诸峰的最好地点。岱顶下部分布15座山峰，山峰虽然走向不尽相同，但都呈众星拱月之势，围绕岱顶地区，岱顶下部南侧山峰与上部相比，虽险峻却大都低矮，为上部留出了南侧的景观视线。岱顶下部有自然景观13处，但由于岱顶下部旅游开发严重，修建有大量住宿和交通设施，大部分自然景观已不可考。

第三节　岱阳山水方位

岱阳山水主要分为中、东、西三个部分，中路景观线与岱顶相连，是泰山最重要的游览线路，但其余两个部分的景观也各有特色。岱阳部分为泰山景观的主要骨架，是泰山景观构成的最主要基础。其山形、山势决定了上山道路的布局以及攀登体验，岱阳区域山峰及其自然景观分布如表4-3-1所示。

表4-3-1　岱阳山水景观表

序号	区域	山体	自然景观	位置	概况
1	岱阳中部	石壁峪	飞龙岩 翔凤岭 南天门 十八盘	泰山南部中天门至南天门段，上部	石壁峪位于南天门下部南部。两侧有两座高耸的山峰，东侧为飞龙岩，西侧为翔凤岭。两座山峰中间夹成一道深谷，之后沿山谷形成的山路即为十八盘，其上端的峡口即为南天门
2		大龙口	泉水	泰山南部中天门至南天门段，上部东	大龙口位于飞龙岩稍东。有泉水从大石缝隙中流出，仿佛从龙的口中流出，所以名为大龙口。泉水喷薄而出，喷云喝雾
3		雁翎峰	—	泰山南部中天门至南天门段，中部东	雁翎峰位于大龙口的南部，莲花峰下方

（续表）

序号	区域	山体	自然景观	位置	概况
4	岱阳中部	鸡冠峰	—	泰山南部中天门至南天门段，中部东	鸡冠峰位于翔凤岭南部，有一片石头悬立，像鸡冠一样，所以叫作鸡冠峰
5		大龙峪	溪水	泰山南部中天门至南天门段，中部东	翔凤岭东南部，石壁峪下部，石崖万仞，好像一座大铁缸，许多溪水在这里汇合，形成很多瀑布。之后经过飞瀑岩、小龙峪，向西注入黄西河。大龙峪在接近山洞底部的地方横着裂开一条线，形成小溪水，旱天不干枯，雨天也不会溢流，有人称其为龙口涎，故名大龙峪
6		对松山	—	泰山南部中天门至南天门段，中部	位于石壁峪南，朝阳洞北，夹于十八盘两侧。在山石上生长出极为茂盛的松树，称为对松山。巨大的松树若隐若现于云间，有人称其为南天门外第一胜景
7		朝阳洞	泉水钟乳石御风岩	泰山南部中天门至南天门段，中部西	朝阳洞深如巨屋，可容纳二十多个人。旁边的树比较稀疏，而且洞又向阳，所以名朝阳洞。洞里有泉水，石壁上有钟乳石。朝阳洞东北有御风岩
8		拦住山	弄月岩潜龙洞	泰山南部中天门至南天门段，中部西	拦住山在朝阳洞西南。为在山腰处横置的一座山峰，拦住了朝阳洞下的盘道，所以命名为拦住山。下有潜龙洞，有溪水向西南流，流入黄西河
9		小天门区域	飞来石望驾石朗然子洞三叉沟	泰山南部中天门至南天门段，中部西	小天门区域位于朝阳洞南部，御帐坪北部。有一石头，圆形像丸子一样，有几间屋子那么大，据说是万历年间飞落下来的，所以名为飞来石。飞来石东边有一石，好像人躬着背在作揖，所以名为望驾石。南部有朗然子洞，洞可以容纳二十人。下为三叉沟，汇合双沟后，形成溪水，向西南流
10		御帐坪	中溪涧百丈崖瀑布三蹬崖护驾泉	泰山南部中天门至南天门段，下部西	五大夫松稍东，小天门南部，小龙峪。石头平整，可供安营扎寨，为宋真宗登封时帐宿所在，所以名为御帐坪。御帐坪上有护驾泉。前有深涧，坪南有百丈崖，又名飞瀑岩，有壮观的瀑布。瀑布右边为三蹬崖，也有瀑布溅起的水花好像雪花般。这条溪水即为中溪
11		小龙峪	小龙口石龙文石	泰山南部中天门至南天门段，下部	在拦住山东南方向，东边山崖上有两块石头，像嘴一样张开，有清泉流出，名为小龙口石。龙文石在小龙峪北边，石头的纹理像龙一样，又名蛟龙石
12		快活三里	玉液泉	泰山南部中天门至南天门段，下部	快活三里位于小龙峪南，从中天门到云步桥，有三里平地，可轻松攀登，所以名为快活三里。快活三里旁边有玉液泉，石穴进水可掬。可遥望对松山、扇子崖等景观。快活三里南部是倒三盘，山路下行。再往南即为二天门，即中天门

（续表）

序号	区域	山体	自然景观	位置	概况
13		黄岘岭（中溪山）	中溪东溪十二连盘	泰山南部红门至中天门段，上部	快活三里南部，回马岭北部。土色黄赤，所以名为黄岘岭。黄岘岭东部谷水涌流，是中溪重要的源头。黄岘岭树木茂盛，向上看诸山峰，好像在洞中观望一样。岭北侧又有大直沟，即东溪。黄岘岭上平，南下为十二连盘，盘路陡峭
14		回马岭（瑞仙岩、石关、天关）	溪流九峰山十峰岭鹰石沟	泰山南部红门至中天门段，上部	回马岭，又名瑞仙岩，旧名石关，又名天关。有许多大大小小的石头。重峦叠嶂，中央有溪流，极其澎湃。山路险陡，至此车不能前行，所以名为回马岭。回马岭西边有九峰山，折向东为十峰岭，夏日多云，又名云岩。十峰岭下为鹰石沟，因沟旁有一像鹰一样的立石，所以名为鹰石沟。沟水向南流向经石峪。回马岭南部有圣水泉
15	岱阳中部	歇马崖（马棚崖）	水帘泉水帘洞炮高岭中溪	泰山南部红门至中天门段，中部	歇马崖位于回马岭南部，因崖上可以搭棚歇马得名。悬崖曾经崩落过。水帘洞在其南部，有溪水流经西北的天绅岩而来，因崖壁高而下部又是沟壑，所以好像水形成的垂帘，名为水帘泉。在注水流桥处形成百脉争流的景象，为泰山著名景观，水帘洞洞口藏在水帘中，时隐时现，所以得名。水向东南流，注入中溪。再往东就是炮高岭
16		经石峪（石经峪）	仙峡石听泉枕石中溪	泰山南部红门至中天门段，中部东	经石峪又称石经峪、石经谷。有大如斗的隶书字体《金刚经》刻在石头上，所以得名。石的坡度斜平，上部有溪水，旁边有听泉枕石形成小瀑布。经石峪西边石壁一分为二，被称为仙峡石或试剑石。泉水来自龙泉峰，上游为三岔沟。绕龙泉峰流出，向西南注入中溪
17		龙泉峰	龙泉中溪	泰山南部红门至中天门段，中部	龙泉峰在水帘洞南三里，桃园峪北部，下有龙泉所以命名龙泉峰。有水从西北山峡经过，向东注入中溪，形成百丈飞瀑。龙泉位于现斗母宫中，中溪从斗母宫东边绕过
18		桃源峪（桃花涧）	涧水黑石埠中溪隐真洞	泰山南部红门至中天门段，下部	桃源峪位于龙泉峰南部，又名桃花涧。因岩谷间桃花秀丽，像陶渊明描述的桃花源，所以以桃源命名。桃源峪中涧水萦绕，汇集成为清泉。涧水两边多樱桃和竹子，又名樱桃园。南部稍东为黑石埠，中溪从其西边绕过。下部有隐真洞
19		小洞天	柳条湾饮马湾石峡湾箭竿峪大藏岭醉心石	泰山南部红门至中天门段，下部	西边山崖高十丈，需绕旁边沟壑而过，山间森林茂密，使人感觉别有洞天。小洞天下有柳条湾、饮马湾、石峡湾。东部有箭竿峪，有水向南流，从虎山北部流过，汇集到石马湾，然后流入梳洗河。小洞天西南为大藏岭，大藏岭南部为红门区域。小洞天中有醉心石，圆柱体状，因为有同心圆纹路，所以名为醉心石

（续表）

序号	区域	山体	自然景观	位置	概况
20	岱阳中部	红门到一天门区域	王母池	泰山南部红门至中天门段，下部	红门区域在小洞天南部，大藏岭丹崖的南边。红门到一天门区域一般被认为是登山的起点。在此处可以回望岱顶，仿佛云中宫阙。其东南方有王母池
21		松岩（莲台山、蟠龙山、万花山）	娄子洞	岱顶以下泰山南侧，南偏东部上	松岩位于对松山的东边。由于有许多老松盘根错节，郁郁葱葱，所以名为松岩。又因为形状像打坐的莲花，所以又名莲台山、蟠龙山、万花山。松岩不仅植物茂盛，而且山洞毗连，洞内有灵芝。娄子洞在松岩西北，景观清幽
22		马鞍山	泉悬淙肝华石东溪双沟	岱顶以下泰山南侧，南偏东部上	松岩的南部为马鞍山，由两座山峰组成，因为样子像马鞍所以名为马鞍山。西边与岱阳部分的老人寨相连。有纵横六七里的石嶂。祝鸡寨在松岩西南。在山巅洼处有泉水流出，盘旋而下，有数十丈高，称为悬淙，向南流入双沟。它的南边五里，有紫色的巨石，名为肝华石。再南有山崖，上面是飞瀑，下面有双沟夹之。景色清秀，好像南方的景色。双沟属于东溪
23	岱阳东部	东溪山（延坡岭）	东溪中溪艾峪栗子峪杨老坞	岱顶以下泰山南侧，南偏东部中	东溪山在马鞍山的东南。因为整体像案几一样绵延曲折，但山势陡峻，造成延坡岭平坦的是积土，所以又名延坡岭。山上流下来的诸多水源，都汇集在这里。为东溪发源地，所以名为东溪山。双沟与延坡岭北边的溪水一起，向东南方流，注入艾峪，四五里后，又注入栗子峪。艾峪与栗子峪分别以多艾草和栗子得名。流经栗子峪后继续向南流。下延坡岭。延坡岭南虽然山崖陡峭，但山崖上平坦肥沃，有杨老坞。延坡岭同时又是东溪和中溪的分界处，被其分开的水流向东则为东溪一路，向南则为中溪一路
24		摩天岭（争云岩）		岱顶以下泰山南侧，南偏东部中	摩天岭位于松岩下。松岩下部，特别是延坡岭，较为平坦，独有摩天岭巍峨独立，云在这个高度刚好散去，所以又名争云岩
25		屏风岩	堰岭河金牛湾泉水青龙泉福泉	岱顶以下泰山南侧，南偏东部中	摩天岭南边为屏风岩，山体参差排列，远看犹如屏风。在屏风岩与摩天岭之间是堰岭河。这片区域溪水众多，是中溪、东溪分流之地。在河腹位置还有两眼泉水，与堰岭河交汇成金牛湾。向东南流，又有青龙泉注入。再往南还有福泉
26		回龙峪	溪水笔架石	岱顶以下泰山南侧，南偏东部下	屏风岩南部，水牛埠西临。有溪水绕过笔架石注入堰岭河，笔架石形态像笔架，所以得名。堰岭河虽经过东麓，但之后汇于中溪，所以属于中溪一路

序号	区域	山体	自然景观	位置	概况
27	岱阳东部	鹁鸽岩	溪水	岱顶以下泰山南侧，东偏南部中	鹁鸽岩位于摩天岭向东四里，峭壁上面有许多野鸽的鸟巢。鹁鸽岩下临卧龙峪水
28		卧龙峪（五龙峪）	风门	岱顶以下泰山南侧，东偏南部中	卧龙峪位于鹁鸽岩南部。峪中水深且幽曲，好像卧龙。卧龙峪的峡口风很大，所以名为风门
29		中陵山	—	岱顶以下泰山南侧，东偏南部下	卧龙峪东边二里为中陵山
30		水牛埠	绣彩湾	岱顶以下泰山南侧，东偏南部下	中陵山东二里，西临回龙峪。其东边有绣彩湾。水清秀绮丽，蜿蜒向东南流，注入十里河。再往东就到达了奉高县
31		椒山	东溪小津口	岱顶以下泰山南侧，东部中	椒山分为东西两座山。东溪自东溪山，出小津口，向南流经过两山之间
32		蚕滋峪	东溪	岱顶以下泰山南侧，东部中	东溪流经东西椒山之间，然后流入蚕滋峪
33		杏山	餐霞洞	岱顶以下泰山南侧，东部中	椒山东边八里为杏山，因为漫山遍野的杏花而得名。山花灿烂，好像彩霞，所以山洞名为餐霞洞
34		王老峪	东溪	岱顶以下泰山南侧，东部下	杏山下为王老峪，有大土丘
35		水泉峪	东溪	岱顶以下泰山南侧，东部下	王老峪西南为水泉峪，东溪从这里流入沙沟
36		椒子峪	石舟	岱顶以下泰山南侧，东部中	椒子峪在椒山西侧，非常适宜植物生长
37	岱阳西部	五陀岩	—	岱顶以下泰山南侧，南偏西部上	对松山西南部。有很多圆椒树
38		红叶岭	碎石沟	岱顶以下泰山南侧，南偏西上	五陀岩稍西位置，山岭上多乌柏，秋天叶色火红，所以名为红叶岭。红叶岭和五陀岩之间为碎石沟，水流入西溪
39		石猴山（西溪山、后石山）	西溪	岱顶以下泰山南侧，南偏西部上	后石山位于红叶岭西南，距离对松山有四里的距离。《岱览》《岱史》等文献中认为其山前有很多巨石，所以名为后石山。《泰山道里记》记载因为山的位置形态很像斥候（古代侦察兵），所以名为石猴山。石猴山下为黄西河，大小龙峪的溪水，经过黄岘岭向西流入这里，汇聚成西溪。这里是西溪的发源地，所以名为西溪山
40		九女寨	奇石	岱顶以下泰山南侧，南偏西部上	九女寨为孤峰绝壁，地处偏僻，有许多奇石在山峰上，所以适合隐居。相传有九女逃避战乱躲在这里，所以名为九女寨

（续表）

序号	区域	山体	自然景观	位置	概况
41		三尖山	石厂	岱顶以下泰山南侧，西南部上	九女寨西边有三座尖锐的山峰组成，名为三尖山。西边侧面有石厂
42		辘轳冈	—	岱顶以下泰山南侧，西南上	三尖山下为辘轳冈，山冈很长
43		仙趾峪（马蹄峪）	马跰洼	岱顶以下泰山南侧，西南部上	仙趾峪位于九峰西边，因为有几尺长的印记，很像仙人的草鞋印而得名。又有马跰洼，所以又名马蹄峪。仙趾峪的溪水流向东北方，与从它的南边流过的黄西河水汇合
44		鸡坶岭	乱石	岱顶以下泰山南侧，西南部上	鸡坶岭位于仙趾峪西南，东与祝鸡寨相望。鸡坶岭上群石大大小小错综复杂，很像禽类，所以名为鸡坶岭
45		丹穴岭	黄土赭石八里沟	岱顶以下泰山南侧，西南上	鸡坶岭南为丹穴岭，土壤呈黄色，并且有赭石，所以名为丹穴岭。岭上地形舒缓，丹穴岭西边下部有八里沟，水向南流入西溪之中
46	岱阳西部	凤凰山	马蹄湾	岱顶以下泰山南侧，西南部上	丹穴岭南边为凤凰山，好像凤凰飞翔于众山峰之上，所以名为凤凰山。山上有许多桐花，开花时山体被映红，就更像凤凰了。凤凰山西南为马蹄湾，马蹄峪的水在这里汇集。而黄西河的水经过丹穴岭、凤凰山、八里沟之后，也汇集在这里。此后水流入竹林西河。竹林西河在百丈崖北，因在竹林寺西得名
47		云头埠	白杨坊白杨洞碧油湾（香油湾）积云	岱顶以下泰山南侧，西南部上	云头埠位于仙趾峪南，回马岭西北。因为位于云气结构中，所以云雾缭绕，人影难辨，因此名为云头埠。南边多白杨，所以名为白杨坊。又有幽深的石厂，名为白杨洞。石厂中有水流斡旋的池子，池水向西南流，过凌汉峰北，在山洞中汇集为碧油湾。水比油还要清碧，所以名为碧油湾，俗称香油湾。此后水流入竹林西河
48		凌汉峰（金泉峰）	石嶂全真崖	岱顶以下泰山南侧，西南部中	凌汉峰位于云头埠南。有泛红的石嶂凌空而起，山势如孤鹜。凌汉峰右肩为全真崖。山崖高旷，松树、楸树等茂密，叶影摇晃
49		振铎岭	响声	岱顶以下泰山南侧，西南部中	因为树林茂密，又有竹子，有风吹过，就有响声发出，好像在振动铃铛，所以名为振铎岭
50		黑虎峪	新泉卧象石	岱顶以下泰山南侧，西南部中	黑虎峪位于凌汉峰南，水向南流，汇集成新泉。泉水西折再向南。黑虎峪西南有卧象石
51		投书涧	溪水	岱顶以下泰山南侧，西南部下	投书涧位于新泉西，卧象石西北。涧水由东部的新泉流入，向南流，流入西南方的香水峪
52		香水峪	溪水	岱顶以下泰山南侧，西南部下	香水峪位于投书涧下，水向西南流，汇入西溪

（续表）

序号	区域	山体	自然景观	位置	概况
53	岱阳西部	傲徕山	石窦 归云洞 石池 三透天 狮子峰 悬刀石 仙桃石 扇子崖 壶瓶崖 青桐涧 刘盆子洞 观音洞 仙影崖	岱顶以下泰山南侧，西部上	傲徕山位于凌汉峰西北，与丹穴岭相接。傲立山群，山体瘦削，山峰凌厉，有四射之状，像芙蓉花，所以又名芙蓉峰。也有说法是因为傲徕峰独立，像芙蓉剑，所以得名。自竹林寺西南道路越来越窄，只能单人通过，攀着山峰上的藤蔓向上爬。路上有石洞可以通过，名为"寨门"。傲徕峰顶，有归云洞，洞中有石池，池中有泉水，全年不枯竭。西边有一个洞，上面有三道石缝，可以透光，所以名为三透天，俗名玉皇洞。傲徕山山尖东北为狮子峰，形态像奔跑的狮子。上面有悬石，名为悬刀石。狮子峰东边像扇面的陡崖名为扇子崖，也被称为仙人掌。扇子崖东边有一个大石头形状像桃子，所以名为仙桃石。洞水向东注入百丈崖。扇子崖北水沿着悬崖向东流，因为以前这里有很多青桐，所以名为青桐涧，洞水流入竹林西河。青桐涧北有一悬崖，危崖凸出，上面是方的下面是圆的，外面是山石，而里面是中空的，很像壶，所以名为壶瓶崖。在壶瓶崖南边有一个山洞，向阳，悬于悬崖上，名为刘盆子洞。南边的悬崖上也有一个洞，十分幽深，名为观音洞，俗称魔王洞。下面就是石屏峪，峪水向西南经过泰山北侧西麓的黄金口，汇入泮水。扇子崖东南部有山崖名为仙影崖。远看像两个仙人相对而立，所以名为仙影崖
54		百丈崖	天绅泉 黑龙潭 水帘泉 招军岭	岱顶以下泰山南侧，西部中	百丈崖有东西两座山崖。东百丈崖有瀑布好像垂下的布带，所以名为天绅泉。泉水倾泻下去注入黑龙潭。潭水深绿清透，清可见底。西百丈崖与东百丈崖相距三百步左右，但高差有十倍多，也有泉水垂下，名为水帘泉。东百丈崖面向南，西百丈崖面向东。百丈崖东上面是招军岭。从百丈崖流下的瀑布水向南注入白龙池
55		白龙池	玄圭石 三元石 锣鼓湾 耀星湾 弄水岩 鸡笼峰	岱顶以下泰山南侧，西部下	白龙池四周被石梁环绕。池北有玄圭石，非常像巨大的船，所以又名石舟。池东有三元石。池南有锣鼓湾，因为水石激烈碰撞，好像敲鼓的声音。再南边是耀星湾，水光灿烂。西边有平削的山崖，名为弄水岩。南边有一座石头矗立，名为鸡笼峰
56		大峪	西溪	岱顶以下泰山南侧，西部下	大峪在白龙池南，西溪在这里汇总。谷口西边有剑匣石，形状像方盒子。剑匣石前方有一座大石头，中间好像被剑劈开，所以名为试剑石。旁边有一块石头，好像有人拿着剑坐在石头上，名为仙影石。南边有大石峡、小石峡，大石峡峡口比较大，小石峡的则比较小。西溪从这里向东流去，流入漆河

　　泰山岱阳顶依据登山路线和景观分布可以分为东、中、西三部分。岱阳中部相比岱阳东部和岱阳西部，虽然面积要远小于后两者，但传统景观分布更为集中，数量也更胜一筹。

　　岱阳中部山势不一，地形多变，南侧山峰多平缓，北侧临近岱顶则逐渐险峻。红门游览线这一成熟的登山线路，很好地结合了原有的 14 座山峰的自然山势，游客在登山时，沿途经过 6 处著名的山谷，还可以沿路欣赏 51 处自然景观。依照登山路线来看，自然景观的分布集中于岱阳登山路线的起点红门、歇脚点快活三里和终点南天门，十八盘至南天门一段分布尤其密集，与园林路线设计中对于景观设置的起承转合要求暗中相合。根据古籍记载，岱阳东部地区有名可考的山峰有 10 处，河谷 7 处；与岱阳中部相比，东部山势走向更为一致，总体呈现西北高东南低的姿态，部分山峰呈屏障般东西耸立，挺立云中。由于此部分缺乏成熟的登山路线，景观大部分为自然风光，古籍记载自然景观有 28 处，由于水资源丰富，景观也以水景为主，东溪在此流经多山，最终注入沙沟。

　　岱阳西部范围内记载有名的山峰 12 座，谷峪 7 处。此处山形明显呈两极态势，东北靠近岱顶一侧和西南靠近城区一侧山峰较高，尤其西南侧傲徕峰，以西北至东南走向，高耸入云，与主峰呈对立之势。整个岱阳西部中央部分山势较为缓和，因此成为乘车和索道直达岱顶的首选路径，在此范围内设有天外村游览路线。游客在此穿行，将途经扇子崖和黑龙潭，感受群山环绕、清泉在侧的美景。

第四节　岱阴山水方位

　　岱阴位于泰山北部和西北部，开发较晚，景色也最为自然，其中山峰与河谷众多，走势各不相同。由于人迹罕至，岱阴部分保持了绝大部分泰山原有的风貌。岱阴区域山峰河谷及其自然山水分布见表 4-4-1。

表 4-4-1　岱阴山水景观表

序号	区域	山体	自然景观	位置	概况
1	岱阴东	摩云岭	八仙洞 乱石沟 洗鹤湾	岱顶以下泰山北侧，中部上	摩云岭位于北天门北部。摩云岭东部有八仙洞，又名石室。周围十分险峻，松树很多。乱石沟在八仙洞下，沟水向南流，后来又向东折去，经过鹤山的北部，继续向东流，汇入洗鹤湾。洗鹤湾两岸十分陡峻，还有苍松横卧沟上。水继续向东北流淌，到达天烛山下的溪里峪

序号	区域	山体	自然景观	位置	概况
2	岱阴东	双凤岭（牛心石，蜡烛峰）	独足盘	岱顶以下泰山北侧，中部上	双凤岭位于洗鹤湾北。由两座山峰相团矗立而成，好像回翔的凤凰，所以名为双凤岭。双峰又名大、小牛心石和大、小蜡烛峰。峰上松树茂盛
3		天空山（玉女山）	尧观台黄华洞来鹤泉莲花洞（后石屋）石乳泉	岱顶以下泰山北侧，中部上	天空山位于双凤岭北部。天空山又名玉女山；山顶平坦，名为尧观台。尧观台有传言因为尧曾经登上这里而得名，也有说本为"遥观"，"尧观"为误读。尧观台前有一座深邃的洞，名为黄华洞，因为洞周围有许多黄花而得名。山洞高度可以拂冠，宽度可以容纳一茶几。周围环境清幽好像仙境，据说是玉女修真的地方，洞中有来鹤泉。黄华洞东部有莲花洞，又名后石屋。因为有石瓣倒缀仿佛莲花而得名。有水滴下，名为石乳泉。再往北有一山洞，也名石屋，与八仙洞相连。从回车岩到这里总称为"后石坞"。有人说，后石坞即得名于后石屋。也有人说，自南天门从岱阴下盘道，到达这里距离约为十五里，所以名为"后十五"。松树生长在岩石间，遮天蔽日十分茂盛
4		坳山	—	岱顶以下泰山北侧，中部中	坳山位于天空山北面，山体较为圆润挺拔
5		九龙冈	鉴池旋螺峪凤凰池饮虎池	岱顶以下泰山北侧，南偏东部上	九龙冈位于天空山东，山体呈下坠状，分为九个部分，山体的样子像龙一样。九龙冈上有鉴池，因为水很清，所以名为鉴池。相传其为玉女洗头盆，和华山的玉女洗头盆重名。九龙冈下部东边有旋螺峪，形状较圆，深度较深，下部面积比较大。北边是凤凰池，东边是饮虎池，都以水景取胜
6		磨山	五女圈石	岱顶以下泰山北侧，南偏东部上	磨山在九龙冈东北，距离天空山有八里的距离。有五女圈石，为五块巨石垒成一个圈，传说是五个仙女垒成的。从双凤岭到达这里，山势主要向东边延伸
7		明月嶂	胭脂石（焉支石）、懒张石屋	岱顶以下泰山北侧，南偏东部中	明月嶂在摩云岭的北边。群峰秀丽排列好像屏风。明月嶂上有胭脂石，因为石头呈紫红色，所以名为胭脂石，也有说法为焉支石。明月嶂北有懒张石屋，相传为张三丰炼真处
8		孤山	—	岱顶以下泰山北侧，南偏东部中	孤山位于明月嶂西南，懒张石屋西边。山峰独立，因所处位置的原因，没有云彩也是阴的，是泰山北侧最为诡谲的山峰

序号	区域	山体	自然景观	位置	概况
9	岱阴东	冰牢峪	小冰牢峪（凌冰洞、天牢）扬子峪半边山大冰牢峪（冰穽）天井（雁岭河）	岱顶以下泰山北侧，南偏东部中	小冰牢峪在明月嶂东北五里。四面为高山，中间山谷幽深，而且谷水结冰，所以就显得更加寒冷了，在盛夏也有没有融化的冰，所以名为冰牢峪，又名为凌冰洞、天牢。峪水流向东北，流入天井湾。再向西一里左右，为扬子峪，崖岸又深又陡。再向西十里左右，是半边山，因为悬崖断削，好像被巨大的手掌削掉一样而得名。小冰牢峪北有眺平台。眺平台西北六里，是大冰牢峪，也为四面环山的深处，四面都很高峻。又深面积又大，又名冰穽。里面的冰洞最为危险。峪水向洞流入冰洞，再流入天井，天井即为雁岭河
10		天烛山	溪里峪（风魔峪）	岱顶以下泰山北侧，南偏东部下	天烛山在东天门以北，九龙冈以东。天烛山的两座山峰高峻且色彩鲜艳，好像蜡烛的火苗竞相闪烁。在天烛山上可以观赏周明堂以及泰山东部诸峰的风景。天烛山南部下方为溪里峪。溪里峪又名风魔峪，穴深泉水清澈，是由鹰愁洞和洗鹤湾汇聚而成的，水向东南流入扫帚峪。天烛山东边为泰山的一处分水岭。其南部有扫帚峪、李家泉等，其北部有旋螺峪、冰牢峪等
11		观星岭	—	岱顶以下泰山北侧，东偏南部中	观星岭位于天烛山东南方向。李家泉位于观星岭下东北部，泉水向南流入栗子峪，再向东流入沪碌峪
12		沪碌峪	明家滩、天津河（石汶）旋螺峪、溪里峪	岱顶以下泰山北侧，东偏南部中	沪碌峪位于观星岭东部。山石中间泉水迸发，成为溪水。沪碌峪四面环山，峪中有天津河，又名石汶，环绕上百顷的土地形成明家滩，地形适宜人居住。天津河再向东南流，与旋螺峪的水相会从竹园南边经过，与溪里峪的水相会，向东流
13		大岘山	—	岱顶以下泰山北侧，东偏南部下	大岘山位于沪碌峪南部
14		黑山	—	岱顶以下泰山北侧，东偏南部下	黑山位于沪碌峪西南部

序号	区域	山体	自然景观	位置	概况
15		谷山	黑闼石屋 金矿洞 上下泉洞 金丝洞	岱顶以下泰山北侧，东部中	谷山位于沪礴峪西北部，莲花峰西南部，在其周围的山峰中最为高峻秀丽，即使没有山林泉水也十分隽秀。谷山山顶有一株松树特别茂盛，遒劲有力，名为定南针。山顶西南还有一座山洞，名为黑闼石屋。西北有两个金矿洞，右边悬崖上下各有两个洞穴，有水从悬崖顶上流下来，注入洞穴。左边又有一个洞穴，比较隐蔽，泉水源源不断地流入，名为金丝洞。洞外的石缝有结晶的紫石英
16		恩谷岭	雁岭河	岱顶以下泰山北侧，东部中	恩谷岭位于谷山东南部，与莲花峰相对。其间成为一峡，中间的河即是雁岭河。雁岭河向东流，汇成天井湾，成为天津河的源头
17		佛峪（佛谷）	深壑	岱顶以下泰山北侧，东部中	佛峪位于恩谷岭与莲花峰北部。佛峪中有深壑，下雨时谷中声音巨大，晴天时有许多泉水叮叮咚咚地涌出石缝之间
18		返倒山	青冈峪	岱顶以下泰山北侧，东部下	返倒山位于佛峪北部。因为山势逆行，所以名为返倒山。山中有青冈峪，峪水向东南流入天井
19	岱阴东	仙台岭（长城岭）	南拱 北拱 跑马泉（莎草泉）	岱顶以下泰山北侧，东部下	仙台岭位于返倒山以北，又名为长城岭。岭上有两座石台，分别名为南拱和北拱，都是天然形成的，遥遥相望。仙台岭南部下方有跑马泉，又名莎草泉。泉水向南流，流入天津河
20		龙门山	沟水 黄伯阳洞	岱顶以下泰山北侧，东部	龙门山位于仙台岭东三里处。两座山壁对峙而立，中间有沟水，水向东南流，流入麻搭河。龙门山南有一座山洞名为黄伯阳洞，相传战国时期黄伯阳曾经在这里隐居
21		鹿町山	—	岱顶以下泰山北侧，南偏西部上	鹿町山位于龙门山南部，距离龙门山五里。山腰处有较为开阔的平地。从沪礴峪开始，大岘山、黑山、谷山、恩谷岭、佛峪、返倒山、仙台岭、龙门山、鹿町山都在分水岭的北侧
22		仙源岭	津拱河	岱顶以下泰山北侧，南偏西部上	仙源岭与鹿町山相望，中间为津拱河。每当骤雨时，雨与河水都击打着陡峻的河岸，仿佛听到了斧声。津拱河向东北流，与岩洸河汇流，然后向东再向南流入石汶
23		雨金山	伏金石	岱顶以下泰山北侧，南偏西部上	雨金山在仙源岭北。雨金山有金矿，因被大雨冲刷而发现，所以名为雨金山。雨金山上有伏金石
24		大卢山、小卢山	岩洸河	岱顶以下泰山北侧，南偏西部上	雨金山东北六里为大卢山，东南三里为小卢山。岩洸河经过大小卢山中间，向西南流入津拱河

（续表）

序号	区域	山体	自然景观	位置	概况
25		转山	石坞	岱顶以下泰山北侧、西南部上	雨金山西北三十里为转山，山形螺旋回顾，所以名为转山。转山有石坞
26		槲埠岭	—	岱顶以下泰山北侧、西南部上	槲埠岭在雨金山东北部，距离卢山三十里，与仙台岭很近。槲林尤为繁茂
27		摘星岩	青阳谷	岱顶以下泰山北侧、西南部上	摘星岩位于槲埠岭东北。摘星岩下为青阳谷，是岩洸河的源头
28		祝山	—	岱顶以下泰山北侧、西南部上	祝山在小卢山东八里。山形像圆锥
29		虎狼谷	谷水	岱顶以下泰山北侧、西南部上	虎狼谷东五里有虎狼谷水，谷水向南流，入石汶河
30		九顶山	金井河、西金井	岱顶以下泰山北侧、西南部上	九顶山在祝山东北三里处。金井河绕九顶山东南，折向西南流。其西为西金井，有金矿。《山海经》云："泰山上多玉，下多金。"
31	岱阴东	杨邱山	—	岱顶以下泰山北侧、西南部上	杨邱山在九顶山东部。其东北山势开始舒缓，古时已不再是泰安境内，且短距离内没有高大山岭，可以被视作泰山边界
32		九阪岭	九曲峪雨砧岩	岱顶以下泰山北侧、西南部中	九阪岭在九顶山北，祝山东北二十里。因为山势回转曲折，像九折阪一样深奥险峻，九阪岭中的溪水也随着九折阪的地形曲折蜿蜒。九阪岭下为九曲峪，峪水向西流经雨砧岩。雨砧岩有石如同砧板一样。峪水又汇于渌池，再向南折至九顶山，汇于金井湾
33		旁山（石窟山）	溪水石窟	岱顶以下泰山北侧、西南部中	九阪岭东南为旁山，山脊昂起，溪水深。旁山上有很多石窟，所以又名石窟山。溪水也是汇于金井湾
34		上桃峪	北汶源、混源池（混元池）、君子峰	岱顶以下泰山北侧、西南部中	上桃峪位于西天门以下，是北汶河的源头，桃花峪的上游，西溪流经此处，注入混源池。混源池又名混元池，池周围的石头都是黛色，只有中间是白色的，好像月亮倒映在水里，又好像圆形的灵镜。池中间有一石挺立，名为君子峰
35		船石	—	岱顶以下泰山北侧、西南部下	船石位于上桃峪北部、避人厂西北部。船石处山崖平坦宽阔，好像万斛体积的大船，所以得名

（续表）

序号	区域	山体	自然景观	位置	概况
36	岱阴东	看月岩	沐龟沟快活三里、（与中天门处快活三里有别）、上石屋（夕阳洞）	岱顶以下泰山北侧，西南部下	看月岩位于船石西北，与月观峰的名字相对，也是观赏月亮的地方。看月岩下部有沐龟沟，向西北流经李子沟，到达老虎窝，流入上桃峪。看月岩北边地势也很平坦，也名为快活三里，但与中天门处快活三里只是同名，没有关系。在快活三里后有一座石厂，名为上石屋，十分幽深，又名夕阳洞
37	岱阴东	头陀岩	峪水	岱顶以下泰山北侧，西部上	头陀岩位于船石北侧，上桃峪的水经过它的南侧，向西北流去，注入混元池。水继续向西流，三汊涧从西边流过来和峪水相汇
38	岱阴东	鹰窝崖	鹰窝	岱顶以下泰山北侧，西部中	鹰窝崖在头陀岩西北方。鹰窝崖石壁险峻，有很多鹰聚在这里筑巢
39	岱阴东	清风岭	老虎窝、石棚、龙湾、碧花池	岱顶以下泰山北侧，西部下	清风岭位于鹰窝崖北边，山势绵延孤高。下面有一个石穴，深邃幽暗，名为老虎窝。清风岭东有石棚，深邃开敞。清风岭西北有龙湾。河水萦绕，中间的山峦好像岛屿一样。龙湾下有碧花池，石头青翠有碧绿的纹路，纹路都是天然的
40	岱阴东	黄石崖	—	岱顶以下泰山北侧，西部下	黄石崖在清风岭西北，上桃峪北
41	岱阴西	映霞峰	香泉	岱顶以下泰山北侧，南偏东部中	映霞峰在黄石崖西北。映霞峰下有香泉。上桃峪从黄石崖向北折，又向西流，到达映霞峰。香泉向西流注入其中
42	岱阴西	重岭	斗虎沟	岱顶以下泰山北侧，南偏东部中	重岭在映霞峰西北。斗虎沟在重岭之下，旁边有花园
43	岱阴西	青天岭	分水溪	岱顶以下泰山北侧，南偏东部下	青天岭在重岭的西北，长城岭的西南。青天岭横亘在泰山的西北，与长城岭相夹成一涧。涧水是同源，但一分为二，所以名为分水溪，其中一条支流向西北流，一条向东南流。西北支流由青天岭向西南流至长清，再向西北流，名为中川，到达崮山，与灵岩山的河水相汇。东南支流，与斗虎沟水相汇，过海眼、桃花峪，其经流名为北汶，因为是一分为二的流域，所以又名洴河
44	岱阴西	白草峪	大海眼蟆头岩	岱顶以下泰山北侧，东偏南部中	斗虎沟与白草峪之间有石窟，名为大海眼。白草峪南有蟆头岩，形状很像岸帻

（续表）

序号	区域	山体	自然景观	位置	概况
45		老鸦峰	—	岱顶以下泰山北侧，东偏南部中	白草峪南为老鸦峰，山形像鸟翅膀张开飞翔，像铁一样颜色很深，俗名老鸦尖
46		秋千山	秋千峪白云洞（下石屋）石鲤西神库	岱顶以下泰山北侧，东偏南部下	老鸦峰西南为秋千山。秋千山下有秋千峪。秋千山西崖有一座深邃的山洞，名为白云洞，又名下石屋。白云洞南有龟湾，水源来自桃峪，向南达到小海眼。龟湾中有长石像梁一样，为长条形，名为石鲤。再向西南有西神库，有很多石头圆润巨大，踩上以后会摇动，传说中间可能有宝藏
47		中军坪	巨石	岱顶以下泰山北侧，东偏南部下	中军坪在秋千山南部。中军坪中有巨石平坦广阔
48		禣负山（降福山）	镜儿石台子地	岱顶以下泰山北侧，东部中	禣负山位于中军坪西。山形为一座大山背负着一座小山，所以名为禣负山，俗名降福山。禣负山半山腰处有一块石头，像劈开了的光滑镜子，名为镜儿石。镜儿石东南有一块平地，大约有十亩，俗称台子地
49	岱阴西	黄石岩	—	岱顶以下泰山北侧，东部中	黄石岩位于禣负山西南。与龙湾西北的黄石崖十分相似
50		车道岩	两道沟	岱顶以下泰山北侧，东部中	车道岩位于黄石岩南部。山北有两道沟，好像车轮印，所以名为车道岩
51		笔架山（雕窝山）	羊阑坡燕支坡	岱顶以下泰山北侧，东部下	笔架山位于车道岩西部，五座山峰排列在一起，所以名为笔架山。悬崖倒垂，十分险峻。崖上有许多鸟巢，适合隼等鸟类生存，所以又名雕窝山。笔架山北有羊阑坡。笔架山南侧生长着很多燕支草，所以又名燕支坡
52		猴愁峪	白练石屋水阀石屋	岱顶以下泰山北侧，东部下	猴愁峪位于笔架山南崖下。猴愁峪是泰山中最为深邃、最为广阔的山峪。猴愁峪西部有白练石屋，西南有水阀石屋。水阀石屋为山洞，但好像房屋一样，而且有水从门中流出
53		拔山（雁飞岭）	回雁峰燕窝石	岱顶以下泰山北侧，东部	拔山位于猴愁峪南部。拔山诸峰高差大，大雁南飞时，多聚集在这里，所以又名雁飞岭。拔山东部有一块石头，形状像玉圭，名为回雁峰。拔山东北有一块石头下凹好像瓦器，名为燕窝石
54		水铃山	乌龙潭坛子涧	岱顶以下泰山北侧，南偏西部上	水铃山在拔山南部，流水击打在石头上，好像有铃声响起。水岭山东南部有乌龙潭，十分清澈。水岭山西部有坛子涧

（续表）

序号	区域	山体	自然景观	位置	概况
55		五峰顶	松楼风门迎风岭枯石河	岱顶以下泰山北侧，南偏西部上	五峰顶位于拔山西部。中间和四边各有一座山峰，所以名为五峰顶。其中，东边的山岩松树生长得茂密葱郁，俗称松楼。拔山与五峰山之间有风门，山谷十分深峻。五峰顶南部为迎风岭。五峰岭顶部下方有枯石河，河水向东边流，经过黑龙潭，继续向南流
56		西横岭	黄金口海棠峪脐子沟脐子峰	岱顶以下泰山北侧，南偏西部上	西横岭位于五峰顶的南部。西横岭绵延盘亘二十多里，西起桃花峪，东到五龙潭。西横岭上有黄金口。石屏峪的峪水从这里流入枯石河。西横岭西北有海棠峪，因为垂丝海棠生长茂盛而得名。脐子沟在西横岭西部，脐子沟中间有一座清秀的石头突出，溪水盘旋紫绕着它，名为脐子峰
57		刺楸山	—	岱顶以下泰山北侧，南偏西部上	西横岭西边有刺楸山，适合刺楸的生长
58		土绵山	黑土地	岱顶以下泰山北侧，西南部上	土绵山位于刺楸山西边，山峰陡峭，山顶平坦，山顶有十八亩的黑土地
59	岱阴西	骆驼岭	襄草泉	岱顶以下泰山北侧，西南部上	骆驼岭位于西横岭西南部，形状很像驼峰。骆驼岭东边有襄草泉，向南流入洴河
60		三绾山	甘雷泉	岱顶以下泰山北侧，西南部上	三绾山在骆驼岭西边，距离骆驼岭二十多里。三绾山因为有三座山峰鼎立而得名。三绾山上有甘雷泉，泉水向东流入洴河
61		黄山	黄土泉水	岱顶以下泰山北侧，西南部上	黄山在三绾山西部，距离三绾山十二里。土壤多为黄壤。山顶有许多泉水，水流下山顶，形成白色的瀑布，流入汶河
62		桃花峪（红雨川）	峪水桃花林大养鱼池、小养鱼池	岱顶以下泰山北侧，西南部上	秋千山南为桃花峪，山上的泉水在这里汇聚。因为多桃花树，名为桃花峪。桃花峪幽深清秀。上桃峪的峪水在此处注入大养鱼池、小养鱼池。桃花峪峪水从西南峪口流出，再向东流
63		十字峰	大倒沟	岱顶以下泰山北侧，西南部上	十字峰与鹰窝崖对峙。十字峰西北有大倒沟，沟水向东流入上桃峪
64		青岚岭	光学现象丁香峪	岱顶以下泰山北侧，西南部上	青岚岭位于十字峰西北。青岚岭上也有光学现象，会出现佛头青。青岚岭西有丁香峪，丁香茂密
65		思乡岭	小倒沟	岱顶以下泰山北侧，西南部中	思乡岭在青岚岭西北。小倒沟在青岚岭的西边，向北再向东也流入桃峪

（续表）

序号	区域	山体	自然景观	位置	概况
66		南顶	—	岱顶以下泰山北侧西南部中	南顶在思乡岭西北，小倒沟北。南顶山体突起
67		梯子山	石棚沟玲珑石	岱顶以下泰山北侧西南部中	梯子山在南顶南部。山体山形好像百级的高大云梯。梯子山下有石棚沟，有石厂悬在石棚沟上。石棚沟西有玲珑石，石头中有镂空。沟与石都是镂空状
68	岱阴西	透明山	磨耳石东神库	岱顶以下泰山北侧西南部下	透明山在梯子山西南，像几案一样，陡峭玲珑，向北拱起到老鸦峰。透明山南部有磨耳石。磨耳石与褔负山相接，中间隔着小海眼。磨耳石东南是东神库，石头好像垂下来的帘子，上面生长苔藓，石头有时会有彩色的反光。东神库与西神库相望
69		龙山	真人峰	岱顶以下泰山北侧西南部下	龙山位于透明山东部。龙山南部有一座石头，好像人站立在龙山上，名为真人峰

本书对岱阴东西两部分的划分，一方面是依据文献资料对于各山峰合谷的记载；另一方面，岱阴东西两侧开发程度和时期大不相同，分开划分，有利于研究的进一步开展。

据此，岱阴两侧大体沿卢山至西天门一线为界，界线以东为岱阴东，界限以西为岱阴西。两者景观虽都以自然山水为主，但分布却各有特色。

岱阴东部整体呈现四周高峰耸立，中央溪流潺潺的自然格局。有记载的山峰29座，山峰大多坡度平缓，山盘较大，但北侧摘星岩山体海拔较高，与南侧高峰遥相呼应。有记载的谷峪4处，河流大致由东侧汇聚至雨金山周边地区，而后转向东南，流至岱阳以东。岱阴东有记载的自然景观51处，以水景和植物景观为主。岱阴东内有天烛胜景游览线，线路清幽曲折，沿线奇松遍布，高峰林立。

与岱阴东相比，岱阴西部山势地形可谓高低错落，河谷穿插。其中记载有名的山峰31座，北部山峰略呈南北走势，其余山峰都表现为西北至东南走向。由于山峰错落，河流穿梭弯转其中，塑造了诸多美景。其中记载谷峪5处，著名的泰山桃花峪就在岱阴西部中心位置，现沿桃花峪设有桃花峪游览线。桃花峪汇聚了岱阴西乃至岱阳西的大部分河流，河谷两侧植物种类极其丰富，河流中石材千变万化，因而景色蔚为壮观。但是，由于岱阴泰山石材开采严重，早期城市发展不断吞噬泰山原有山峰位置，部分山峰已不可考。

第五节 泰山周边群山

与泰山主山情况不同，泰山周边群山因分布较散，受到保护的力度较小，加之城市建设等因素，且泰山主山又禁止采石，反而使得泰山周边群山成为开采山石的场所，因而古代与现代的山水景观状况差距较大，所以本书除了对古代山水景观进行考证，也对其现状进行了调研考察（表 4-5-1）。

表 4-5-1 泰山周边群山景观表

序号	区域	山体	自然景观	位置	概况	现状
1	泰山主山南部	社首山	—	泰山主山南部约三里	社首山位于泰山主山体南部，距离泰山约三里。山体矮小，是南部与泰山主山体距离最近的小山体。仅有 170 米高	因采石，已被夷平
2	泰山主山南部	辞香岭	—	泰山主山南部约三里	辞香岭是位于社首山与蒿里山之间的山坡，又名慈祥岭。其位置在社首山西南，蒿里山东南。体量十分矮小	因采石，已被夷平
3	泰山主山南部	蒿里山（高里山、亭禅山）	古仙洞	泰山主山南部约三里	蒿里山位于社首山西部，其东南部与辞香岭相接。蒿里山又名高里山、亭禅山。与社首山不同，蒿里山高大雄伟，山形好像一只乌龟趴在地上。蒿里山的北部有古仙洞，又名鬼仙洞。原先仙洞幽深，曾经有人在此隐居。清代以后因为在这里采石，导致山洞洞门处被劈下去数丈山石，山洞已经没有了幽深的感觉	其在现代依然保持遗址状态，整个蒿里山周边被居民区、低端商业区环绕，成为一片城市废弃地，目前仅存在微弱的生态功能
4	泰山主山南部	梁父山（梁甫山）	—	泰山主山南部九十多里	梁父山又名为梁甫山，在徂徕山的西南方，与徂徕山相连，距离古泰安城有九十多里。《白虎通义》中对梁甫二字的解释为："梁者，信也；甫者，辅也"，认为梁甫山对泰山主山是很好的辅助。古时也有以"梁父"二字统称泰山周边群山的说法	基本保留
5	泰山主山南部	介石山		泰山主山南部五十多里	介石山在泰山主山南五十多里处	被城市建设侵占侵蚀，基本破坏殆尽
6	泰山主山南部	石闾山（石驴山、石榴山）	寻真洞	泰山主山南部五十多里	石闾山同样在泰山主山南五十多里处，在介石山南二里处。现在又被当地人称为石驴山、石榴山。根据《后汉书》的记载，石闾山因南部有一座寻真洞，幽深空旷像房屋一样可以居住，所谓"倘所谓闾耶"，所以名为石闾山。而根据《史记》的记载，一些当时的方士认为这里是"仙人之闾"	被农田侵蚀，破坏较为严重

（续表）

序号	区域	山体	自然景观	位置	概况	现状
7	泰山主山南部	亭亭山（亭禅山）	—	泰山主山南部约五十里	亭亭山又名亭禅山，最高海拔141.5米。亭亭山与云云山距离较近，孔子后人孔祯在《泰山纪胜》中说："云云亭亭，两山颉立，逶折一径。"	被农田侵蚀，破坏较为严重
8	泰山主山南部	云云山	白石山	泰山主山南部约五十里	云云山又名五云山，其形态与蒿里山相似，山形较圆，但比蒿里山山体小。云云山东还有一座白石山，有较多晶石	被农田侵蚀，破坏较为严重
9	泰山主山东南部	长山	—	泰山主山东南部约一百二十里	长山位于泰安东南部，山丘一直连绵不断	基本保留
10	泰山主山西南部	布山（布金山、埠山）	—	泰山主山东西南部二十多里	布山位于泰山西南部二十几里处，又名布金山或者埠山，山上植物茂盛	被农田环绕侵蚀
11	泰山主山东北部	肃然山（宿岩山）	—	泰山主山东北部二十多里	肃然山位于泰山东北部，又名宿岩山，山势险峻陡绝，从山下望去让人肃然	基本保留
12	泰山主山东南部	徂徕山（尤崃山）	太平顶万松岭贵人峰小普陀岩石屋卧石山三岭崮清风岭贵人峰蘸山竹溪无盐山铁牛岭	泰山主山东南部约四十里	徂徕山是泰山南部一百里内最大的山体，极巅同泰山极巅一样，也名为太平顶。太平顶南有万松岭，但明清时期松树已经所剩不多。万松岭下有石屋，中间有泉水流出。太平顶东南为贵人峰，傲立于其他山峰。贵人峰南有小普陀岩、礌石峪。小普陀岩南有清风岭可避暑。清风岭下为卧石山，山上有许多奇石络绎分布，远远望去好像羊群一般。再向西南有三岭崮，为三座山峰组成。贵人峰东有演马场。蘸山位于寨山东边。太平顶西南有竹溪，是一片安静祥和的区域。太平顶北有芍药峪，再北为无盐山，再北为铁牛岭，再北为长春岭	基本保留
13	泰山主山东部	新甫山	九峰	泰山主山东部约一百三十里	新甫山又名小泰山、宫山、莲花山，海拔高度925米。其主体为九峰，像莲花一般，所以名为莲花峰。又因为九峰的主峰高耸入天，为新甫山最高峰，自泰山也可以看到其苍翠的山景。自最高峰望周围八座山峰，如同八索的形态，以其对应的八卦方位排列，坎位高、离位明、震下空、兑上缺，实乃大自然的杰作。	基本保留

（续表）

序号	区域	山体	自然景观	位置	概况	现状
14	泰山主山西北部	灵岩	功德顶 棋子岭 灵璧山 朗公山 如来顶 黄岘山 鸡鸣山	泰山主山西北部四十多里	灵岩位于泰山主山西北部，山上松树、柏树生长茂盛。最高峰为功德顶，四面方，上部平坦，为天然形成的方形山体。功德顶南侧有天然形成的石龛状石窟。功德岭位于灵岩北部，灵岩东部有棋子岭、灵璧山、朗公山；南部有如来顶、黄岘山，中间围成一个大山谷，出入口为灵岩西部的山口，山口右边为黄岘山，左边为鸡鸣山，两山对峙。山谷面积很大，谷中有溪水清澈，植物茂盛	基本保留
15	泰山主山东北部	昆瑞山（昆仑山）	金庐山 青龙冈 千佛岩 红鹤崖 海螺峪 灵鹫山 瓦子岭 柏崖 圆通山 康王山 卧虎山 黄山 渴马崖	泰山主山东北部约四十五里	昆瑞山位于泰山主山东北部，又名昆仑山。昆瑞山主峰为金庐山，东为青龙冈，西有千佛岩。千佛岩西北为红鹤崖，青龙冈东为海螺峪。灵鹫山位于昆瑞山西北部。此外，昆瑞山还有瓦子岭、柏崖、圆通山、康王山、卧虎山、黄山、渴马崖等。山峰中谷水众多，其中有锦绣川、梨峪等	基本保留
16	泰山主山西部	陶山	二崦 三十六峰 七十二洞	泰山主山西部约一百二十多里	陶山位于泰山西部一百二十多里处，为道家"七十二福地"之一，有二崦、三十六峰、七十二洞。其山形独特，主山位于正中，名为陶山，又名鸥夷山，山体为方形。主山南有两崦，与主山正好形成山洞状。陶山因为特殊的地质构造，溶洞众多。其中最著名的有朝阳洞、观音洞、三尖洞、冰洞、三仙洞、玉皇洞等	基本保留

对泰山周边16座山体进行了考证辨别，它们分布在泰山东、西、南、北各个方位，与泰山的距离不同，体量也有所差异。其中，蒿里山、辞香岭、社首山山体相连，亭亭山与云云山仅一路之隔。蒿里山、社首山、辞香岭、布山、肃然山距离泰山主山在二十里以内，其次是亭亭山、云云山、石间山、介石山、昆瑞山、灵岩山、徂徕山距离泰山主山五十多里，陶山、新甫山、长山、梁父山距离较远，约有九十里。其中，体量较小的有社首山、蒿里山、辞香岭、亭亭山、云

云山、介石山、石闾山。从山形上来看，新甫山如同八索的布局，陶山山体负阴抱阳，一东一西分布泰山两侧，十分奇特。

现在，社首山、辞香岭已经被夷平。蒿里山、亭亭山、云云山、石闾山、介石山、布山被较为严重地破坏。这些破坏比较严重的山体，基本上都是因体量比较小，加之保护不及时，被采石移平或者建设侵占了。

第五章　泰山自然景观特征

　　泰山山水的景观特征，既是整个泰山园林布局的基础之一，更是园林单体应用风景园林设计理法的重要参考，单体的相地、理微都以所处环境的特征为依据。正如计成在《园冶》中说："相地合宜，构园得体"①，相地是风景园林设计理法的第一步，决定了景观设计应该走的方向。泰山自然山水景观是自古以来泰山景观建设形成的凭借。泰山景观之所以能够成为独特的景观，是因为其构建在独特的山水框架基础上。只有深入地了解泰山自然山水景观特点，对泰山寺庙园林理法的研究才能具有系统性，也才能有大方向的把握的依据，从而避免研究中出现的一些问题。

　　正是因为现代缺乏对泰山山水自然景观整体的把握和研究，所以到目前为止学界还没有形成对整体大泰山景观的完整认识，也就没有办法成系统地去对泰山景观进行分析，只能通过单体景观节点、单体线路地对泰山进行研究。风景区规划的研究比较系统，主要是站在规划的角度进行研究，对泰山的开发和保护也是站在现有景观游线、历史遗产、生态格局等方面进行研究，没有从根本上挖掘泰山山水景观区别于其他山岭景观的特点，这样就很难避免"千山一面"的状况出现。而根据风景园林设计理法的研究方法，首先对泰山进行"相地"就可以避免这种情况的发生。

第一节　岱顶山水：峰拥仙境，泉水之源

　　通过对岱阳山水的考辨，作者愈发地感受到岱顶自然风光的魅力。总的来说，岱顶自身的山形山势、奇石水景等十分有特色，而且可游玩性很强，形成了既适合远眺与近观又适宜游览的独特"仙境"景观，同时又十分具有灵性。岱顶不仅仅是泰山最高峰，其独特的自然景观特性，也使其成为非常适合园林建设的场地。因此，岱顶的自然景观确实十分适合成为游览、朝拜的地点。

---

① 　（明）计成. 园冶 [M]. 南昌：江西美术出版社，2018.

一、群峰簇拥，仙境自成

"山不在高，有仙则名"[①]，岱顶自然山形符合古代人们对神仙居所的想象。泰山巍峨，中路景观线上，特别是十八盘区域更是十分陡峭。而经过十八盘，接近泰山极顶时，却有一片较为平缓的区域，仿佛直上云霄后到达群山环绕的天界。

这段南起南天门、东抵日观峰、西抵月观峰、北讫北天门的区域，被称为太平顶，属于岱顶上部的中间位置。太平顶被群山环绕，是岱顶主要的活动区域。泰山地区自古经济较为发达，是中国远古文明的发源地之一。泰山自古为人们可登可游之山，与昆仑山等宗教名山相比，缺乏远古宗教的神秘感，所以《山海经》中所述仙境为昆仑山等地，泰山仅为道教三十六小洞天之一。但从种种描述，特别是道教对于天庭仙境的描述中可以看出，其应当是借鉴了岱顶自然景观。

泰山最高的山峰天柱峰坐落在太平顶北部，上有泰山极顶玉皇顶，形成背靠之势。

太平顶被群峰围绕，东部有日观峰、爱身崖、东神霄山、围屏峰、虎头峰、避风崖等，西部有月观峰、西神霄山、石马山、丈人峰等，南部有五花崖、宝藏岭、大观峰、堆秀岩、凤凰山、象山、莲花峰等，北部有鹤山等，形成群峰环绕的景观。又有多峰与太平顶相连，形成了许多俯瞰地面景观的观景点。泰山海拔高度1541米，很适宜俯瞰地面景观。其中，南天门位于十八盘尽头，坐落于两侧山峰断绝处，是典型的自然双峰夹门景观；西天门位于岱顶正西，由山石相夹自然而成。

岱顶坡度大部分在0°至15°，只有玉皇顶和周观峰周边坡度在15°以上。泰山极顶坐落于一片较为平缓的区域，一方面为人的活动留下了充足的空间，另一方面人可以在群山中俯瞰神州大地，这本就极为符合人们对于天的想象，为因借提供了很好的条件，让人惊叹于大自然的鬼斧神工。

二、高低陡峻，各有千秋

岱顶山峰众多，形成了丰富的景观内容。岱顶按照山形山势，可大致分为上中下三部分。上部有太平顶、日观峰、爱身崖、东神霄山、五花崖、周观峰等山峰，中部有宝藏岭、大观峰、堆秀岩、秦观峰、吴观峰、越观峰等山峰，下部有振衣冈、凤凰山、象山、围屏峰、虎头崖、避风崖、莲花峰、西神霄山、石马山、月观峰、丈人峰、鹤山等。这里所讲的上、中、下是指山峰拔起的位置高度，而非山峰高度。岱顶东、西、南、北的山势也不相同。岱顶绝顶东南部，群峰相连簇拥，山势连

[①]　吴汝煜. 刘禹锡诗文选注 [M]. 上海：上海古籍出版社，1978.

绵，方便游客登山游览。不同高度、不同的方向拔起不同的顶、峰、山、岩、崖、冈，形成多种不同的组合，因而也形成了非常丰富的山峰层次。顶、峰、山的体量较大，较为壮观，岩则体量较小，崖一般至少有一面陡峭，冈与岭则较为平缓，绵延横卧。

岱顶上部东南方向山峰众多，形成连续的起伏，游人较易到达，可攀登观景。如日观峰、周观峰等景观，均以登高眺望景观为主。爱身崖、东神霄山、五花崖都十分陡峻，但各有特色：东神霄山体量较大，仅一面为山崖；爱身崖三面陡峭，如临万丈深渊；五花崖则是岱顶南部最陡峭的山崖，在其上可俯视十八盘，看行人如蚂蚁般攒动。岱顶中部东南则有宝藏岭、大观峰、堆秀岩、周观峰等，总体来说较为平缓，不会遮挡岱顶上部的视线。与岱顶上部一些四周空旷的外向空间不同的是，岱顶中部形成了一些被包围环绕的内向的空间。宝藏岭南为五花崖，东为舍身崖。堆秀岩北倚天柱峰，东为日观峰，西为月观峰，莲花峰、围屏峰也包围在它的周围。大观峰亦是三面环壁。这些都显示了岱顶空间的多样性。

与东南部不同的是，泰山绝顶西北部，山势陡然而断，峰峦极少，比南部要险峻得多，形成奇峻景观。岱顶上部、中部西北方向少山峰，至下部才联成一体。也因此，岱顶下部的景观尤其多样。总体而言，岱顶下部东南方以平缓的振衣冈、凤凰山、象山、围屏峰、莲花峰、虎头峰、避风崖等为主，而西北方山峦虽少，但高差变化剧烈；有山峰如丈人峰、鹤山，从岱顶下部拔地而起，直接天空。这样就形成了岱顶上部西北、东南两派不同景象，游客在西北可看到拔地而起的山峰孤立于云间，而在东南则可攀爬穿梭于各种不同的群峰景观中，并登台远眺。岱顶下部的振衣冈、凤凰山均较为平缓，与中部景观为一个相连体系。除此之外，下部亦有象山、莲花峰等形状如象、如莲花的奇特山峰。西神霄山为两峰对峙的景观，所以又名两峰岩，中间还形成一道峡谷，谷中有水流过，虽没有东神霄山高峻，但更加葱郁灵秀。其西部还有沟壑丛生，以及异常难行走的石马山。

这些山峰真可谓高低陡峻、各有千秋，共同形成了岱顶景观。岱顶下部连续且多样化，并有山峰直插云霄，在上部亦可观赏到。岱顶中部整体较为平缓且形成一系列较为内向的活动空间。岱顶上部有依靠也有所延展，形成适合远眺的多样空间。这个分层及其特点不是绝对的，层与层之间亦有联系呼应。岱顶空间连续、多样又穿插组合，因而整个岱顶是一个丰富的山形体系。这个体系一直以来就是岱顶部分造景因借的重要依据。

三、奇石山洞，平添情趣

除了独特的山势、山形，各种奇石山洞形成的小景观也使得岱顶景观更加生动。其中，探海石、仙人桥、观海石、试心石等是较为奇妙的自然景观。在日观峰东北有一块巨石向北往斜上方探出峰顶，东、北两面均为悬崖峭壁，好像从悬崖中探出云海，故名探海石。探海石长近 10 米，宽约 3.2 米，可站人，为观日出云海的绝佳位置。爱身崖本就三面陡峭，还有一座观海石，伸出悬崖，更增加了爱身崖的险峻感。爱身崖西侧又有仙人桥，为三块落石同时掉落，恰巧夹在两座悬崖峭壁之间，形成了一座天然的石桥，可谓奇景。五花崖顶有试心石，二石勾连，登山时会摇动。衍生出当人经过时，心不诚则石动、心诚石则不动的传说。大观峰的北部和东部有岩壁平削的弥高岩与德星岩，在这两侧形成天然的屏障，也为题刻提供了天然的场所。另外还有许多形态生动的山石。西神霄山两峰形成的峡口间有石形似卧马，故名卧马峰。虎头崖也因有巨石状如卧虎而得名。上桃峪的池水中间有一石独立，仿佛君子独立于世间，故名为君子峰，还有东神霄山的影翠石也是名石。

除了奇石外，岱顶还有许多自然形成的山洞、石厂，可供人活动休息。岱顶上部五花崖崖南有遥观洞，十分幽深，南向可观景，故名遥观洞，也可供人休息，与五花崖陡峻异常的山势形成鲜明的对比。象山有白云洞，振衣冈有鲁班洞。除了山洞，岱顶亦有几处石厂。石厂是被突出明显呈屋檐状的山崖遮盖的空间，可遮阳避雨，视野比山洞开阔。避风崖有向南的深密石厂可避风，故名避风崖。南天门区域北部一侧有壁人厂，位置清幽，可供刚登上岱顶的人休息。

同样为山石景观，与山峰不同的是，这些奇石山洞的尺度更小，更适合游人近处欣赏或者进入休息，为岱顶自然景观增加了许多细节。奇石山洞增加了山与人之间的亲密度，为后来形成天人合一的景观提供了条件。

四、泉水发源，钟灵毓秀

山无水不灵，泰山水为泰山三美之一，有许多泉水、溪水发源于岱顶区域，贯穿整个泰山。岱顶泉水各有特色。清秀如振衣冈东北的悬崖珍珠泉，泉水从石隙中涓滴出来，好像一串珍珠；丰沛如南天门北部的万福泉，泉水常年不枯竭；灵动如丈人峰下的碾陀泉，与天气感应，每逢下雨前，泉水会涌得更加激烈。

泰山南部的中溪与西溪均发源于岱顶。象山百丈崖深谷陡峻，西溪经过百丈崖形成泰山最高的瀑布，后注入石壁峪，再注入上桃峪，形成两处幽静美丽的水景。西神霄山两峰之间相夹形成的山谷亦有溪水流过，与莲花峰南部的泉水一同注入涤虑溪，溪水又向南流，流至对松山，向东注入龙峪。

这些溪水、山泉从岱顶流下，并不以水量大出众，或点缀或顺着山形山势，形成了许多独特的秀美景观，为岱顶增加了许多灵性。

五、远近四方，皆可瞻景

岱顶东南方向有众多山峰，许多景观以观、瞻等字命名，说明其作用主要为远眺，也说明了泰山视线景观的宽阔。根据记载，岱顶上部有日观峰、周观峰，中部有吴观峰、秦观峰、越观峰，下部有月观峰等皆以可远眺景观闻名。但根据部分学者考证，秦观峰、越观峰并不是单独存在的山峰，二者为日观峰别名，亦有秦观峰即平顶峰的说法。所谓秦观是指可以望见秦长安，越观指的是可以望见越国。这个说法应该只是指向西望向秦的方向和向南望向越国的方向视线比较开阔。日观峰仅仅比岱顶天柱峰低一点，东、西、南三个方向皆可眺望，所以才会有这些别名。其为岱顶观泰山日出的最佳地点，万里无云时可观太阳从地平线升起，有云彩遮挡时也可观日出云海的胜景。月观峰与日观峰相对，位于岱顶西南，虽怪石嶙峋，高度没有日观峰高，但岱顶西部同样是比较好的观景点。吴观峰又名望吴峰，传可望见会稽；又传孔子在此望吴门，所以名为望吴峰。岱顶众山峰上部还有平坦的地方形成台，更加适合游人进行眺望。爱身崖虽险峻异常，但其上有瞻鲁台、可止台，所以也十分适合登高观赏。吴观峰西南部有等仙台，相传孔子即在此望远。

除了远眺，山峰之间紧密相连，也形成了可以互相观赏的关系。东神霄山与西神霄山呈对峙之势。自爱身崖的瞻鲁台向东观时，陡峭壮观的东神霄山崖壁为瞻鲁台提供了壮观的背景。莲花峰向东可观五花崖的危峭，游人仰视看不到其顶，而向下又可以看到十八盘的行人，所以又名望人峰。大观峰背靠天柱峰，宝藏岭背靠五花崖，均形成了可多角度观赏的景观。

岱顶山峰高低交错，紧密相连，有陡峻亦有平台，除了远眺以外，也形成了可以相互倚靠的近观关系。人在其间行走时，空间的明暗就会有变化。这种天然形成的多样性景观，为造景中运用各种手法形成多样性的线路，提供了因借的基础。

第二节　岱阳山水：山水交映，人文汇聚

通过对岱阳山水的考辨，我们可以了解岱阳山体的整体布局。泰山南侧岱顶

下的山水景观胜在整体风格大气雄伟，小处又不失秀美婉约。虽然没有岱顶的奇峰秀石那般宛如仙境，但其面积广大，景色众多。岱阳的山水景观大致分为中、西、东三个部分，三个部分景色各异，都有天然形成的一番形胜节奏，其游览乐趣不逊于岱顶。岱阳中部景观较为紧凑，与岱顶直接相连，有自己的节奏，而东西部则较为疏朗清爽；最终形成了泰山南部整体较为活泼的山水景观氛围，所以岱阳后来成为文化景观相对集中的区域。

一、三收三放，峰回路转

岱阳中部与岱顶的山势是相连接的，从山脚到山顶，山水景观经历了多次收放转折，天然形成了一条峰回路转的线路。这条线路主要包括三收三放，每一收每一放又各有其景观特点，中间亦有转折连接。

自下而上望向岱顶，在红门区域整个南侧的中路直到岱顶的景观可被人尽收眼底，这是第一放。然后，山势一折，经过小洞天。小洞天西边有高耸的山崖，山间树林又很茂密，将视线进行遮挡，这是第一收。再一折，经过桃源峪、龙泉峰、经石峪，这一部分景观与中溪有所穿插，形成了一些水景。从桃源峪寻溪而上经过龙泉峰百丈飞瀑的景观，到达一个较为平整、开阔的巨大的石斜坡——经石峪，景色逐渐开阔起来，这是第二放。再一折，经过歇马崖、回马岭，逐渐陡峻盘桓曲折，重峦叠嶂又多沟壑，这是第二收。再向上为黄岘岭，虽树木茂盛，但较为平坦，抬头向上可观望诸山峰。从黄岘岭至快活三里区域，视线又逐渐开阔起来，可以遥望对松山、扇子崖等景观，这片区域为第三放。再向南为小龙峪、御帐坪区域，虽然两侧也是山崖林立，特别是御帐坪区域，南有百丈崖，北有深涧，但区域内平坦、景色秀美，节奏较为缓和。御帐坪前面横亘着拦住山，拦住山像天然的照壁一样，遮挡着最后的精彩景观。经过这个过渡区域后，绕过拦住山，最后经过对松山、大龙峪、石壁峪逐渐收紧，空间越发紧凑，接岱顶南天门区域的景观，这是第三收。第三收的紧张局促之后，直接接岱顶开阔的视线景观，使得本来就"一览众山小"的视线更加开阔。

一放可仰望全山，二放可在半山腰仰望十八盘，三放可仰望岱顶；从一收到三收也是从下到上越收越急，景色越来越险峻。三收三放中间还穿插了拦住山这种过渡的景观，不用刻意安排登山线路，亦不用安排景观，便有天然的观赏节奏。所以这里被选为最主要的登山线路是非常合情合理的。

二、风清疏朗，景色各异

相比于中部的峰回路转，岱阳东部和岱阳西部因山峰排列没有那么紧凑且多山涧、山峪景观，所以景色更加开阔疏朗。岱阳东部与西部各有一串风光秀丽的山涧山峪景观。岱阳东部山峰多拔地而起，集中在其北侧，所以山涧山峪带自东溪山而下，在山峰下形成了一串小的涧峪景观，山峰集中在北侧，涧峪景观集中在南侧，且在山岭区域多分流。岱阳西部整体为较为密集的山岭，山岭中隐有山涧山峪，而在其南部，山峰山势突然打开形成了黑龙潭、白龙池、大峪等较为开阔的景观。这种区别使得岱阳东西部各有其特色。

岱阳东部体量最大的山体为东溪山，又名延坡岭。东溪山本来是绵延横卧的山体，但由于被积土覆盖形成了较为平坦的地形。泰山为石山，在海拔较高处有一片土壤，为许多植物提供了生长条件。东溪山西北有松岩、马鞍山，松岩松树丛生，山体形状好似莲花；马鞍山双峰挺立，形似马鞍，以绵延的石嶂与岱顶相连。东溪山南部有摩天岭、屏风岩。岱阳东部的下部的山势较为平坦，在摩天岭处突然拔起一座山峰，巍峨独立；屏风岩山体参差排列，远看如屏风一般。东溪山西南部有鹁鸽岩，这里有许多野鸟的巢穴。

群山围列四周，山峰上的泉水、溪水也就都汇集于这里，所以这里成为东溪的发源地。这样东溪山就形成了艾峪、栗子峪这种植物茂盛、群峰环绕、众水注入、宛如江南的清秀景观。东溪山下有回龙峪、卧龙峪、水牛埠、蚕滋峪、王老峪、水泉峪、椒子峪等众多山峪，因而岱阳形成了一派植物丰茂、山清水秀的景观，有江南的秀丽风格。

岱阳西部偏东北侧，列有三尖山、五陀岩、红叶岭、石猴山、鸡埘岭、丹穴岭、凤凰山、凌汉峰、振铎岭等。岱阳西部偏西南有傲徕山、百丈崖等。沿振铎岭、云头埠、红叶岭一线，山势较为平缓，反而傲徕山与百丈崖拔地而起，这就形成了西南险峻，而东北平缓的山体走向；以岱顶方向为内的话，就形成了外陡内缓的山势。山岭之间夹有仙趾峪、马蹄湾、竹林西河、八里沟、碧油湾、黑虎峪、投书涧、香水峪等众水，分别汇入西溪之中，逐渐向南流。所以，岱阳西部区域整体感觉比较缓和，处于山环水绕之中，南部一块是由山体相夹而成的谷地，北为傲徕山，西为百丈崖，东为凌汉峰。百丈崖上的泉水泻入这里形成白龙池和黑龙潭，此处最能体现岱阳西部山环水绕的格局。

这里不仅有清澈的池水，而且傲徕山的美景在这里完全展现。傲徕山山体瘦削凌厉，呈四射之状，像芙蓉花开的样子。山上有形态如狮子的狮子峰、陡峻的扇子崖以及好似两位神仙在相对而立的仙影崖。谷地继续向南延伸，到达大峪，白龙池的水与西溪的水都注入这里。岱阳西整体较为平缓，被傲徕山与百丈崖拥入泰山之中。这里水源丰富清澈，并且有奇峰作为背景，形成了大气清爽的景观风格。

三、寻山而上，各具特色

寻山而上的位置各有特色。有可以望向山顶的开阔视野的地点，包括红门——天门景观区域、快活三里区域、对松山区域，还有经石峪这种天然形成的有溪水流过的巨石斜坡，以及隐藏于水帘中的水帘洞；有独特的小气候景观，如夏日多云的云岩、云雾缭绕的云头埠；又有巨大的天然石洞朝阳洞，洞内有泉水和钟乳石景观；有形态各异的山峰，如凤凰山、屏风岩、傲徕山、石猴山等，亦有丹穴岭、黄岘岭，它们分别以赭石与黄土为特点，有被乾隆题字于崖壁之上的山峰，还不乏振铎岭这种以谷间清脆响声为特点的山峰。

以奇石小景为山路增加特色与景观细节的有：醉心石、鹰石、试剑石、龙文石、飞来石、望驾石、肝华石、笔架石、剑匣石、仙影石等。小洞天的密林中有醉心石，其呈圆柱体状又有同心圆纹路；鹰石形态像鹰；望驾石的形态好像一个人在躬背作揖；飞来石据传是天上飞落的石头；试剑石是天然形成的一分为二的石壁；肝华石为一块天然的紫色大石；龙文石有像龙一样的天然纹理；笔架石形态如同笔架；剑匣石与仙影石为一组山石，剑匣石为天然形成的一块长方形石头，形状像剑匣，旁边有一块石头，好像有人拿着剑坐在石头上，名为仙影石，二者前方有一巨石，中间好像被剑劈开。这些奇石小景不胜枚举，都给泰山景观增加了许多情趣。

四、竹苞松茂，物华天宝

植物景观是山体灵秀的外衣，泰山南部阳光充足且水土丰裕，形成了丰富的植物景观。以植物景观取胜的有：桃源峪、对松山、松岩、黄岘岭、杏山、红叶岭。桃源峪中樱桃树与竹子茂盛，景色好像《桃花源记》中的桃花源，所以得名"桃源峪"。对松山双峰夹谷，山风高耸且松树高大，穿过两山之间可以直接看到岱顶，所以有人称其为南天门外第一胜景。松岩不仅松树盘根错节，而且山洞众多、毗邻互通，洞内还有灵芝。岱阳东部与西部山体植物茂盛。小洞天植物景观遮天蔽日，别有一番风趣。黄岘岭的黄土上植物也十分丰富，通过植物观看山峰，如同从洞中观望一般。杏山漫山遍野杏花开放，宛如彩霞。红叶岭多乌桕树，秋天可在此观赏红叶。椒山、艾峪、栗子峪等景观也分别因各种植物茂盛而得名。

五、高低缓急，山水相映

泰山诸山峰与水的关系也是各具风采。山峰与水的关系自上而下是一直在变化的，形成动静结合、具有韵律感的水景景观线路。

南天门以下，首先有大龙口的泉水从石缝中喷薄而出，而后经过石壁峪，在其下部有山崖围成的大龙峪，众多山顶的溪水在这里汇合，好像有水源源不断地注入缸中。大龙峪山涧底部裂开一条缝，形成一条小溪，终年有水，之后流经百丈崖，形成百丈飞瀑，蔚为壮观。之后此水流经小龙峪与拦住山下的潜龙洞、小天门区域的三叉沟相汇后流入黄西河。黄西河汇聚了大龙峪和小龙峪的溪水，经过黄岘岭向西流入石猴山，汇集成西溪。黄岘岭中谷水涌流，汇为大直沟，是中溪的发源地。东部马鞍山山顶凹处亦有泉水流出，从山上盘旋而下，被人称为悬淙。悬淙的水流入双沟，形成上有瀑布，下有两道沟水相夹的清秀景观。双沟的水流经延坡岭，加上其他从山上流下来的水，在延坡岭处汇集后，形成东溪。石猴山又名西溪山，黄岘岭又名中溪山，延坡岭又名东溪山。

之后，东溪经艾峪和栗子峪，下延坡岭，后在屏风岩处被一分为二。其一路向东南流，仍为东溪；另一路向西南流，与黄岘岭中流出的中溪合流。水帘泉的泉水在歇马崖流下高山形成水帘，水帘中还有一个若隐若现的山洞，这条溪水亦汇于中溪之中。而岱阳西部仙趾峪、八里沟、黑虎峪、投书洞、香水峪中的水则分别汇于西溪中。

分流后的东溪经金牛湾、东椒山、西椒山之间，出小津口流入蚕滋峪，再流入水泉峪。中溪流经龙泉峰，与流入经石峪的龙泉相汇，一起流经桃源峪形成清秀的谷水景观。流经桃源峪后，中溪绕小洞天西边山崖下的沟壑，最后至红门区域绕山而走，汇入梳洗河后，再汇入汶水之中。岱阳西部东百丈崖下有天绅泉，泉水倾泻注入黑龙潭。西百丈崖上的水帘泉形成瀑布，注入白龙池中。白龙池水与西溪在大峪汇合，溪水向东流去，流入漷河。

除了最主要的三条溪水以外，泰山泉水丰富，还不断有龙泉、玉液泉、福泉以及其他没有名字的泉水等涌出。其中不乏小龙峪泉水这种从两块像龙嘴张开一样的石头中流出，很有情趣。

第三节　岱阴山水：群山交错，水幽松茂

岱顶景观壮丽开阔，岱阳东部、西部景观整体较为疏朗清丽，岱阳中部景观则峰回路转，大气与秀丽兼备。而岱阴景观与岱顶、岱阳的景观均不相同，整体感觉更加幽深婉转。形成这种整体感觉的原因主要有四点：其一，岱阴位于泰山的背面，大量的阳光被阻挡，所以更加幽暗；其二，岱阴被群山环绕；其三，岱阴峪、谷、涧众多，其源头隐于山中，增加了深远的感觉，在背阴处溪水更是越发清凉；其四，岱阴有许多让人感觉到神秘的景观，为其增添了幽深之感。

一、群峰紧绕，犬牙交错

岱顶景观群峰立于西北，东南方平坦开阔，游人可于此远眺。岱阳中部景观有丰富的景观节奏，岱阳东部南高北低、西高东低的趋势十分明显。岱阳西部虽然有傲徕山、百丈崖等山峰在西南围合，但总体来说，山峰较少且较为缓和，视线也是较为开阔的，除了傲徕山与百丈崖，其他山峰南高北低、东高西低的趋势较为明显，山峰的排布也较为有规律。总的来说，岱顶、岱阳各个部分的山形走势都是比较明确的，有些位置即使走势并不太明显，山体与山体之间距离也较远，不太影响视野，仍令人感受到开阔。

岱阴部分山峰众多，且山峰排布比较紧凑，山、峰、岭等拔地而起，较为险峻的山体众多，而坡、岩、坪等地势缓和的山峰较少，于是形成了山峰林立，如同犬牙交错一般的山体景观特点。岱阴的山形走势基本上是南高北低。岱阴东部的位置，九龙冈、坳山、天空山、摩云岭连成一线，其为山体走势最为明显的部分。岱阴其他部分的山体走势并不那么明显，特别是沿东西方向的山势，更有返倒山这类明显山势逆行的山体，明月嶂、长城岭这类横亘阻绝山势的山体，九折阪这类山势蜿蜒曲折深奥险峻的山体，以及转山这种山形螺旋回转的山体。

岱阴本来就属于泰山的背阳面，南高北低，东西两侧再有高大险峻的山体遮挡，加之山体紧凑，人们在山中行走时，自然就会看到一幅幽暗的景象。这样的自然山水条件和其背阴的位置，是岱阴景观显得清幽安静的最主要原因。

二、峪水清幽，松树茂盛

相比于岱阳区域，岱阴区域较为安静的峪、涧、谷水众多，而瀑布较少。加上山峰紧凑，山势逆行等因素，围合出了许多幽深清冷的水景。

摩云岭与天空山之间有乱石沟，沟水向东流汇入洗鹤湾，到达天烛山下的溪里峪。乱石沟被摩云岭与天空山相夹，洗鹤湾被双凤岭与天空山相夹，两岸均是十分陡峻。其后到达溪里峪，也是被天烛山、泰山分水岭、谷山等围合，形成一处较为安静的空间。在天烛山北的旋螺峪，水流入滮碌峪。旋螺峪位于九龙冈与磨山之间，滮碌峪也是四面环山，西南为黑山，南部为大岘山，西北部为谷山，西部为观星岭。冰牢峪与佛峪的水汇于天井。冰牢峪位于明月嶂东北，被四面山峰相夹，佛峪位于返倒山南部，恩谷岭莲花峰北部，谷中有深壑，晴天时就有叮叮咚咚的水声，下雨时更是声音巨大，回荡于山谷之中。仙源岭下又有津拱河，河岸也是十分陡峻，下雨时河水拍击河岸，发出如同刀斧的声音。这些岱阴的主要水流均处于两山相夹或三面、四面环山的环境中，因而形成了许多清冷异常的水与水景。

岱阴的整体环境较为幽冷，除了与这些水体的清冷有关外，也受到岱阴多松树的影响。岱阴环境非常适合松树的生长，所以有很多盘根错节遮天蔽日的巨大古松。例如，后石屋天空山松树遮天蔽日，洗鹤湾上有苍松横卧，双凤岭松树生长得也十分茂盛，谷山顶有一株松树特别茂盛，被称为定南针。这些松树枝繁叶茂且为常绿植物，所以更加增添了岱阴诸水的清冷之感。

三、冰牢深深，孤山诡谲

岱阴虽然不如岱阳开阔，但大部分景观只是感觉较为幽深，称得上诡谲阴森又最为神秘的，就是冰牢峪与孤山了。

冰牢峪位于明月嶂东北，有大冰牢峪与小冰牢峪之分。小冰牢峪又有凌冰洞、天牢的名称，大冰牢峪又名冰穿，峪水向东流入冰洞，再流入天井，不见其尾。大冰牢峪、小冰牢峪均是四面环山的深峻幽谷，终年寒冷，不见天日。大冰牢峪、小冰牢峪的峪水在冬天结冰，因为四面山峰夹逼，形成了阴冷的环境，即使盛夏冰也不会全部融化，十分像冰封的牢房，"冰牢"的名字就源于此。一座冰牢峪就已经阴森幽暗了，更遑论大冰牢峪与小冰牢峪连在一起，中间隔的是悬崖断削的半边山，因而整体景观十分恐怖。

孤山位于明月嶂西南，背靠岱顶，被明月嶂、鹰窝崖、头陀岭等山峰环绕，虽也是一座山峰，但受其所处位置影响，即使没有云彩的时候，山峰也是阴森的。

除了冰牢峪与孤山，岱阴还有整个泰山最大、最为深邃的峪水——猴愁峪，以及河岸高峻、水声巨大的佛峪和津拱河，还有悬崖倒垂、十分险峻的笔架山等。这些景观都使得本来如迷宫一般的山势和幽深的水景更显神秘与刺激，使得岱阴与岱阳的感觉更加不同。

四、世外桃源，清静之地

岱阴整体景观是较为静谧的，除了幽深的景观之外，也有宛如仙境的世外桃源——上桃峪与桃花峪一线。

上桃峪是桃花峪的上游，位于西天门以下，也是北汶河的源头。上桃峪峪水充足，海拔较高，虽周围也有山峰遮挡，但山峰间隔较大，且较为矮小，所以视野比较开阔，景色较为明朗。上桃峪中有混源池。混源池池水平静，池周围的石头均为黛色，只有中间是白色的，好像一枚圆月倒映在水里，又好像圆形的灵镜。池中间还有一石挺立，如有一君子立于池中，所以名为君子峰。在西天门外，混源池这番天然的景象灵秀清爽，好像仙境一般。无独有偶，九龙冈上有鉴池，水很清而且平静，所以又名玉女洗头盆。

桃花峪位于秋千山、中军坪南，来自山上的泉水在这里汇合。这里桃花众多，落花时节好像下起红色的雨，所以又名红雨川。桃花峪内有大养鱼池、小养鱼池。这里幽静开阔，山花烂漫，桃花伴水，呈现出一派绚丽又祥和的景象。元代道人张志纯有诗描写桃花峪："流水来天洞，人间一脉通。桃源知不远，浮出落花红。"[①]岱阴景观多、幽暗深邃，从泰安城的位置寻汶水到桃花峪，需要经过一段高山峡谷，到达桃花峪后豁然开朗，这与陶渊明《桃花源记》中的描述十分相似。因而，桃花峪可以称得上是世外桃源。

除了上桃峪与桃花峪一线，位于十字峰西北的青岚岭上还有丁香峪。青岚岭上不仅丁香花繁茂，更有独特的光学现象，会出现佛头青。在一些传说中，丁香即为佛教的菩提树。青岚岭具有独特的"佛性"也为岱阴景观增加了几分祥和清静。

第四节　周边群山：众星拱月，景色神奇

一、众山皆小，泰山自大

五岳各自的特点分别为雄、秀、险、奇、奥，其中，泰山的特点为雄。泰山主山的雄伟与周边群山的衬托脱不开关系。泰山周边群山的特点是体量都较小，

---

① （清）朱孝纯．泰山图志 [M]．济南：山东人民出版社，2019．

而且山势绵延或圆润，这样就与泰山拔地而起的山势形成了鲜明的对比。特别是泰山主山山势最为雄壮的东侧与南侧，40里内基本上是平原地形，只有蒿里山、社首山、辞香岭，是十分低矮的山体；50里左右处的介石山、亭亭山、云云山、石闾山也同样十分矮小。自古以来，自泰山上登高望远是文人墨客游览泰山时的必做之事。自高山眺望开阔景观，游人登山最大的乐趣之一。例如，虽然昆明的西山并不是特别宏伟，但游人能在此眺望滇池的景观，无疑为景观增色不少。泰山主山虽然拥有壮丽景色，但从各种古代诗词中也可以看出，登高远眺周边群山的魅力是不逊于其自身景观的。泰山周边群山是泰山因借的重要景观，如果缺少了可以因借的重要周边环境，山岳景观就会大打折扣。并且，由于这些山体较为矮小，加强了从泰山上向南望下来时"一览众山小"的感受。

泰山东侧、东南侧距离泰山较近的山体中，只有徂徕山海拔较高，但是徂徕山沿东西向呈绵延之势，山体与周边过渡比泰山缓和，并没有高大、挺拔的感觉。新甫山距离更远且呈绵延之势。这两座山体的山势与泰山东侧、东南侧山势形成了强烈的对比，更加衬托了泰山山势的挺拔之感。

除了衬托之外，泰山周边群山对泰山主山来说也是一种辅助。位于泰山其他方位的长山、昆瑞山、梁父山、肃然山、灵岩同样山势绵延，而且环绕在泰山的左右和背后，成为泰山的底座和支撑。这使泰山背后有所依靠、有所延伸，使得泰山不至于成为一座孤山。孔子的《丘陵歌》中所说的"梁父回连"，描述的就是泰山周边山脉相连相辅的景观。有了"梁父回连"的景观，泰山就能稳稳地立于中原大地之上，成语"稳如泰山"正是形容这种气势。南侧、东南侧挺拔巍峨，其余方位稳坐平原之上，泰山的雄伟自此体现。

此外，从风水角度来看，徂徕山为泰山案山，肃然山、布山分别为两旁青龙、白虎护山，灵岩在南为祖山；又有五汶合流，水体充盈。风水佳穴实际上是描述一种小气候优越的山水条件，是古人的一种经验总结。泰山周边群山也是泰山区域小气候形成的重要因素。

泰山周边群山与泰山主山共同组成了一种从平原上拔地而起的气势，这使得泰山显得异常雄伟。这种巨大的体量对比、天然的远眺平台再加上群山走势，才是泰山区域景观的整体风貌。这种"登泰山而小天下"的雄伟区域景观，是泰山能作为五岳之首被崇拜的基础之一，也是"泰山之大""泰山龙脉论"可以形成的基础。

二、取景避喧，环境优美

泰山周边群山虽然山形山势没有泰山的雄伟，但也有自身的特色。

新甫山与陶山分别位于泰山东侧偏南与西侧，两座的山水都可以用奇特来形容，这些山体特殊的形态增加了它们的神秘感。新甫山由九峰组成，像莲花一般。中间一峰高耸，其余八座山峰环绕四周，正好以八索的形态对应八卦的方位，这种巧合非常神奇，刚好符合坎位高、离位明、震下空、兑上缺，可谓大自然的鬼斧神工。游人站在山顶俯视周围如同俯瞰八索环绕，从泰山也刚好可以俯瞰到新甫山神奇的景色。

陶山山体有二崦、三十六峰、七十二洞。陶山山形独特，主山位于正中，山体为方形。其主山南有两崦，与主山正好形成山洞状。陶山的地质也十分特殊，多幽暗、奇形怪样的山洞，其中还有溶洞。陶山山峰形态各异，悬崖瀑布、深沟幽谷兼具。陶山上还有许多奇石，造型各异。这样独特而神秘的景观，使得陶山虽然是泰山周边体量不大的一座山体，但也成为道家"七十二福地"之一。因其特殊的山形、构造，使得陶山在道教中获得了较高的地位。

灵岩位于泰山主山西北部，最高峰四面方，上部平坦，为天然形成的方形山体，其南侧有天然形成的石龛状石窟。灵岩山上松树、柏树生长茂盛。其中间围成一个大山谷，出入口为灵岩西部的山口，以此形成一个四面环山，背靠石印、佛龛，松柏茂盛的幽静山谷。如果说陶山与新甫山的天然风光符合道家的一些哲学理论，那么灵岩的天然风光就是颇具佛性的。

徂徕山是泰山周边群山中最高的、体量最大的山，如案几一般坐落于泰山南。徂徕山中亦有优美的谷水山景，有时感觉其与泰山岱阳西的一些谷水山景无异，所以也有小泰山之称。但是，徂徕山的位置不似泰山重要。泰山香火鼎盛、游人众多，而徂徕山环境优美、远离喧嚣，形成了世外桃源般的景象。蒿里山、社首山在泰山脚下，几乎位于泰山正南方。南有泰山，北有徂徕山，人们站在蒿里山或社首山山顶有被群山环绕之感。

第五节　小　　结

通过"相地"，本书对泰山主山的山水进行了梳理总结，形成了对泰山山水景观特征整体的认识，发现泰山各个部分的山形、山势和特点有所不同。岱顶以群峰簇拥的仙境以及视线景观取胜，其特点为：群峰簇拥，仙境自成；高低陡峻，各有千秋；奇石山洞，平添情趣；泉水发源，钟灵毓秀；远近四方，皆可瞻景。岱阳景观因为有清晰的山势，所以形成拔地而起的大气景观，峰回路转，也有许多清丽秀美的景观节点，其特点为：三收三放，峰回路转；风清疏朗，景色各异；寻山而上，各具特色；竹苞松茂，物华天宝；高低缓急，山水相映。岱阴景色则最为幽深，其特点为：群峰紧绕，犬牙交错；峪水清幽，松树茂盛；冰牢深深，孤山诡谲；世外桃源，清静之地。

如果将岱顶、岱阳、岱阴的山水以二字概括就是：岱顶为胜境，岱阳为大景，岱阴为幽景。而这几个部分共同的特点就是都有丰富的奇石、山洞、水体、植物、景观，每个区域都有一些奇景。这几个部分之间没有明确的界限，也是相互融合过渡，还可以相互借景，形成了一个多样的山水景观体系。泰山山水的风景园林价值，正是体现于此。

所谓"独木不林"，泰山周边群山围绕着泰山主山的核心景观，形成了泰山区域的景观。其中，泰山南侧、东南侧山势最为明显，有拔地而起的气势，与周边山体形成明显的体量和山势的对比。其西南侧由于百丈崖与傲徕山像照壁一样的遮挡，显得婉约了一些。其余方位山势较为不明显，与周边群山藕断丝连。周边群山如同底座一样，使泰山虽然南部山势险峻，却仍稳坐神州大地，同时形成了一条大的脉络，向东北方位延伸，这就是古人说的泰山一脉磅礴入海，为泰山景观的延伸提供了空间。蒿里山、社首山、亭亭山、云云山等一些矮小的山体，也衬托了泰山拔地而起的气势。同时，泰山周边群山与泰山主山相比，环境更加安静，而且有天然形成的奇妙山形。

自古以来，泰山风景园林就是依托于这种景观骨架进行构建的，正因为有这样的山水形胜特点，才有了泰山丰富多样的文化景观。

第六章　泰山文化景观历史源流

泰山文化景观历史悠久且错综复杂，大致可以分为三个阶段，包括先秦泰山景观初现、秦汉景观骨架形成、魏晋南北朝至明清的景观繁荣。这是基于泰山的自然山水构架以及不同时期泰山的经济和文化发展差异所形成的。

这个历史阶段划分总体上与泰山的历史一致。关于泰山历史发展梳理的文献并不多见，周郢（2005）将泰山历史文化的发展时期分为五个时期——"政治山""宗教山""文化山""民俗山""精神山"，大致展现了泰山历史文化发展的趋势。这里的五个时期并非指泰山在这个历史时期仅有这一项文化特征，而是指泰山的这项文化特征主要在这个时期发源或者得以彰显，此文化特征是这个时期泰山的主要文化特征。而泰山的经济状况则受到了战乱、奴隶社会到封建社会整体经济发展，以及中国疆域的变化、都城位置变化等因素导致的经济重心的转移所影响。

泰山的文化景观自东夷族形成时就存在了，在先秦时期已有道路框架。秦汉时期随着封禅活动的进行，泰山景观开始进入了发展较为迅速的时期。两晋、隋、唐时期，由于封禅的继续、道教的发展、佛教的传入等因素，泰山景观呈现出繁荣的局面。但在元代，泰山景观遭遇了空前的灾难。到了明、清时期，泰山虽然已经不再是经济繁荣的地区，但其景观质的改变较小。本书以先秦、秦汉、秦汉以后的封建社会为时期划分，对泰山古代的文化景观进行梳理，再对泰山景观的现状进行梳理，将泰山区域文化景观从古到今发展的脉络厘清。

第一节　先秦时期

泰山历史悠久，对泰山的大山崇拜和大山祭祀在古东夷族形成时就已有之。先秦时期，泰山已经成为祭祀圣地，但对于泰山景观的描述多现于《山海经》等古代文献中，且描述的多为自然景观，有关文化景观的记录较少。先秦是泰山景观的起源时期，也是泰山景观框架的生成时期，十分具有研究价值。关于先秦泰山景观的记录虽较少，但也并非无从考证。对于先秦泰山景观的考证，可以从《尧典》《舜典》《尸子》等先秦文献中查阅到相关记载，但由于这些文献都曾经遗失过，许多内容为后人的编纂，所以在考证时要更加谨慎。此外，在《周礼·考工记》《史记》《汉书》等更加权威的后世文献中，也可以找到先秦景观的一些记录，或者可以通过一些记载去推断先秦景观的风貌。

一、先秦泰山祭祀

根据《管子·封禅篇》中的描述："古者封泰山禅梁父者七十二家，而夷吾所记者十有二焉。"① 七十二为九的倍数，在中国古代有特殊意义，所以这里的七十二位帝王应该是虚指。而《管子·封禅篇》中紧接着列举了十二位帝王在泰山封禅："昔无怀氏封泰山，禅云云；伏羲封泰山，禅云云；神农封泰山，禅云云；炎帝封泰山，禅云云；黄帝封泰山，禅亭亭；颛顼封泰山，禅云云；帝喾封泰山，禅云云；尧封泰山，禅云云；舜封泰山，禅云云；禹封泰山，禅会稽；汤封泰山，禅云云；周成王封泰山，禅社首。"② 这十二位帝王可能曾经在泰山封禅过。

但是，周朝以前还没有礼乐制度，祭祀方式为柴望——通过面对大山烧柴的方式，向上天传达自己的愿望。这种祭祀方式较为简单，可能只是一个祭典过程，即使没有设立相应祭坛、祭祀建筑也是很有可能进行的。根据《史记》记载，春秋末期孔子曾亲上泰山，考察封禅礼仪，并未有所收获。这只能说明在春秋时期，孔子上泰山考证时是没有祭祀景观留下的。在孔子时期，鲁国已经被三桓控制，属于礼崩乐坏的时期，封禅事宜应当已经懈怠多年。用于祭祀的建筑、礼器以及有关记录，也很有可能是在这个时期被损毁的。之后《史记·封禅书》中的描述印证了先秦泰山之上没有祭祀建筑。秦始皇登位三年，带七十儒生封禅泰山。诸儒生建议："古者封禅为蒲车，恶伤山之土石草木；埽地而祭，席用菹秸，言其易遵也。"③ 儒生告劝秦始皇，先秦诸王封禅的时候为避免损伤泰山的草木，用蒲车代替普通的车。并且，当时没有专用的祭祀建筑，而是扫干净一块平地就作为祭祀的场地。通过孔子的无功而返，以及秦始皇时期儒生的进言，可以推测出，先秦时期泰山山上并没有祭祀建筑。

---

① （唐）房玄龄注；（明）刘绩补注；刘晓艺校点. 管子 [M]. 上海：上海古籍出版社，2015.
② 同①.
③ 司马迁. 史记 [M]. 天津：天津古籍出版社，2019.

二、周明堂

明堂应该是目前泰山区域内可以考证的最早的祭祀建筑，北京的天坛祈年殿是现存唯一的明堂建筑。明堂的作用有许多，各朝各代的说法都不同。但是，总体来说，明堂是帝王的"布政之宫"，是古代帝王宣明正教，接受朝拜的地方。朝会、祭祀、庆赏、选士、教学等各种大典都在明堂中进行。《孟子·梁惠王下》中描述明堂为"王者之堂也"。《礼记》中对明堂含义的阐述为"明堂也者，明诸侯之尊卑也"①。可见明堂在礼制之中的地位之高，泰山明堂也是泰山古代地位的重要象征。

明萧协中《泰山小史》载："周明堂在岳之东北，山峪连属四十余里，今遗址尚存。"②1921 年在这个位置出土的明堂文物，也印证了此说法的准确性。《史记·孝武本纪》记载："泰山东北址古时有明堂处，处险不敞……济南人公玉带上黄帝时明堂图。明堂图中有一殿，四面无壁，以茅盖，通水，圜宫垣为复道，上有楼，从西南入，名曰昆仑，天子从之入，以拜祠上帝焉。"③黄帝明堂一说，主要来自汉武帝封禅的相关记载。通过《史记》的记载可以看出，西汉时期泰山东北处有明堂遗址，但其为周明堂，还是黄帝明堂，太史公并没有断言。

虽然历史上存在有关黄帝明堂的记载，但是实际上并没有足够的证据证明黄帝时期泰山存在明堂。诸多历史文献中记载的该遗迹所指的为周明堂，是可以被证明存在的泰山第一座明堂。其位于大津口明家滩处，地址较为隐蔽幽静，群峰环绕，树木葱郁，并有河水萦绕交流。明家滩在泰山东南侧下部，而且环境适合人类进行活动。人们在这里繁衍生息，建立了大津口村。根据《岱览》的记载，周明堂是周天子巡守时接受诸侯朝拜的地方。田氏代齐后，曾经因为其为礼乐制度的代表，试图毁掉这座明堂。

严承飞等学者认为，明家滩难以到达，所以周天子没有必要在这里建立明堂，而且明堂应当以茅草作为屋顶，但出土文物中有瓦，因此质疑周明堂是否真的存在。但实际上，明家滩虽然位置隐蔽，但地势平坦，适合建筑，而且环境幽静，举办仪式时不会被打扰，其所处位置并不险峻。有关位置险峻的说法来源于汉武帝时期的记载，有可能是汉武帝对其位置不满，想要在更为明显的位置建立明堂，为了更换明堂位置的一种夸张说法。而瓦最早出现于西周早期，以周明堂的形制之高，完全可以使用瓦来建造。明堂屋顶为茅草的说法，来自汉武帝时期公玉带

---

① （西汉）戴圣编著；张博编译. 礼记 [M]. 沈阳：万卷出版公司，2019.
② （明）萧协中，赵新儒校注. 泰山小史 不分卷附录 1 卷 [M]. 泰山赵氏，1932.
③ 农梅珍编注. 史记上. 天津：天津古籍出版社，2019.

献上的《黄帝明堂图》。此图为汉朝建立明堂的依据，但是并不是周朝明堂的依据。周明堂不仅有出土文物可以证明其存在，《史记》《孟子》等参考性很强的文献皆提及周明堂，亦可以作为佐证。《孟子》中齐宣王与孟子的谈话内容中非常明确的提及了明堂："人皆谓我毁明堂，毁诸已乎？"①这段话是齐占领了鲁地后说的。齐宣王所指的原鲁地中的明堂，即泰山的周明堂。周明堂目前只有遗址和出土文物，并没有有关其形制的记载。

相传周明堂为周公或者周成王所建，目前还没有定论。关于周明堂的形制，并没有明确的记载。但从《周礼·考工记》中可以看出其大致形制。《周礼·考工记》中记载："周人明堂，度九尺之筵，东西九筵，南北七筵，五室。凡室二筵。"②筵指的是席子，在《周礼·考工记》中指的是以席子为度量换算单位（一筵约为九尺）。所以根据《周礼·考工记》，记载周朝明堂的形制应当为：东西长九筵，南北宽七筵，有五室，每室长宽均为二筵。《周礼·考工记》中所记载的明堂不一定是泰山的明堂。也有说法认为泰山周明堂只是祭坛，并不是真正的明堂建筑。但是，根据记载，泰山明堂是天子巡守时接受诸侯觐见的地方，而并非祭天的地方，所以祭坛说也并不可靠。

除了《周礼·考工记》以外，根据《仪礼·觐礼》中的描述："诸侯觐于天子，为宫方三百步，四门，坛十有二寻、深四尺，加方明于其上。方明者，木也，方四尺，设六色，东方青，南方赤，西方白，北方黑，上玄，下黄。设六玉，上圭，下璧，南方璋，西方琥，北方璜，东方圭……礼山川丘陵于西门外。"③这是目前最为可靠的明堂形制记载。根据记载，泰山周明堂是长宽合今约 41.4 米"的方形建筑，四面有门，并且有长度约为 19.2 米，深四尺的祭坛。这种记载具有很高的可信度。首先《仪礼》是比较可靠翔实的古代文献。其次，这里指出了这是诸侯觐见天子的明堂，而且有"礼山川丘陵于西门外"的描述，所以有很大可能性是指的泰山明堂。如果这种记载属实，确定周明堂建筑中也有坛的形式，那么后世将明堂误解为坛也有可能是由此而来。另外，如果当时的礼制是"礼山川丘陵于西门外"，即从西门出明堂朝拜泰山，那么将明堂选择在泰山的东侧就更加合理。

总的来说，先秦时期泰山东北部山脚下应设有明堂。《尸子》中有这样的描述："泰山之中，有神房阿阁帝王录"④。不仅描述泰山地区可能就有用来存放祭祀资料——帝王录——的建筑，还指出建筑形制为阿阁，即四面有檐溜的楼阁。这

① 王瑞．孟子 [M]．成都：四川人民出版社，2019.
② 万建中注释；由明智等注释．周礼 [M]．大连：大连出版社，1998.
③ 尚学峰译；许嘉璐．仪礼 [M]．南京：江苏人民出版社，2019.
④ （战国）尸佼著；李守奎，李轶译注．尸子译注 [M]．哈尔滨：黑龙江人民出版社，2003.

与明堂的形制有相似之处。但其真实性还有待考证①。这个建筑也有可能指的就是周明堂。后世明堂的形制大多是四面有檐溜的楼阁。而且明堂作为古代帝王宣明政教的地方，很有可能承担存放封禅的记载史料的任务。

三、先秦泰山登山线路

虽然没有祭祀建筑的记载，但是后世帝王封禅上山的山路，应当在先秦时期就已经被开辟。通过《史记·封禅书》对秦始皇封禅泰山的描述可以考察出一些端倪。《史记》中记载秦始皇修复了上山和下山的车道，从泰山南部登上山顶封天，又从北部下山禅地。虽然具体的细节并未被详细记录，但可以看出秦始皇只是修复了上山和下山的车道，并不是新建，说明这个车道在先秦就已经修筑。

此外，关于这条线路具体是怎样安排的，可以参考马第伯的《封禅仪记》中的记载。《封禅仪记》著于公元1世纪中期，是中国现存可考的最早的游记。由于秦始皇使用的是先人上山的道路进行封禅，而汉武帝封禅时的路线为泰山的东边，亦没有重修南部中路景观线路，所以泰山南侧中路景观线路应当没有改变过。下一位封禅泰山的帝王就是东汉的光武帝。马第伯作为先行官考察封禅的路线，他考察的路线应当是与先秦路线一致的。

《封禅仪记》中记载，马第伯一行人先骑马上山，到了山路陡峭的地方就牵着马走，就这样，到了中观，留下马匹；之后经过一段较为平坦的路面，向南仰望泰山，就好像从谷底仰望高峰，十分壮观。然后，他们继续向上攀登，到达了天观，以为到了山顶，问行人，才知道还有十几里的路程。这时仰望十八盘，路边的山峰十分陡峭，山峰上的岩石间生有许多松树，郁郁葱葱仿若生长在云中。之后到达南天门下方，仰望南天门，好像从穴中窥天，坡度非常陡峭，后面的人可以看到前面人的鞋底，前面人回头可以看到后面人的头顶。这份记载与泰山目前南部中路景观线的情况基本一致。目前的南部中路景观线，首先游客可以步行兼骑马，到达半山腰的中天门。中天门下有回马岭，这与马第伯一行人到达中观的记录相吻合。过中天门后，有一段较为平坦的道路，名曰快活三里。过快活三里后，即可仰望十八盘。快活三里这段路程与马第伯描述的中观过后一段较为平坦的地面仰望泰山的记录是相吻合的。之后经过御帐坪、五大夫松等，到达对松山，此处为十八盘起点。陡峭的山峰夹道而立、山石间有松树，与对松山处仰望

---

① 这个描述无其他史料辅证，且仅有这一句零碎描述，没有说明尸子是从何考证。虽然也有尸子是鲁国人的理论，亦没有提及过尸子和泰山有何关系。早于尸子200年左右的孔子，亲自上泰山考察，并无所获。其后200年鲁国日渐衰弱，礼乐制度没有发展，亦没有太大可能性重修礼制。所以200年后的尸子，对泰山的描述，并不能作为确定的依据。

十八盘的景致十分相似；继续前行登十八盘仰望南天门时道路的陡峭程度，也与现在南天门下景致无异。

汉光武帝封禅时便是经过这条道路，没有改动。之后唐高宗、唐玄宗、宋真宗封禅，都是从西边而上。南部的中路景观线没有重新改线的必要性和条件。可以说，马第伯所描述的登山线路是先秦有之的，之后一直在这条线路的基础上延续发展，是现在泰山南侧中路景观线的最初的骨架雏形。

四、春秋建筑遗址

先秦时期的泰山景观大多已经被破坏覆盖或者仅仅留有遗迹。齐长城是现在留有遗址较为完整的防御性建筑，如今仍存有城垣、关隘等建筑。齐国是中国最早修筑长城的国家。早期，泰山不仅是被崇拜的大山，春秋战国时期国家分裂，泰山也成了很重要的防御屏障。在长期频繁的战争实践中，齐人萌发了建筑不应是周围封闭式的城墙的想法，在平地筑起与障水毫不相干的高大夯筑土墙，其动机已不是为了障水，而是为了御敌。春秋时期群雄割据，齐国与鲁国大致以泰山为边界，在泰山北部与南部形成对峙之势。后来齐国国力日渐强盛，逐渐侵吞鲁国领地，最终占领了泰山。

春秋中期，齐国占领泰山后，为了在与鲁国的对峙中继续保持优势，开始在泰山北侧修建长城。根据《齐书》记载，到了战国时期"齐宣王乘山岭之上筑长城，东至海，西至济州千余里，以备楚"[①]。齐宣王为了抵御楚国的进攻，又对齐长城进行了修建。之后，秦始皇统一六国，齐长城就被废弃了。到现在泰山北部还存有约10千米长的齐长城遗迹。

齐长城的建筑充分体现了因地制宜、巧于因借的思想。泰山一段的齐长城使用的是不规则的石块进行建筑，可以看出，虽然石料没有形成统一的规格，但是为了进行堆砌，人们对石料进行了粗略的打磨。泰山岩石多为斜长片麻岩、黑云母角闪斜长片麻岩、片麻状花岗岩、花岗片麻岩和细粒角闪石岩等，质地均较为坚硬、细密。这类岩石很难被开凿，更难以被打磨成统一的规则形状。但是，因为就地取材，少了运输的烦琐步骤，石材较多、可选择性较大，所以经过精心挑选和砌筑，石材之间可以相互交叠固定，一般不用灰浆等物凝固，体现了当时建筑者的匠心。

从齐长城的遗迹中可以看出，齐长城与后来的长城一样，也具有供储存和放

---

① 司马迁. 史记中 [M]. 天津：天津古籍出版社，2019.

哨所用的城台，以及供瞭望和射箭所用的垛子。同时，齐长城与地形的结合十分紧密，对山体走势的运用十分充分。特别是泰山地区，主要运用天然的防御体系，长城只是对这个体系进行了"加工"，使士兵可以更好地驻扎。长城的构造形式十分灵活。与秦长城不同的是，因为山东地区气候较为湿润，处于低矮位置的长城还建筑有排水孔，可以更好地抵御山体形成的流水冲蚀。以当时的技术水平来看，齐长城具备较高的建筑水平，经历了 2600 多年依然存留，现在已经被列为"世界文化遗产"。泰山周围修筑有长城，也从侧面说明了泰山当时地理位置的重要性。

五、小结

由于泰山在新石器时代就在古东夷族繁衍生息的区域内，所以这里的山岳崇拜发源比较早。由于这里属于同时期经济较为活跃、人口较多的地区，所以以山岳游览很可能已经形成。结合这个背景以及后世的记载，基本可以确定此时泰山中路景观线已经出现。虽然文献没有明确记载山顶上是否有祭祀建筑，但明家滩处应有周朝帝王封禅泰山设立的明堂。此外，先秦泰山地区建有长城，其为防御性景观。总的来说，先秦泰山景观较为朴野，以自然景观为主，从功能上来说还是以实用为主。虽然这个时期泰山的地位很高，但是由于景观的发展滞后于经济的发展，泰山地区留下的文化景观并不是很多。后期泰山景观的发展也归功于这个时期打下的重要基础。

先秦时期处于诸子百家时代，道家、儒家思想都还没有明确其地位，所以先秦泰山上也没有寺庙园林。先秦泰山景观的建立主要是出于实用性，包括帝王的祭祀活动，最早是为了祈求风调雨顺，在春秋战国时期才发展为一种礼制，直到秦朝才正式拥有封禅制度。除此之外，据传，春秋末期，越国大夫范蠡归隐后在泰山区域内的陶山上生活，陶山现存有范蠡墓等园林，但其建造年代不详，不知是春秋时期的景观，还是后人为了纪念范蠡所建。

第二节　秦汉时期

秦汉是泰山景观发展的一个重要的时期，秦始皇是第一位有确切记录可证实的封禅泰山的帝王。从这时起，泰山景观的实用性逐渐减少，泰山逐渐开始以帝王祭祀景观与宗教景观为主。秦始皇灭六国，统一中原，结束了周朝 800 多年的统治，是一位改朝换代的帝王。儒家思想的礼制中讲究"正名"，名不正则言不顺。因而，为了让自己成为一个名正言顺的帝王，巩固自己的统治地位，秦始皇是古代最为重视"五德始终说"的帝王，非常重视泰山封禅。也是自这时起，帝王的泰山祭祀正式成为了最高规格的祭祀活动——封禅。泰山从此之后就拥有了第一山的地位。

对于秦汉时期泰山景观的考证，我们主要根据《史记》《汉书》等较为翔实的史料，特别是《汉书》中马第伯的《封禅仪记》中记载了许多汉光武帝时景观的风貌。秦始皇封禅虽然浩浩荡荡，但他禁止封禅有关的记录流传。根据当时的记载，仅仅可知道他征集了博士、儒生上泰山封禅，从岱阳上山，岱阴下山，而后在梁父山禅地。现今，只留有秦始皇封禅时修复了上山和下山车道的有关记载。所以，人们对秦朝的封禅园林和建筑基本是通过《封禅仪记》《汉官仪》进行考证的。

一、封禅祭坛

秦、汉古封禅台是泰山独具特色的景观。封禅分为封天和禅地两个部分，所以祭坛也分为泰山顶封天的祭坛和泰山下禅地的祭坛两个部分。秦汉时期非常注重封禅的礼制，留下了一些可以考证的封禅台资料，《史记》《汉官仪》《封禅仪记》中均有关于封禅台的描述。

可被考证的登封台，秦汉时期有三。《汉官仪》云："天门东上一里余，得封所"[①]，指的是秦汉时期登封台的位置，大约在过南天门向东走一里左右的玉皇顶。三座登封台中，其一为秦始皇封禅台，位置在今无字碑前平台附近。其二为汉武帝封禅台，根据《封禅仪记》中记载"始皇立石及阙在南方，汉武在其北。二十余步得北垂圆台"[②]，可以推断出汉武帝登封台应在今玉皇庙北部悬崖处。其三为汉光武帝的登封台，据考察应该在玉皇庙山门前后。秦始皇与汉光武帝的封禅台位置应该较近，在玉皇顶偏南的位置；汉光武帝的封禅台在秦始皇封禅台北；而汉武帝的封禅台在玉皇顶北部。

文献中并无过多对秦始皇登封台形制的记载，但可以推断出其不仅仅建立了封禅台，还在岱顶"立石及阙"。立石指的是秦始皇封禅时立下的无字碑，现在位于玉皇庙之下。这是目前较为认可的说法，但是历史学家郭沫若认为这座无字碑是汉武帝留下的。那么"立石及阙"中的"立石"应当指的是岱顶另外一块秦

---

① （汉）应劭著.汉官仪[M].北京：商务印书馆，1939.
② 马第伯.封禅仪记[M].北京：中国书店，1986.

始皇命丞相李斯立的石碑，后称为"秦泰山石刻碑"，立碑主要是为了赞颂秦始皇的功绩。后来，秦二世祭祀泰山时也命李斯在这块石碑的另一面刻上自己的功绩。现在这块秦泰山石刻碑已被发掘，存于岱庙展览，目前有 9 个字可被辨认含义。"及阙"指的是秦始皇在泰山顶建立了石阙。

关于封禅祭坛，本书将于第八章进行更为详尽的阐述。

二、汉武帝明堂

汉武帝时期的明堂有明确的记载留下来。《史记·封禅书》中记载"天子从禅还，坐明堂"[①]。汉武帝时期的明堂位于泰山东北部奉高旁，至明清仍留有遗址。汉武帝明堂兴建于汉武帝二年（前 99），其选址没有选择与周明堂相同的位置，是因为他认为周明堂四面皆环山，所处位置危险，而且不够明显，不能体现帝王的气魄。这一点也显示了汉武帝胸中有丘壑，且喜好表现的特点。

汉武帝想要封禅泰山时，曾征集明堂的形制图，于是公玉带就献上了此图，称其为黄帝明堂图。根据春秋战国时期匠人所著的《考工记》记载，明堂一说最早出现在周朝，其前身是夏朝的世室与殷商的重屋。黄帝时期可能存在如明堂一般的皇家礼制建筑，但未必叫作明堂。《史记》中所谓公玉带为汉武帝献上的黄帝明堂图，可能只是其为了博取功劳，按照皇家礼制建筑绘制出来的图样。根据《史记·孝武本纪》中的文字描述，黄帝时期明堂的大致形制应该是四面没有墙壁，屋顶为茅草覆盖。明堂四周被水环绕，环绕其四面的墙体有复道可供人通过，明堂大殿上面有楼。天子进入明堂大殿的入口位于西南方，名为昆仑道，然后在殿内祭拜上天。汉武帝以此为依据建立了明堂，虽然很难判断公玉带献上的黄帝明堂图是否为黄帝时期留下的真品，但汉武帝以及后世帝王多以此作为建造明堂的参考依据。

以黄帝明堂图作为参考，汉武帝明堂被建于汶水上，四面没有墙壁，环绕着宫墙有复道，明堂上有楼。汉武帝从西南方向进入明堂。除了汉武帝之外，汉光武帝也在这里举行了大典。

三、宗教景观起源

泰山的道教景观始建于秦汉时期。秦朝的统一不仅是国家的统一，同时也是思想的统一。中国哲学历史在此时从百家争鸣的子学时代，进入了以研究并发展

---

① 司马迁. 史记中 [M]. 天津：天津古籍出版社，2019.

前人思想为主的经学时代，儒家、道家思想逐渐成熟了起来。秦始皇和汉武帝来到泰山时都带了一些方士，并且在登上泰山之后，就向东出海寻仙问道。有了秦始皇和汉武帝对方士的宠幸，以及对道教的支持，泰山上逐渐建立起了一些道教庙宇。泰山景观不再只是有道路骨架，开始有了建筑和园林。

东汉和西汉时期，尚未有研究泰山的专著，所以有关民间设立的道观的记载很少。《太平御览》中有记载，元封二年（前109）汉武帝巡狩泰山的时候，曾经在泰山庙中种植柏树千株。《泰山图志》中也有记载绘制《汉柏图》。泰山庙即现在的岱庙，主要供奉泰山神。直到现在岱庙中仍有汉柏院，汉武帝手植柏树仍然苍劲有力。

马第伯的《封禅仪记》中记载"到天关，自以已至也。问道中人，言尚十余里"[①]。这段文字描述的是，他们到达天关后，问道观中的人还有多久到达山顶。这说明在汉光武帝时期，在天关这里就有一座道观。根据马第伯的描述，天关应为现在泰山中天门附近。

泰山庙和天关这里的道观应该是有记载的泰山最早的道观。这个时候泰山的道教神仙体系还没有建立起来，主要以祭祀泰山神为主。封禅主要是根据"五德始终说"来祭天，是祭拜自然的天。而且，玉皇庙所在的位置为秦始皇登封台，秦汉时期不存在道观。泰山香火最旺的碧霞元君祭祀，是从宋代开始的。所以，秦汉时期的道观景观仅仅是泰山宗教景观的萌芽，源于秦始皇、汉武帝对神仙方士的器重，是由他们设立的景观。

虽然也有学者认为佛教是在两汉之际传入泰山地区的，但是秦汉时期泰山地区应该还没有佛教寺庙园林。泰山区域有记载的最早的佛寺是昆瑞山的郎公寺，始建于两晋时期。没有任何记载可以说明，秦汉时期泰山上有佛教园林。

四、小结

总的来说，在秦汉时期，泰山园林有了质的发展。在这个时期，虽然泰山的整体风貌还是比较朴素的，但是比起先秦，已经开始有了人文气息。秦汉时期，泰山风景园林的发展主要依托于封禅活动。有了帝王的支持，通过秦始皇和汉武帝的浩浩荡荡的封禅活动，泰山登山的道路得到了很好的修整，游览的框架已经完全明晰，中路景观线、东部后石坞的景观线都已经确立，与现代几乎无异。道路的修整开辟为后世泰山景观的建设提供了运输条件。秦始皇与汉武帝的封禅活动为泰山带来了"神仙方士"，泰山的道教寺庙园林开始产生萌芽，这些都为后

① 马第伯. 封禅仪记 [M]. 北京：中国书店，1986.

世泰山风景园林的繁荣打下了很好的基础。

秦始皇的封禅还促使产生了泰山第一个"问名"的自然景观——"五大夫松"。据传，秦始皇登封泰山时，突降暴雨。秦始皇于一棵巨大的松树下避雨。这棵松树护驾有功，所以被封为"五大夫松"。之后的五松亭等景观也是依此而建的。"五大夫"本是秦朝官阶品名，当时被封的松树只有一株。到了唐朝，陆贽在《禁中青松》一诗中有"不羡五株封"[①]之句，误以为是五个大夫，于是后人就理解为五株松树了。明万历九年（1581），于慎行在《登泰山记》中云："松有五，雷雨坏其三。"[②]所剩两株又于万历二十三年（1595）被山洪冲走。《泰安县志》载曰："雍正八年（1730）正月内奉旨钦差大臣丁皂保补植松树五株。"[③]现存两株也有近300年树龄。

古代帝王给植物封号的逸事有许多，北京北海公园团城上的白袍大将军就是一例。五大夫松是目前记载可考的第一例。五大夫松现在是自然与文化双遗产，它的存在也可以从侧面佐证当时泰山上园林建筑稀少。所以，秦始皇虽有帝王这样高贵的身份，也逼不得已在树下躲雨。

此外，泰山周边的景观也逐渐发生变化。据说新甫山上的望仙台、汉武帝庙等也是汉武帝时期的园林和建筑，泰山区域的风景园林由此开始了全面发展的时期。

第三节　魏晋南北朝至明清时期

汉代以后泰山园林进入了曲折发展的繁荣期。两晋至宋朝可以说是泰山寺庙园林发展最快的时期，在这个时期，道观、佛寺的数量爆发式增长，泰山上亭台楼阁等景观建筑繁荣发展；到了宋朝，泰山风景园林就发展成了比较成熟的格局。但自古以来泰山所处的位置虽然是繁荣地区，但也是争斗频繁的地区。元朝时期，少数民族政权入主中原后，泰山寺庙园林遭遇空前的浩劫，有"百不存一"的描述。至明清时期，"五德始终说"衰败，封禅也不再进行，泰山失去了其第一山的地位，泰山上的园林节点修复、改建活动较多，新建则比较少。但是，由于明清时期泰山地区经济发展以及帝王巡守的带动，泰山逐步恢复了其繁盛的面貌。

经过这一个时期的发展，泰山中路景观线成为自然与文化景观都很集中的景观线，而根据泰山各个部分的山体特点，整个泰山主山都分布着不同的寺庙园林。

① （唐）李群玉. 唐代湘人诗文集 [M]. 长沙：岳麓书社，2013.
② （清）朱孝纯. 泰山图志 [M]. 济南：山东人民出版社，2019.
③ 全国绿化委员会办公室. 中华古树名木 下 [M]. 北京：中国大地出版社，2007.

周边的发展也不逊于主山，如徂徕山中文人墨客、隐士众多，蒿里山成了阴间缩影，灵岩与琨瑞的佛寺香火鼎盛。

这个时期景观考察主要根据《岱览》《岱史》《泰山志》《泰山道里记》等泰山专著。这些专著虽然对泰山景观进行了记录，但其记载较为松散，且多以散文形式描述，缺少总结和整理，而且没有确定位置的记载，所以亟待考证。本书对这些文献进行了整理和考证，将几千页古代文献记载的资料，按照其所处的山体位置结合推断整理成有条理的表格，并标注于图上，较为清晰地展现泰山景观最繁盛时期的景观布局。由于这个时期的景观布局已经形成，所以在分析整理的时候，本书按照与山水景观考证相同的方法分区，而不是按照时间和类别分区，这样更加有利于对风景园林设计理法进行分析。

一、岱顶文化景观

岱顶的文化景观最晚自秦朝时期就存在了。秦始皇在岱顶立石和阙，建立封禅台。现在秦无字碑还立于岱顶之上，李斯篆书石刻被藏于岱庙。区别于秦汉时期岱顶景观以封禅景观为主，到了魏晋南北朝以后，岱顶的景观就开始以宗教景观为主了。唐朝奉道教为国教，帝王也对道教神进行祭祀。东岳庙逐渐从祭祀泰山神山的神庙，变成了祭祀东岳大帝的神庙。封禅中对祭祀泰山本体和祭祀东岳大帝的界限也逐渐模糊。封禅行为逐渐衰落，道教逐渐兴起，岱顶随之向道教仙境的塑造转变了。其景观以观景台和道教园林为主，没有佛教建筑，但有祭祀孔子的孔庙，这也体现了在封建社会中后期儒家和道家相互的尊重和认同。

岱顶文化景观具体的分布如表 6-3-1 所示。

表 6-3-1　魏晋南北朝至明清时期岱顶文化景观表

序号	区域	山体	景观点	概况
1	岱顶上部	太平顶	秦篆刻石 石阙 封禅台 玉皇庙	南天门东北百余步是秦始皇封禅位置，封禅台上立有石碑。汉武帝的封禅台在北边。汉光武帝封禅台应在现今玉皇庙的位置附近。岱顶最高处有玉皇庙，又名玉皇观、玉皇祠、玉帝观，古时称谓即有混杂
2		日观峰	唐高宗封禅台 唐玄宗封禅台 宋真宗封禅台 观海亭 东天门	唐高宗曾经在日观峰西侧设立祭坛名为万岁坛，唐玄宗封禅时在日观峰西侧设立祭坛，宋真宗封禅也曾经建立于日观峰。这些封禅台在明清时期已经成为遗址，现在不可考，仅留文字记载。日观峰山巅曾有望海楼，明清时期已经不存在，后建观海亭，取可观云海之意。东天门在日观峰东，现在已经不可考

（续表）

序号	区域	山体	景观点	概况
3	岱顶上部	爱身崖（舍身崖）	瞻鲁台	三面陡峭，绝无尾径。中石高丈所为瞻鲁台，传说孔子曾在这里眺望鲁国景象。爱身崖上有巨石，上有石刻"凤翔冈"，上面还刻有《孝经》，与爱身崖的故事有关
4		东神霄山	清静石屋东溪神庙	东神霄山北部有清静石屋，相传为元女孙清静修炼的地方。有记载山岭下部有东溪神庙，已不可考
5		五花崖		
6		周观峰		
7	岱顶中部	宝藏岭		
8		大观峰	御制《祭泰山铭》石碑，及八十余处其他石刻	因石刻蔚为壮观得名，岱顶南部存八十余处石刻。有唐开元立的隶书御制《祭泰山铭》，被称为摩崖碑
9		堆秀岩	碧霞元君祠	大观峰南有碧霞元君祠，是碧霞元君上庙
10		秦观峰		
11		吴观峰（望吴峰，孔子岩）	过化亭孔子庙"望吴胜迹"坊	明朝建过化亭于其上（清时已圮）。清朝建孔子庙，经历废修，现存。其前有坊，李树德题曰"望吴圣迹"。庙西有崇冈，曰登仙台
12	岱顶下部	振衣冈	各朝代题刻北斗坛	故名斗仙岩，多宋、元题名，明人大书"振衣冈"三字。北斗坛，取泰山北斗之意思
13		凤凰山	蓬元坊、白云洞坊	旧时南部有蓬元坊（清时已圮），其南有白云洞坊（清时已圮）
14		围屏峰（悬石峰）	老君堂	旧有老君堂（清时已圮）。东北有万寿殿址，又名御香亭（清时已圮）
15		象山（百丈崖）	白云亭白云轩乾隆御制诗石刻	又名锁云岩、云窝，即白云洞。有乾隆御制诗石刻。洞顶东北平坦处，有白云亭和白云轩（清时已圮）
16		虎头崖		
17		避风崖		东北有万寿殿址，又名万寿宫。又有御香殿，亦称为御香亭（清时已圮）
18		莲花峰		
19		南天门（南天门区域）	南天门摩空阁关帝庙升中坊天街"云巢"行宫万寿宫	南天门上有摩空阁，后改置于凤凰山（清时已圮）。移凤凰山之关帝庙于此。关帝庙东北有升中坊（清时已圮）。南天门东，避风崖西，清朝有盖了草棚做生意的人，有时有三十多家。向北为乾隆十三年（1748）建的"云巢"行宫。南天门西有万历时建的万寿宫

（续表）

序号	区域	山体	景观点	概况
20		西霄神山（两峰岩）	西溪神庙	下有西溪神庙（清时已圮）
21		石马山	题刻	明吕坤题刻"回车"，喻石马山的凶险
22		西天门	西天门	宽度可容两辆车，高四丈，宽一丈。上面横着石头好像门楣，有题刻"西阙"
23		上桃峪		
24		月观峰		
25	岱顶下部	丈人峰	乾隆御制诗题刻	有削石题刻"丈人峰"，封上亦刻有乾隆御制诗
26		北天门	石坊	旧有石坊，题玄武门（清时已圮）。以前这里设有香税分理官。与南天门分列乾坤之位
27		鹤山		

二、岱阳文化景观

岱阳主要分为东、西、中三个部分，其中中路是文化景观最为集中的部分。可以说，岱阳是泰山游览线路最集中的部分，岱阳部分的景观风格决定了泰山的整体游览感受。岱阳的东、西、中三个部分各有一条适宜游览泰山的线路。其中，中路与东路都是秦汉时期就已被开发出的线路。中路为秦始皇登封泰山时上山的线路，东路为汉武帝登封泰山时上山的线路。由于岱岳庙到岱顶的中路形成了泰山最主要的中轴线，后世帝王攀登泰山基本上都是走岱阳中路，所以岱阳中路景观线最为发达，成为现在的泰山南侧中路景观线。

这条线路是帝王祭祀泰山攀登的线路，由于唐、宋以后帝王对道教的祭祀，这条线路两侧以道教园林和建筑为主，这一点与岱顶景观以道教景观为主的原因是相同的。此外，由于这条路线是最主要的游览线路，而且是帝王有可能亲自攀登的线路，所以除了帝王的题刻，还有许多文人的题刻。这条线路上文化景观的变迁，充分反映了泰山历史地位的变迁，也代表了整个泰山景观的发展水平。

岱阳东部线路形成的较早，之后发展较为缓慢。整个区域易于攀登，山势明朗，少曲折，总体来说多园、寨、村等景观，在历史的发展中形成了以聚落景观为主的特色。西路在秦汉时期没有什么记载，然而，由于其景色优美，虽然没有形成登顶的线路，但在魏晋南北朝之后，逐渐发展出了景观系统。安静的环境使得许多静修的道士、僧人选择在此地建立庙宇。总而言之，在这个时期，泰山南侧中路景观线受到帝王祭祀的影响较大，西路和东路则是由宗教和民间主导发展。它们是三条最主要的线路，除此之外，岱阳还有一些零散的游览线路（表6-3-2）。

表 6-3-2 魏晋南北朝至明清时期岱阳文化景观表

序号	区域	山体	景观点	概况
1	岱阳中，上部	石壁峪	十八盘 升仙坊 乾隆御制诗	两侧山峰形成峡，中间有一条山道，十分险峻，有很窄的台阶分布。在峡口处有升仙坊。在十八盘东边的飞龙岩上有乾隆皇帝的乾隆御制诗
2		大龙口		
3		雁翎峰	登山东盘口 度天桥	明朝时期登山进香的人数众多，旧盘口无法承受如此大的人流量，所以在雁翎峰东南开辟修筑了新盘口，并修筑了度天桥。上岱顶的人从东边的新盘口上，从西边的旧盘口下。这个盘口在清代就破败了
4		鸡冠峰		
5		大龙峪	龙王庙 龙门石坊	旧时有龙王庙（清时已圮）。大龙峪西有石坊，旧时刻有大龙峪三字，现在为"龙门"二字。狭义上的十八盘自"龙门"石坊开始
6		对松山	圣水桥 乾隆御制诗 大悲殿 乾坤楼 石坊	对松山东边有圣水桥，悬崖上刻有乾隆御制诗二首。稍北有大悲殿，乾隆题匾额"莲界慈航"。西边有乾坤楼（清时已圮）。清朝在圣水桥西的位置设了新盘口。有石坊刻有"对松山"
7		朝阳洞	处士松 元君殿 驻跸亭 凌虚阁 望松亭	朝阳洞北有处士松，苍劲茂盛，因为秦时封的五大夫松在其下，所以将这棵松树命名处士松，作为区分。朝阳洞南有元君殿，乾隆书匾额"灵府慈光"。在其西为驻跸亭。朝阳洞东有凌虚阁与望松亭（清时已圮）。朝阳洞南为小天门区域
8		拦住山	半山亭 五大夫松	拦住山上有半山亭故址，因拦住山横栏在半山腰处，所以名为半山亭。据说，亭下有李斯小篆，明清时已经不可考了。五大夫松在亭西侧，西侧悬崖千仞，所以在半山亭位置风声如梵音钟韵。五大夫松为一棵松树，因为秦始皇遮风避雨，所以被封为五大夫；后被误传为五棵松树，后人补植为五株
9		小天门区域	小天门 五松亭 单仙亭	小天门为两座山崖相夹形成，原为诚意门，后人书五大夫松在额上。小天门东有五松亭，又名憩客亭，明朝重建过，但清时已圮。五松亭北有单仙亭，清时已圮，但名字仍然刻在旁边的崖壁上
10		御帐坪	雪花桥	御帐坪西南有雪花桥，因过瀑布，瀑布水花如雪花而得名，又名云步桥

（续表）

序号	区域	山体	景观点	概况
11	岱阳中，上部	小龙峪	小龙峪坊 迎天坊 回龙桥 跨虹桥 增福庙	小龙峪小龙口石前有小龙峪坊（清时已圮），南有回龙桥，再往南有跨虹桥，西边有迎天坊（清时已圮）。小龙峪中又有增福庙，庙里有元君殿
12		快活三里	二虎庙	快活三里自倒三盘南上为二虎庙，再向南为中天门
13		黄岘岭 （中溪山）	步天桥 三大士殿 金星亭	黄岘岭西南有步天桥，向东为三大夫殿、金星亭
14		回马岭 （瑞仙居）	乾隆御制诗 元君殿 壶天阁	东西山崖上均有御制诗。回马岭南部有玉皇殿，前面有元君殿。南部有穿过山路的升仙阁，后因为乾隆御题壶天阁而改名。壶天阁西边有倚山亭
15		歇马崖	石刻 登仙桥 住水流桥 岩岩亭 漱玉桥	因为山崖曾经崩落过，所以仅留有明代吴维岳刻的"歇马崖"三个字。歇马崖南部西边有登仙桥，在水帘洞北。水帘泉下流经住水流桥。水帘洞东，有岩岩亭（清时已圮）。炮高岭有漱玉桥（清时已圮）
16	岱阳中，中部	经石峪	《金刚经》刻字 白石亭 听雨轩	经石峪在水帘洞东。因为有隶书刻的《金刚经》而得名，金刚经字体50厘米见方，传刻有两千多字，后存有一千多字。有传说是王羲之书写，也有传说是王子椿书写。在经石峪西边高处有试剑石，试剑石旁有明朝万恭年间建立的白石亭。西边有听雨轩（清时已圮）
17		龙泉峰	高老桥 坊 三官庙 斗母宫 蕴亭	龙泉峰上有高老桥，为盘道经过的地方。高老桥两端连接两座悬崖，上有悬崖飞瀑，下有洞水鸣响。南部有坊，上题桥名。桥北，山势突起，明朝时设立祖殿，现在改为三官庙。桥南有斗母宫，龙泉位于此处，水出石缝中，所以之前名为龙泉观。再南边有蕴亭
18		桃源峪 （桃花洞）	万仙楼 "虫二"等石刻	万仙楼位于桃源峪南部，万仙楼跨盘道而建，人们经过万仙楼，好像进入了洞天。先前为望仙楼，明朝时将王母娘娘等列仙供奉于其上，中间供奉碧霞元君，所以名为万仙楼。乾隆题写匾额"景会群真"。万仙楼北面的盘路西侧石壁上有"虫二"两字，后人解读为风月无边。此外，桃花洞还有许多石刻，唐代及以前的多已损毁，现存最早的为唐朝大历年间的题刻
19		小洞天	石刻	明朝石刻小洞天三字在其旁崖壁上。小洞天西南为宝藏岭，宝藏岭南为红门

序号	区域	山体	景观点	概况
20	岱阳中，中部	红门——天门区域	红门 观音阁 弥勒院 更衣亭 元君庙 且止亭 天阶坊 孔子登临处坊 一天门坊 关帝庙 小蓬莱	红门坊为康熙年间建立的，康熙帝题匾额"瞻岩初步"，将此处作为登泰山的起点。东边为观音阁，以前名为飞云，乾隆题匾额"普门圆应"。再东边为弥勒院，以前为更衣亭，官员在此将官服换为方便登山的衣服，所以名为更衣亭。现在亭子被移到了原位置的南部。观音阁南部为中元君庙，旁边有且止亭。元君庙南有天阶坊，再往南为孔子登临处的牌坊，西边为合云亭，再南就为一天门坊了。普遍认为一天门坊为泰山南部中路盘路的起点。稍微向下路西为关帝庙，乾隆题匾额"神威巨镇"。关帝庙中有憩亭和露井。一天门南下东有王母池，池北为小蓬莱
21	岱阳中偏东，上部	松岩	娄子洞	山岭险峻，难以到达。相传汉代的娄敬曾经在这里隐居。著名的古洞众多，而且产灵芝
22		马鞍山	祝鸡寨 石练陀	据说古代有羢鸡老人隐居在祝鸡寨。马鞍山南部悬崖处上面是飞瀑，下面有双沟夹之。人们凿蹬道在悬崖上，形成盘旋弯曲的山路，名为石练陀
23	岱阳中偏东，中部	东溪山（延坡岭）	杨老园	延坡岭虽然山体陡峭，但山顶平坦有泥土，可以供人居住和种植。据传，一个名为杨老的人曾在这里避世居住，所以名为杨老园
24		摩天岭（争云峰）		
25	岱阳中偏东，上部	屏风岩	四阳庵 凤凰村 柴慧庵	屏风岩岩西有四阳庵。堰岭河流过金牛湾，向东南流经一个柴慧庵，庵南有福泉。后堰岭河流至凤凰村
26		回龙峪	岱道村	回龙峪溪水，经过笔架石，流经岱道村
27	岱阳东，上部	鹁鸽岩		
28		卧龙峪（五龙峪）		
29		中陵山		
30		水牛埠	凌汉寨 小津口	水牛埠东北有小津口村。又有凌汉寨位于绣彩湾西
31	岱阳东，下部	椒山		
32		蚕滋峪		
33		杏山		
34		王老峪		
35		水泉峪		
36		椒子峪	可亲园 傅家村	椒子峪南部有可亲园，园中有各种果树。傅家村在可亲园南二里，旁边有一座石舟，好像一座巨石船浮在水面上，所以名为石舟

序号	区域	山体	景观点	概况
37	岱阳中偏西，上部	五陀岩		
38		红叶岭		
39		石猴山（西溪山，后石山）		
40		九女寨	九女寨	孤峰绝壁，且植物茂盛浓密，很适合躲避。传闻有九女在这里逃避战乱，所以名为九女寨。清时已经只剩下废弃的石屋
41	岱阳西，上部	三尖山		
42		辘轳冈		
43		仙趾峪（马蹄峪）	白杨坊白杨洞	
44		鸡坬岭	竹林寺	竹林寺位于百丈崖北，鸡坬岭下。竹林寺曾经是非常知名的寺院。其位置安静幽深，寺庙清雅古拙。穿过百丈崖深曲幽静的小路，豁然开朗，竹林寺就在这里的竹林中。竹林寺最早的兴建时间不详，从唐朝开始陆续有记载，几经兴衰。元、明、清代均有重修。据说寺内绿竹葱葱，落英缤纷，并有两株参天笔挺的古银杏树。清末已毁，只存有遗迹
45	岱阳西，中部	丹穴岭		
46		凤凰山		
47		云头埠	白杨洞	云头埠南以白杨树为主，有幽深的石厂，额上题有"白杨洞"，里面供着弥勒石像
48		凌汉峰（金泉峰）	凌汉寨三阳观	建于南宋，可以容纳上百人。凌汉峰全真崖左有三阳观。由泰山上书院螺旋而上五里就到达了三阳观的山门。石台阶十分陡峻，上面是祭祀碧霞元君的祠堂，名为"天外"。东南有木末亭。殿宇有数十间，每一间都有祭祀的作用。左殿龛下面有龙口吐出泉水，下面有曲池承接。再向上有许多可以打坐修行的山洞
49	岱阳西，下部	振铎岭		
50		黑虎峪	子午桥普照寺元玉塔满空塔田时耕墓	子午桥位于黑虎峪南、新泉西。桥北为普照寺。普照寺为古寺，大约建于唐宋时期，金、明、清代均有修缮，保存得比较完好。其中，嘉庆二年（1797）的重修作用很大。寺中有许多古树，其中六朝松最为出名。普照寺位于山间幽静处，溪水潺潺，植物茂盛。寺内存有大量石刻石碑。寺旁有元玉建的石屋与元玉塔，寺西南有满空塔。满空塔北有田时耕墓

（续表）

序号	区域	山体	景观点	概况
51	岱阳西，下部	投书涧	题刻 泰山上书院 考槃亭 有竹亭	投书涧题刻"宋胡安定先生投书处"，表明了这里就是《自警篇》中胡安定先生与友人刻苦读书的地方。胡先生在这里读书十年，没有回家，收到家书上面写有"平安"二字，便将其投入洞水之中，故名投书涧。涧西有泰山上书院。其最先作为泰山地区讲学的地方，中间成为唐代诗人周朴的居所，后又恢复为讲学的地方，后来成了纪念三位先生的祠堂，名为三贤祠。祠前有两丛柏树，每丛各有十几株。三贤祠后有大石台，名为"授经台"。 乾隆年间有亭子建于洞水上，名"考槃"。东边有一座有竹亭，是明代高士徐竹读书的地方。清代已经废弃了
52		香水峪		
53		傲徕山	天胜寨 西山别业 无梁殿 石阁 会仙庵	南边有天胜寨，可以容纳上千人。扇子崖崖顶有明代举人建造的茅屋，名为"西山别业"。崖顶仅存一座石庙，名为无梁殿。无梁殿主要供奉玉皇，下面有一个石阁，阁里供奉的是元始天尊。东南有会仙庵
54		百丈崖	壁画	黑龙潭下面的岩壁上留有非常大的壁画
55		白龙池	萃美亭 题刻 渊济公祠	白龙池上有金代建设的萃美亭，有石壁平坦，上面有许多宋代以来的石刻。池东有渊济公祠，祭祀白龙神渊济公，主要为求雨的祭祀。清代已经荒废
56		大峪		

三、岱阴文化景观

岱阴东的景观出现的比较早，泰山有遗迹可考的最早的建筑周明堂就设立在岱阴东。岱阴地区最初发展的登山线路是周天子登泰山线路与秦始皇下山的线路。但是，在封建社会的发展中，岱阳地区更接近当时的城市聚落，而岱阴地区则被山体围绕，相比岱阳地区不易到达，这就使得岱阴地区景观的发展比较缓慢，文化景观的分布也比较零散。随着封建社会的发展，城市逐步发展起来，小的村落逐渐向城市靠拢，古老的帝王登山线路由于不易到达，逐渐荒凉。岱阴地区的景观以岱阴东的后石坞一线与岱阴西桃花峪至上桃峪一线分布最为集中。这两条线路也是与岱阳比较接近，更容易到达的景观线路。

总的来说，岱阴东和岱阴西的景观以自然景观为主，文化景观多是一些文人的题刻，还有散布的道观和佛寺，园和寨也有少量的分布。园和寨分布较少主要是因为背阴的环境和不便利的交通。而对于一些道人和僧人来说，由于老的登山线路已经被开辟，具备交通条件，且游人较少，所以此处为适宜隐居和清修的环境。两条古老的登山路线的性质，也渐渐从帝王封禅线路转变为了主要提供交通功能的山间小路。

值得注意的是，整个岱阴的道观和佛寺数量相差不多，但是放眼整个泰山，岱阳的道观数量远多于岱阴。岱阴与岱阳的佛寺数量相差较少，佛寺分布基本均衡。泰山再向北有两座山——灵岩和琨瑞，是泰山地区重要的佛教活动区域。岱阴和岱阳的佛寺道观分布的区别和趋势，也体现了整个泰山地区文化景观分布的趋势。岱阴地区的文化景观具体分布如表 6-3-3 所示。

表 6-3-3　魏晋南北朝至明清时期岱阳文化景观表

序号	区域	山体	景观点	概况
1	岱阴中，上部	摩云岭	茅屋	据传八仙洞附近有茅屋数所，有隐士在那里居住
2		双凤岭（牛心石、蜡烛峰）	题刻独足盘	"双凤岭"题刻为明代吴同春所题。他游览双凤岭，感觉山势好像两只凤凰回旋飞翔，问了山里居住的人，发现这里还没有名字，于是题刻"双凤岭"。双凤岭西南为独足盘，是明朝万历年间开辟的。盘道陡峭狭窄，所以名为独足盘。北崖有林古度题刻的"黄花栈"三个字。山崖上有许多松树，山石松树枝桠好像笋，所以又名"笋城"，亦有题刻
3		天空山	元君庙元君墓三官殿莲花洞诗	天空山南有一座元君庙，旧为玉皇庙。原来有万松亭，后来改建为弥勒殿。从东边向上走为蔚然阁，祭祀吕洞宾。再向东为三官殿，清时已圮。明朝曾经修缮过，有禁约碑。在钟亭下有石屋，从石屋地道穿过可到达蔚然阁。天空山还有元君墓。因为元君庙修缮时更换了元君像，将旧的元君像埋在这里，所以命名为元君墓。莲花洞内有乾隆御题《莲花洞诗》
4	岱阴中，中部	坳山	仙人寨	坳山下有仙人寨，面积可以容纳上千人
5	岱阴中偏东，上部	九龙冈	张远寨	五女圈石旁边有张远寨
6		明月嶂	采芝庵	宋代有采芝庵，因为有道士在这里得到了一本紫芝，所以命名为采芝庵
7	岱阴中偏东，中部	孤山		
8		冰牢峪		
9	岱阴东，上部	天烛山		
10		观星岭		
11		滬碌峪	大津口蚕厂竹子园周明堂故址	滬碌峪中有村庄，名为大津口，盛产栗子和山楂。大津口东北处多槲树，当地人叫这里蚕厂。大津口村北边五里为竹子园，是泰山少数竹子茂盛的地方。再向西为周明堂故址
12		大岘山		
13		黑山		

（续表）

序号	区域	山体	景观点	概况
14	岱阴东，上部	谷山	黑闼石屋、金丝洞	传闻刘黑闼曾经在黑闼石屋居住过。还有传闻邱处机曾经在金丝洞内炼丹
15		恩谷岭		
16		佛峪	谷山寺阿罗汉像	佛峪因为当地人在这里的石缝中找到一尊阿罗汉像而得名。佛峪上有佛寺，名为谷山玉泉禅寺。寺东有古井，有题刻"玉泉"
17		仙台岭（长城岭）	药园齐长城	仙台岭东十里有一座药园，据说有修真的人曾经在这里种药。仙台岭又名长城岭，长城岭从岱阴东绵延到岱阴西。所谓长城即是齐长城。齐长城在春秋已经有了，长城之南为鲁，长城之北为齐，战国时期为了防御楚国扩建。齐长城沿着泰山山麓绵延，经过琅琊台，到海边
18	岱阴东，中部	龙门山	黄伯阳洞	龙门山南有一座山洞名为黄伯阳洞，相传战国时期黄伯阳曾经在这里隐居
19		鹿町山	町疃鹿场	鹿町山山腰处有较为开阔的平地，这块平地为町疃鹿场
20		仙源岭	会仙观	津拱河北边八里，有会仙观故址。会仙观是元代道士孟养浩重建的。旁边有方井，方井中有四个洞穴
21		雨金山		
22		大小卢山		
23		转山		转山内有石坞，据说有人曾经在这里隐居。转山下有黄坂村
24		榭埠岭		
25		摘星岩		
26	岱阴东，下部	祝山	赵侍御宏文墓	祝山上有赵侍御宏文墓。祝山顶古时候有石庙，名为甘露堂，清康熙年间曾经重修，有石碑立证。祝山东麓有石大夫庙和朝阳寺，仍然有石碑留存。石大夫即石敢当。再向东三里左右有二王庵，庵东有一座寺庙，庵西有全真观，总称三教寺
27		虎狼谷		传闻黄巢在这里葬身
28		九顶山		九顶山南有黄巢墓，这是一个很大的墓穴。有人在西金井处淘金
29		杨邱山		
30		九阪岭		
31		旁山		
32	岱阴中偏西，上部	上桃峪		
33		船石		
34		看月岩		
35	岱阴中偏西，中部	头陀岩	云台庵	在头陀岩的北部，有云台庵，清时已圮
36		鹰窝崖		

序号	区域	山体	景观点	概况
37	岱阴西，上部	清风岭	石蹬玄都观	清风岭山势绵延孤高，石蹬参差不齐，凿得很艰难。清风岭东石棚旁有玄都观，清时已圮
38		黄石崖	草庐	黄石崖中有隐居者的草庐
39		映霞峰	傅老庵	映霞峰中有傅老庵，清时已圮
40		重岭	花园、河上林村	重岭下，桃峪旧时有花园，多金银花。斗虎沟南部有河上林村，有许多桃花树
41		青天岭		
42		白草峪		
43		老鸦峰		老鸦峰东南部有碧峰寺，清时已圮
44		秋千山		秋千山下的秋千峪，有桂师庵，清时已圮
45	岱阴西，中部	中军坪	题刻	中军坪上的巨石平坦广阔，上面有很多的题刻，文采斐然
46		褙负山（降福山）	云台庵元君庙	褙负山山腰台子有云台庵，庵内有三教堂碑，清时已圮。云台庵西南有元君庙，内有玉皇殿和铁佛殿，碧峰铁佛被移到这里安置。清朝末年褙负山西北创立吴道人庵，有三进道院。前为玉皇殿，后有老君洞，石室幽深深邃。吴道人庵东北有山神庙，山神庙西北有泉池
47		黄石岩	白姑庵	黄石岩南有一座白姑庵
48		车道岩		
49		笔架山（雕窝山）	仙人牧地	笔架山虽然险峻，但羊阑坡上仍有牧民养羊，所以又名为"仙人牧地"
50		猴愁峪		
51		拔山（雁飞岭）		
52		水铃山		
53		五峰顶	黄姑庵	五峰顶东北部建有黄姑庵，黄姑即织女，黄姑庵以祭祀织女为主。黄姑庵位于层峰深处，人迹罕至，十分清幽
54		西横岭		
55		刺楸山		
56		土绵山		
57		骆驼岭	藏峰寺	骆驼岭上有藏峰寺

（续表）

序号	区域	山体	景观点	概况
58	岱阴西，中部	三缩山	龙驹寺	骆驼峰上有龙驹寺，明代重建过。寺前有参天的古树。清时已圮
59		黄山	延庆院（云台寺）	黄山上古代有延庆院，又名云台寺。宋朝的定海禅师重建过，之后的元、明都重修过。清时已圮
60	岱阴西，下部	桃花峪（红雨川）	题刻	桃花峪北崖有乾隆皇题刻的《桃花峪》诗
61		十字峰	青龙宫	大倒沟西有青龙宫故址，清时已圮
62		青岚岭		
63		思乡岭		
64		南顶	胡桃园	南顶西南为有胡桃园
65		梯子山		
66		透明山		
67		龙山	姜倪寨	龙山山顶有姜倪寨

四、泰山周边群山文化景观

泰山周边群山的文化景观发展主要依赖于泰山的地位，但其又不完全是泰山的附属，与泰山形成了主次搭配的关系。泰山周边群山最早的景观是帝王禅地建筑。但是，古代的封禅台已经遗失了。在封建社会的发展中，禅地建筑逐渐被其他类型的景观所替代。泰山周边有许多山峰，比泰山更加接近城市、村落，且易于攀登。其中，社首山发展出了碧霞灵应宫，作为碧霞元君的下庙，香火繁盛。许多不想清修只想避世的文人会选择在陶山、徂徕山等山中隐居。最具代表性的就是在陶山隐居的范蠡和在徂徕山隐居的竹溪六逸。蒿里山也逐渐形成了鬼怪文化。昆瑞山和灵岩则以佛教的发展为主。与泰山相比，周边群山形成了丰富的文化氛围。

对泰山周边的文化景观考察中，作者发现有些历史记载中山体的名称有所混淆。例如，汉武帝曾经在介石山封禅的记载有误，应为在石间山封禅，这一点已经被证实。介石山也没有与泰山主山有关的景观。同样存在这个问题的还有梁父山，因为"梁父"曾经被用来指代泰山周边群山，所以梁父山曾经被误认成举行过禅地的山体而被列入泰山景观的范围中。实际上，梁父山并没有与泰山主山相联系的景观。与梁父山有关的《梁父吟》十分出名。在《隆中对》中，诸葛亮就是以《梁父吟》来表达自己的心境。但其与泰山景观是无关的。

在对文化景观的考察过程中，作者还发现，泰山周边群山文化景观的现状堪忧。社首山、辞香岭已经被夷平，介石山被严重破坏到不可能恢复原貌。只有灵岩、昆瑞山、新甫山、陶山目前的景观状况比较好。亭亭山、云云山、石闾山、蒿里山，虽然被破坏得比较严重，但是由于存在一定的史料记载，而且其山体基本还存在，所以可以从风景园林学角度对其进行恢复。魏晋南北朝至明清时期的泰山周边群山景观具体分布如表 6-3-4 所示。

表 6-3-4　魏晋南北朝至明清时期泰山周边群山文化景观表

序号	区域	山体	景观点	概况
1	泰山主山南部	泰安城	岱庙	岱庙位于泰安城中，岱庙创建于汉代，至唐时已殿阁辉煌。在宋真宗大举封禅时，又大加拓建。岱庙南北长 405.7 米，东西宽 236.7 米，呈长方形，总面积 96 000 平方米，其建筑风格采用帝王宫城的式样，周环 1500 余米，庙内各类古建筑有 150 余间。岱庙的主体建筑是天贶殿，为东岳大帝的神殿。其是以三条纵轴线为主，两条横轴线为辅，均衡对称，向纵横双方扩展的组群布局形式
2	泰山主山南部	社首山	汉禅地祭坛、唐禅地祭坛、宋禅地祭坛	社首山是古代禅地的场所。汉武帝、唐高宗、唐玄宗、宋真宗都曾经在此处建立祭坛禅地
3	泰山主山南部	辞香岭	灵应宫	根据明时张邦纪的说法："四方朝山士庶，无不至此辞香。"① 因为这里供奉有碧霞元君——泰山老奶奶，所以又名慈祥岭。灵应宫是泰山碧霞元君上、中、下的三庙中的下庙，早期名为天仙祠。在泰山道教文化的传说中，碧霞元君是最为灵验的，岱顶碧霞祠是泰山最负盛名的道观，而灵应宫是其在山下的替代。在山下有一处还愿的地方，是祭祀文化传统的需求，不仅方便了当地居民与"四方朝山士庶"，也方便了巡守的帝王和官员。灵应宫虽然始建年代不详，但曾经明清两代曾经多次翻修，香火很盛。明代万历三十九年（1611）天仙祠拓建，并且匾额题名"灵应宫"。翻修之后，建筑扩建并且重新装修，增建了回廊，中间建立了高台，四面都有开门，迎接善男信女的上香供奉。扩建时还把遥参亭自岱顶迁入。现在的灵应宫为五进院落，南北长 300 米左右，东西宽 80 米左右。辞香岭的西北有对岱亭。对岱亭与泰山相对，适宜观赏泰山的景观，但清代已经废弃

① 关于"辞香"，古代文献中并没有详细记载。在民间有两种说法：一种是向泰山许愿成功后烧香还愿，一种是老人去世之后的一种祭拜。在这两种说法中，辞香岭为还愿之处的说法比较可靠。

（续表）

序号	区域	山体	景观点	概况
4	泰山主山南部	蒿里山（高里山、亭禅山）	蒿里山神祠鄷都庙阎罗殿	蒿里山的东南部有一组被围墙环绕起来的建筑，围墙范围较大，延伸到辞香岭与社首山。围墙内有蒿里山神祠、鄷都庙、阎罗殿等建筑。这组建筑创建年代不详，其中最重要的蒿里山神祠，在元、明、清代均经历修缮，且均有修缮记录可考。根据元代的《重修蒿里山神祠碑》的记载，蒿里山神祠"由唐至宋，香火不绝"，说明蒿里山神祠在唐代就已经出现了，并且香火一直很旺盛。汉武帝曾经在蒿里山封禅过
5	泰山主山南部	梁父山（梁甫山）		古时也有以"梁父"二字统称泰山周边群山的说法。例如，"古之封泰山禅梁父者七十二家"的说法中，梁父就指的是云云山、亭亭山等山体。所以，作为一个独立的山体，梁父山仅仅是一座微微隆起的山丘，并无帝王在这里封禅
6	泰山主山南部	介石山		曾有宋真宗在介石山禅地的传闻，但经过《岱览》的作者唐仲冕以及后来的学者考证，宋真宗在介石山禅地是《岱史》的误载，宋真宗禅地的位置为社首山。介石山虽然从来没有进行过禅地。但汉武帝曾经三次在距离介石山南部2里的石间山禅地
7	泰山主山南部	石间山（石驴山、石榴山）	汉禅地祭坛遗址	汉武帝曾至少3次在石间山禅地，但其遗址明清时期已不可考
8	泰山主山南部	亭亭山（亭禅山）	文姜台	根据《史记·封禅书》记载黄帝曾经封泰山禅亭亭。《白虎通》记载古时五帝封禅泰山禅亭亭。据传在亭亭山上还有一座古台"文姜台"，现在大汶口东有一座高大土台，传为其故址，但已不可考
9	泰山主山南部	云云山	云云亭	旧时山下云云亭，清时已圮。自秦以来亭亭山、云云山便不再成为封禅的地方，封禅景观现在已经不可考了
10	泰山主山东南部	长山		传说长山下有孔子七十二门生之一林放的故居。清代泰安官员颜希深考察过此事，认为属于谣传不可靠
11	泰山主山西南部	布山（布金山、埠山）	大云禅寺三皇庙（爷娘庙）	布山上建有大云禅寺。大云禅寺建于唐代，金、元、明时期均有过修缮，但已经损毁殆尽，也没有其他的文献记载，不可考了。布山南部有三皇庙，三皇庙为供奉伏羲圣祖的庙宇，当地人又称其为爷娘庙。庙宇早已尽毁，目前仅有元代的《重修三皇庙碑》可考。布山上也曾经有王山人、道人张志纯[①]等在此隐居
12	泰山主山东北部	肃然山（宿岩山）	古肃然、山石碑	汉武帝元封元年（前110），在泰山封禅，从泰山北部下山，然后曾在肃然山封禅。由于其后这里再无封禅活动，再加上当地人又将名字误读为宿岩山，直到在这里发现石碑刻有"古肃然山"，才重新又寻回

---

① 张志纯是较为著名的道人。王山人与李白曾是友人，二人分别时李白曾写诗《赠别王山人归布山》表达了他对这种归隐生活的向往。

（续表）

序号	区域	山体	景观点	概况
13	泰山主山东南部	徂徕山（尤崃山）	护国感、应侯祠、隐仙观、炼丹石屋、竹溪佳境、徂徕书院	金相传徂徕山有七十二寺观，但经历了战火摧残，现在仅存三座。金代章宗皇帝曾封徂徕山山神为护国感应侯，建有祠堂，但明清时期已经倾颓，无可考证。隐仙观位于礤石峪，供奉吕纯阳。东为玉帝阁，北为三清殿，东侧有屋子名为阁尘，依山崖而建，下有流水。南部有升仙台。三岭崮上有九龙宫和玉皇庙。蘸山上有光华寺，始创于后魏。竹溪佳境为"竹溪六逸"①曾经隐居过的地方，曾设有六逸堂，后改为二圣宫，祀孔子、老子，后又增建玉皇阁、王母殿、三清殿。唐代以后有许多文人墨客慕"竹溪六逸"之名来徂徕山游览，留下了许多题刻碑文。"竹溪佳境"的名称也是来源于南宋安升卿慕名来访时，在石壁上留下的四字大字题刻而得名。长春岭上有徂徕书院，为"徂徕先生"石介②创办
14	泰山主山东部	新甫山	大士殿、白云庵、登仙台	九峰主峰顶有大士殿。其中，峰西部有白云庵，山阳有登仙台，传说为汉武帝时期所建，汉武帝曾登临于此
15	泰山主山西北部	灵岩山	证明龛、行宫、灵岩寺、帝王题刻	功德顶上有天然石龛，后人称其为证明龛，龛中有高约5米的释迦牟尼像，据说为唐代雕刻。灵岩寺与行宫均灵岩山谷中，行宫在北，灵岩寺在南。灵岩寺为泰山区域内最重要的寺庙，住持多由皇帝亲自指派。而且因为灵岩上有行宫，所以许多皇帝在巡访泰山时，会在此礼佛。所以灵岩上亦留有许多帝王的题刻
16	泰山主山东北部	昆瑞山	郎公寺、九塔寺、三坛寺、千佛岩	昆瑞山上有泰山地区最早的佛寺——郎公寺，后隋文帝亲自赐名为神通寺。金庐山西北有郎公寺，后改名为神通寺。其历史悠久，创建于东晋，曾经香火鼎盛。其东有三坛寺，西有千佛岩，千佛岩上有大大小小的石龛上千个，里面雕有石佛，雕刻年份为东晋至唐朝。灵鹫山上有九塔寺，因为有一座塔，一塔九顶而得名

① "竹溪六逸"为唐朝开元年间的六位在徂徕山隐居的隐士。六位隐士分别为李白、孔巢父、韩准、裴政、张叔明、陶沔，其中以"诗仙"李白最为著名。李白在隐居徂徕山期间，曾经写过许多跟泰山以及其周边群山有关的诗，其中"峻节凌远松，同裴卧磐石……昨宵梦里还，云弄竹溪月"就是描写的要离开徂徕山时，对徂徕山风景以及好友依依不舍的感情。
② "徂徕先生"石介为泰山学派的创始人，"宋初三先生"之一，在中国历史以及哲学史上有重要贡献，对"程朱理学"有重大影响。苏轼曾写诗纪念他："堂堂世上文章主，幽幽地下埋今古；直饶泰山高万丈，争及徂徕三尺土。"

（续表）

序号	区域	山体	景观点	概况
17	泰山主山西部	陶山	范蠡墓、范蠡祠、女娲殿、纯阳宝殿、魁星阁	春秋时期范蠡隐居于陶山，范蠡归隐后自号陶朱公，陶山即因此而得名。陶山中现在存有范蠡墓、范蠡祠等纪念范蠡的景观。陶山也是道教"七十二福地"之一，所以也有女娲殿、纯阳宝殿、魁星阁等道教建筑

五、小结

　　泰山自先秦时期就已经开始有文化景观出现，这个时期泰山作为自然的代表被崇拜，风景园林的整体风格是较为朴素的。泰山在帝王和人民心目中的地位很高，但并没有确立"第一山"的地位。秦汉时期，随着"五德始终说"的发展，泰山得到了第一山的地位。秦始皇为了封禅，大规模整修了登山的道路。秦始皇与汉武帝带来的"神仙方士"，也使得宗教景观开始萌芽。

　　根据对史料的考证，作者发现，泰山文化景观大规模发展是在两晋、隋、唐、宋时期，在这个时期，经济和宗教文化都在快速发展，佛寺、道观在泰山区域内如雨后春笋一般建立起来，逐渐成为泰山文化景观中的一个主体。在这个时期，随着登山游人的增多，泰山上的亭、台等纯粹的观景建筑也开始构筑起来。但是，在这个时期封禅景观并没有继续发展。虽然在唐、宋时期仍有帝王来泰山封禅，而且声势浩大，但泰山的地位其实有所下降。在秦汉时期，泰山封禅时帝王是独自封禅，其与天对话的内容，无一人知晓。随着"五德始终说"渐渐退下中国哲学的历史舞台，帝王对泰山的信仰减弱了，泰山封禅成为强调中央集权、彰显统治地位的工具。其中突出的一个表现就是，自唐玄宗封东岳大帝为"天齐王"后，历代来泰山封禅的帝王均会给泰山神赐封号。据此推测，在秦汉时期，泰山的地位是高于帝王的；而在唐宋时期，泰山的地位是低于帝王的。封禅的祭坛形制也就参考古制，或稍加改动增加几级台阶，没有再继续发展和转变了。

　　这个时期泰山景观的发展是曲折的。古代园林建筑多为木结构，如果缺少管理，加上山中潮湿、风大，则很容易损坏倾颓，因而需要管理和维护。自春秋战国之后，泰山地区的经济发展得一直不是很好。除了帝王封禅、巡守，会敕令重修以外，泰山景观的管理和维护一直是一个大问题，许多景观都经历了多次凋敝和重修。而且经历了元代的浩劫后，泰山上的景观"百不存一"。在两晋、唐、宋时期，泰山景观在曲折中丰富；而到了明清时期，新增的景观点并不多，只是进行了许多修缮、改建的工作，整体风貌变化不大。

清朝灭亡至中华人民共和国建立这段时间，有的景观被掠夺破坏，有的景观逐渐破败。直到中华人民共和国成立后才又开始大规模的恢复修建，但目前的修复主要集中在泰山南侧中路景观线，以及岱庙等重要线路和节点。根据作者对泰山周边群山文化景观的考证发现，这些山体中有的已经被夷平消失，有的逐渐失去了与泰山主山的景观联系，有的从古代到现代都没有与泰山主山景观发生过联系，现在已经不属于泰山景观系统了。而对于周边其他景观点的修复还在逐渐展开。

综上，可以看出，封建社会泰山文化景观的分布以中路景观线为主，遍布全山，涵盖儒、释、道以及其他各类景观。而周边群山的景观也在蓬勃地发展。整个汉代以后的封建社会景观较为平均地分布在泰山周边。

第七章 泰山文化景观选址分析

泰山寺庙园林的分布并不是随着历史的推进无章地在泰山选址,而是根据泰山的山形、地势、水文特征等自然条件进行布局,并随宗教发展而逐渐丰富。因此,需要对泰山的地形地貌进行分析,再对比寺庙园林分布,从而得出泰山寺庙园林是如何因山就势,体现园林设计理法的。

第一节 泰山地形粗糙指数

泰山整体面积庞大,单纯的剖面、断面不足以全方面地反映泰山的地形现状。因此,借助地形粗糙指数(Terrain Ruggedness Index)对泰山进行分析,从风景园林角度分析泰山整体的地形地貌,就能得出最适宜登山的路线,即较为平坦的路线。

经作者调研发现,泰山景区与南部泰安城区、东西北三个方向的山区相比较,明显具有更高的粗糙程度。地表粗糙程度是反映地表起伏变化和地表被侵蚀程度的指标,反映的是测量区域与邻近区域水平高度的差值。地表越平滑,地形的粗糙指数就会越低,最低可等于0米;同理,地表越粗糙,地形粗糙程度指数越高,测量泰山最高值可达30米以上,而泰山绝大部分区域地表粗糙程度在15~25米之间。

放眼整个泰山,地形粗糙指数也体现了泰山的诸多地形规律:第一,泰山内部诸山峰整体地形粗糙指数偏高,说明泰山区域内诸山峰虽然海拔高度均不及中心玉皇顶,但是都有拔地而起之势,大部分都不是平缓起伏的山峰,反而十分陡峭,这样的规律在泰山的西南侧傲徕峰、中部岱顶区域和泰山正东侧的罗圈崖体现得尤为明显。第二,泰山区域内地形粗糙指数,如果单从泰山外侧向岱顶中心区域来看,数值呈现出先大后小而后又大的变化趋势。也就是说,泰山岱顶中心周边的山峰起伏相对平缓,并没有大片陡峭的山峰在此处分布,起伏明显的山峰均分布在泰山外围,离岱顶区域较远,这一现象使得岱顶"一览众山小"的效果更为突出。第三，泰山区域内，红门登山路线、天外村登山路线、桃花峪游览路线这三条主要游览路线均沿着起伏较为平滑的地形一路登顶，三条道路明显与发自泰山的水流重合。长期的溪水冲刷侵蚀降低了沿途的地形粗糙指数，可以说，泰山的水一方面成为泰山的灵动水景，另一方面也成为泰山登山路线最早的"勘探者"和"设计者"。

通过对地形粗糙指数和古代文化景观点密度的可视化叠加，本书反推出古人最为可能的登山线路图；然后，再根据这个初步的线路图，通过实地调研和考察，将这些路线进行确认；最终得到古代泰山游览路线的布局。

泰山古代的登顶线路有五条之多。其中，景观最为集中的是泰山南侧中路景观线。这条线路自古有之，被秦始皇稍加修建，从此以后就成为最主要的登山道路。明清时期，泰山南侧中路景观线曾经被开辟过新支路盘道。明清时期，泰山顶上香火旺盛，南天门不堪重负，为了缓解登顶上香人数过多的问题，所以在南天门以下，十八盘侧开辟了新盘道。明朝时期的盘道在清朝时期盘道的南侧，盘口在雁翔岭东南，清朝时期被废弃。明朝时期，当行人较多时，就规定从新盘口上，直达碧霞祠，而后从南天门原来的旧盘口下，缓解岱顶和南天门的压力，形成游览路线的指引。清朝时期重新开辟的盘口在对松山升水桥西侧，具体使用方法不详。这两条盘道是泰山南侧中路景观线的分支。而现代同样面临着国际劳动节、国庆节登顶人数过多的问题，所以恢复了明朝时期的旧盘道，应用方法与明时相同。除了新开的盘口以外，经石峪处也开出一条支线，游客从经石峪可以到达东溪山，使得游览路线更加多样化。

在另外四条线路中，从古至今人流量比较大的是岱阴东部区域的后石坞登山线路。这条线路是游人登山游览形成的，并非帝王主持修建的。其经过的九龙冈、坳山、天空山、摩云岭连成一线，是岱阴山体走势最为明显的部分。游人从这条线路登山可以体会到岱阴幽深静谧的景观。两条线路虽然一条大气，另一条婉约，但它们的共同特点是道路盘桓曲折，景色柳暗花明。

其他三条线路均是由帝王主持修建的。岱阴玉泉寺线路是秦始皇下山的线路。根据线路位置来看，秦始皇的意图可能是希望从正南登山，正北下山。这条岱阴线路的选址沿路风景并不够精彩，因而仅大津口、玉泉寺一段游人较多。位于这条线路南侧的周朝古封禅线路和汉武帝登山线路也存在这个问题。汉武帝选择这条线路的原因可能是其位于泰山东侧，平缓易登。汉武帝从这条线路骑马到达了中天门。

秦汉时期帝王对封禅的重视，给了泰山登顶道路正式形成的机遇。虽然在当时受到争议，但是，至高无上的皇权确实使得泰山的登顶线路得以确立。而其后景观并不精彩的线路逐渐被淘汰了。最终，岱阳和岱阴分别留下了两条景观最为精彩的登山线路。

除了这五条线路以外，还传说古时有西御道可以登顶。一些文献认为，宋真宗封禅时是从西边登上泰山顶的。按照这些文献的描述，泰山在古时应当还有一条可以登顶的西御道。根据《宋史·志第五十七》记载："庚戌，帝服通天冠、绛纱袍，乘金辂，备法驾，至山门幄次，改服靴袍，乘步辇登山。……至回马岭，以天门斗绝，给从官横版，亲从卒推引而上。"① 然而，岱阴西部自上桃峪起与岱顶呈断裂之势，在没有科技辅助的情况下很难攀登，所以应当没有形成登顶的线路。而古代各类游记也没有西侧登顶线路的记载。所以，这条西御道实际上是后人杜撰的。

除了登顶线路以外，古代泰山周边还有许多游览路线，涵盖了泰山的各个部分。岱阳西有白龙池、竹林寺、白杨坊一线，景色清秀怡人，以游览三面环山景色秀丽的黑龙潭、白龙池区域为主。岱阴西有桃花峪、上桃峪一线，以及众多的小线路，可以游览岱阴西幽静深邃的景观。岱阴东秦始皇下山线路中大津口、玉泉寺一段游人也较多。再加上小津口、大津口一线以及泰山后山的线路，整个泰山的美景足以被游遍了。而且，这些线路给人的感觉各自不同。泰山风景园林的核心虽然是岱顶，但周边的游览线路也各有逸趣。

现代和古代泰山登山线路的布局是不同的。

现代泰山登山线路的布局主要保存了泰山南侧登山线路和东侧的后石坞登山线路。而岱阳西一线被扩展成为机动车线路，并且延长至中天门。岱阴西桃花峪一线，也扩展为机动车道路，并且建立了索道到达山顶。中天门至十八盘一线也建立了与登山线路几乎平行的索道线路，可到达山顶。所以，桃花峪一线变为了直接可以登上山顶的线路。白龙池竹林寺一线与中天门连接，再通过索道到达南天门，变成了在泰山南侧中路景观线稍东，被用来辅助泰山南侧中路景观线的一条线路。除了保留和扩展的可以到达山顶的道路以外，其他线路和周边景观基本被机动车道路占据，或者萧条荒废了。可以明显地看出，现代泰山游览线路的布局节奏更快，而且加强了以岱顶为核心的趋势。登高览胜成了重心，而闲游逸趣正在消逝。

---

① （元）脱脱等撰．宋史 [M]．长春：吉林人民出版社，2005.

第二节 泰山主山文化景观密度

在泰山上存在着非宗教景观与多种宗教景观共同发展的现象。这些景观在泰山区域内和谐共生，共同塑造着泰山区域景观的繁荣。这与儒、释、道三种文化之间的和谐有着密不可分的关系。天人合一、天人感应的思想是统领泰山文化的核心，祭祀文化是泰山文化得以繁荣的基础。儒、释、道三种思想在这种环境中共同生长，虽然它们必须借助祭祀文化，以此为基础发展文化理论，但同时它们也反作用于泰山的祭祀文化，是在封建文化认可并且支持的框架中相互磨合。

在儒、释、道文化中，与以封禅为核心的泰山帝王祭祀有着最主要、最明显联系的就是道教。首先，泰山神东岳大帝为道教神体系中的一位神祇。从秦汉时期开始，帝王的封禅就带来了道教的萌芽——神仙方士。作为"五德始终说"的阴阳学，与道家的思想也是最为接近的，甚至有人将其划入道教中。唐宋时期封禅时，也有授予泰山神封号的环节。从唐宋开始，帝王除了到泰山封禅和举行其他的祭天仪式以外，也开始举行建醮、投龙等道教祭祀仪式。到了明清时期，封禅彻底终止。由于民间道教祭祀的兴盛，帝王开始祭祀泰山本地的道教神——碧霞元君。道教在泰山占据的核心地位是无可动摇的。从道教寺庙园林在泰山主山的分布也可以看出，道教景观主要分布在游人最集中的南部中路景观线上，当然，其在泰山的其他登山线路上基本也有一些分布。泰山主山被浓郁的道教祭祀氛围围绕。

佛教作为外来的宗教，一直试图在泰山主山附近区域立足，甚至在整个山东区域进行传播。古代帝王在巡守时也会同时礼佛，所以带动了佛教的繁荣。泰山祭祀并不排斥佛教和佛教园林。但是，相比于道教明显占据着南部中路景观线的位置，佛教的分布则较为零散，最接近岱顶的佛教景观是经石峪题刻，仍不是佛教寺庙园林。僧人的修行都是在泰山主山较为边缘的地区。而且，佛教也没有形成单独的景观游览线路，而是每一个佛寺单独发展。除了道教占据绝对主导地位这个原因以外，也是由于这些地区的自然景观特征刚好符合佛教僧人清修的要求。

儒家思想与祭祀文化的联系体现在礼制上，而礼制体现在泰山文化景观建设的方方面面，已经完全融入了泰山景观中，但专门用来供奉孔子的寺庙园林比较少。儒家思想主要还是从祭祀礼制和整个泰山主次分明的游览路线中体现出来。另外，泰山地区作为儒学比较发达的地区，也是文人雅士选择游览和隐居的地方，所以泰山上留下了许多文人的题刻和其他遗迹。泰山上除了宗教祭祀景观以外的其他景观，很大一部分是文人雅士留下的题刻、故居和其他遗迹；另外，还有很大一部分是帝王登泰山留下的遗迹，如五大夫松、五松亭等。在泰山周边群山中，如徂徕山也有很多隐士居住。这些景观遍布泰山，使得泰山除了宗教氛围以外，还有非常浓厚的文学氛围。

第三节　岱顶、十八盘文化景观分布

泰山的景观与泰山的自然条件有着密切的关系，是通过梳理泰山整体的山形、山势，"凭借"泰山的自然条件而形成的。山岳风景园林不同于一般人造园林景观，人造园林是"相地置山"，而山岳景观是"理山置景"。景观设计者不是根据其心境创造其想象中的家园，而是要根据山水景观特点来塑造适合山岳的景观，或者寻找符合其心境的山水，对山头加以塑造。但是它们的核心思想是一样的，就是中国古代园林的核心思想——"天人合一"。

在风景园林的核心布局上，岱顶成为泰山无可争议的核心地区。岱顶作为泰山景观核心不可动摇的地位是来自于人们对山水景观的理解。岱顶是泰山最高点，其自然景观是群峰簇拥的一派仙境景观。岱顶景观的核心在碧霞祠、大观峰处，其位于岱顶的中心区域，且所处位置视线开阔，景观格局大气。游人从南天门经过天街，到达碧霞祠，登上大观峰，转而上到玉皇顶，形成了开端、发展、高潮、结局的游览节奏。这条线路上又分出一些路线，连接许多的景观节点，整个布局就完成了。岱顶景观的立意、布局是出自岱顶山水本来就有的仙境山水景观。而后人们在天然形成的几处关口——夹石而成的西天门、夹山而成的南天门等处布置出入口，在峰回路转或景色开阔之地布局道观、观景台等景观，自然就形成了繁荣的仙界景观。同样是泰山区域内的山体，灵岩的核心就不在山峰处，而在山谷之中，这亦是出于对山水景观整体的理解来进行布局的。

泰山的山水景观多样化，并不缺乏秀美、险峻、幽深等感受。对于泰山而言，核心景观的布局，加强了泰山神山、雄伟、"一览众山小"的印象。假如核心位置选在其他地方，那么泰山景观可能就会别具特色了。

在其他景观的布局上，以泰山中路景观线的布局为例。泰山有丰富的山水景观资源，岱阳中部峰回路转、西部清静秀丽、东部山旷水朗，岱阴清幽深邃。从山水整体的风格来说，岱阳中部最适合安排步移景异的景观线路，因而在这个基础上发展成了泰山南侧中路景观线。这里是泰山自然景观最集中的区域，也是文化景观布局最集中的区域。从山体构造来说，一天门到中天门段主要为侵蚀性构造低山；中天门至南天门段主要为侵蚀性构造中山。所以，在一天门至中天门区域登山节奏较为缓和，在中天门至南天门区域登山节奏较为急促，三处天门划定了登山节奏。

在这个节奏之中，人们继续对景观节点进行安排。小洞天南红门区域一般被认为登泰山的起点，在《泰山道里记》中被称为"登岱者众路之会"①。天关为回马岭别名，从红门区域至回马岭主要有小洞天、桃源峪、龙泉峰、经石峪、歇马崖等区域。从回马岭到中天门区域主要有黄岘岭区域。从中天门到小天门段主要有御帐坪、小龙峪、快活三里等区域，从小天门到南天门段主要有石壁峪、大龙口、雁翎峰、鸡冠峰、大龙峪、对松山、朝阳洞、拦住山等区域。而从中天门到南天门段还可以按照现在普遍认为的十八盘来划分。上部主要是狭义的十八盘即"紧十八"，从升仙坊到南天门的部分；中部主要指"不紧不慢又十八"，从龙门到升仙坊的部分；下部主要指"慢十八"，从中天门到龙门的部分。这样就形成了更加细致的节奏划分。这种节奏的划分正是对岱阳中部三收三放的山势进行的加强构建。

泰山南侧中路景观线是指，在泰山众多区域中选取了一个峰回路转的区域，然后通过加强其本身的节奏所形成的线路，而不是盲目地去开发扩建。正是因为理山用心，置景合理，才有了现代南部景观线的繁荣。同样是帝王的封禅线路，其他几条线路则因为与泰山景观特点结合得不够紧密，没有达到这样的效果。

第四节　泰山周边群山的辅助作用

群山环绕在泰山主山周边，而泰山景观的布局就是选取这些山体各自的优点和特点，加强和辅助泰山主山的景观，最后形成大泰山区域的整体景观。

泰山的文化和景观基本上都延续到了泰山周边群山。分析泰山周边群山之后我们可以发现，泰山周边群山自古以来就是泰山景观的一部分。泰山主山承载的是较为正规和重要的文化功能：封禅等帝王祭祀、官员祭祀、主要的民间祭祀，以及规模较大的修行寺院、等级较高的道家清修处和较为彻底的隐居行为等。而泰山周边群山则是承载了帝王禅地、居民日常祭祀活动和一般归隐行为等。泰山周边的群山临近泰安古城，其高度适易攀爬，所以更加方便居民日常祭祀。从这里也可以看出，泰山并非单纯的封禅神山，而是由于封禅的兴起，整个泰山区域

---

① 聂剑光纂．泰山道里记 [M]．北京：商务印书馆，1937．

都有较为浓厚的祭祀风俗氛围。这种氛围的兴起使得道观等寺庙园林在泰山整个区域内繁荣发展，而这种繁荣同时也反作用于祭祀氛围，使得祭祀的氛围更加浓厚。但是，随着封建社会的消亡以及社会的剧烈变化，泰山主山的物质文化和非物质文化受到了巨大的破坏和侵袭，在周边群山的文化几乎荡然无存。现在这种文化仅存在于当地人的一些生活习惯中，如除夕夜拜泰山等。而这种失去了依托的非物质文化不知道还能存在多久。整个泰安、泰山区域作为依托于传统名山发展的区域已经丧失了很多区域的特色，仅剩下主山尚为人所知。

正是因为泰山区域是一个山群，所以能形成一个包罗万象的整体景观布局。儒、释、道文化都可以在这里和谐繁荣地发展。仅靠泰山主山是不可能和谐地承载这么多景观类型的。泰山主山主要承载的是儒、释、道三家都认可的祭祀景观，其他儒、释、道景观也有庄重统一的景观风格，仅仅在一些较为幽深的地方会有一些较为朴素的园林或建筑，如茅庐等，但这些景观并不能形成一种文化氛围。如果没有泰山周边群山的景观，则泰山的文化氛围就会比较严肃而单一，且官方祭祀氛围浓厚。正是有了这些方便日常祭拜修行的道观、佛寺，易于归隐的清静山林，才有了泰山区域丰富的文化氛围。

相比于社首山、蒿里山等，亭亭山、云云山距离泰山较远。古代东夷族由于生活在泰山地区，所以可以在亭亭山、云云山禅地，然后到达泰山封禅，在路途中还可以顺便考察国土民情。自封建社会开始，泰山地区已经不是国家的中心了，从都城到泰山本来就是大动干戈，所以人们便逐渐不在亭亭山、云云山禅地。亭亭山、云云山虽然是最早的禅地处，但是禅地历史太过久远，距离泰山主山距离也较远，故后续逐渐被社首山、蒿里山等替代。其文化景观没有遗留下来，与泰山的文化联系几近断裂。

泰山周边群山，如亭亭山、云云山、社首山等，与泰山南部中路景观是一体的关系。泰山主山体负责"封"，而周边众山负责"禅"；周边众山亦分布有道观和山洞，供附近居民祭祀，佛教崇拜也基本分布在岱阴众山。它们与泰山就像一条河的主干分流出的不同支流。周边群山对于儒家思想来说，是封禅、巡狩的目的地；对于道教来说，是主山体的附属和其向民间的延续；对于佛教来说，是主要的传教地点。泰山周边众山虽没有独属于自身的文化属性，但如果仅将泰山文化局限于主山体，则泰山文化也将有所缺失。因此，在对泰山进行景观序列与分布研究时，我们应同时考虑泰山周边众山。

蒿里山又名高里山、亭禅山，位于泰山西南部。有的文献认为，其在古代主要承担禅地祀土的功能。《史记》载："十二月甲午朔，上（汉武帝）亲禅高里，祠后土。"①《汉书》也多次记录了汉武帝在蒿里山禅地。但自汉武帝之后，便鲜有蒿里山禅地的记录了。帝王再有禅地的活动，也多进行于其临近的社首山。这与泰山地区"地狱—人间—天堂"之说，应当颇有关系。古代泰山为东岳，又名岱山。《风俗通》云："岱，始也。宗，长也。万物之始，阴阳交代，故为五岳长。"② 泰山代表了万物生长枯荣，古人视其为主生死的神山。而唐代学者颜师在研究《汉书》时注云："此'高'字应为高下之高，二死人之里；高里山在泰山前麓，是鬼魄之地。"③ 泰山之高，代表了生生不息，蒿里山便成为"鬼魄之地"。

这种说法亦来源于古代泰山地区的自然环境。古代泰安城的位置在泰山以南、蒿里山以北，依泰山傍汶水，借泰山的山势，形成自然的排水地势，所以很适合人居住，故泰山为"天堂"，泰安城为"人间"。而蒿里山及其以北的区域，则长年受涝灾之苦，所以成为"地狱"。直到现在，虽然遇到暴雨，古泰安城的区域（现泰安市城区北部）不会有水淹的问题，但泰安市城区南部却仍被暴雨水淹问题所困扰。

除了蒿里山以外，徂徕山也是泰山周边众山中比较特殊的一座。在古代文献中，其多被称为泰山的"案山"。徂徕山是泰山风水穴中不可或缺的部分。"案山"不仅仅在泰山风水文化中有重要的地位，同时也代表了徂徕山是泰山区域自然风景中的一部分。泰山地区是一个山环水绕的自然区域，其中泰山主峰最为俊秀，整体环境亦十分优美。这个"风水穴"为泰山提供了"一览众山小"的视线景观。许多描写泰山景观的诗词都有对从泰山上俯瞰群山景色的描述。从"岱岳登观绝顶来，汶流双曲抱徂徕""十八盘高拥帝都，徂徕梁甫众争扶"都能看出徂徕山对于泰山视线的重要性。

同时，徂徕山作为岱阳最大的山，亦有山泉溪水。徂徕山可以提供比较优美的居住环境，而且其距离泰山较远，秦之后少有祭祀活动。徂徕山沾泰山之灵气，又远离世俗，所以也是泰山区域隐士的主要活动空间。此山曾经出现过"竹溪六逸""徂徕先生"等名士，亦有"徂徕书院"。所以，徂徕山对于泰山的自然风景和泰山文化来说都是不可分割的。

---

① 司马迁.史记 [M].天津：天津古籍出版社，2019.
② 齐豫生，夏于全.风俗通义 [M].长春：北方妇女儿童出版社，2016.
③ （汉）班固.汉书影印本 [M].北京：北京图书馆出版社，2003.

第五节　泰山文化景观布局分析

　　古代泰山主山景观的布局具有理山置景、巧于因借、登高览胜、闲游亦趣、天人合一、释道和谐的特点。而周边群山的景观则具有梁父回连、取良为辅的特点。从整个泰山地区的景观分布来看，泰山地区的景观在历史的发展中逐渐形成了一个完整的体系。

　　在帝王祭祀的带动下，形成了南部中路景观线以及多条游览线路，通过后人摸索又逐渐形成了后石坞以及主山周边的各种小的游览支线。这些骨架道路慢慢地丰富起来，使得泰山的文化景观几乎遍布全山。围绕着泰山，周边群山的文化景观密度虽然没有泰山主山大，但是也均有景观点的分布。这与现代泰山景点过于集中于泰山南侧中路景观线的现象十分不同。

　　与现代景观发展格局不同的是，通过对景观整体分布的梳理，我们可以看出，泰山风景园林设计理法在处理复杂的封禅、儒、释、道文化中也有章有法，毫不混乱。四种文化背景的园林在泰山区域内相互穿插，各个区域又各有主次，延伸到泰山周边群山，形成了多点共同繁荣的景观群，布局完整，"因借"合理。

　　反观寺庙园林，岱顶与泰山南侧中路景观线中道教占据了主导。泰山在古代最重要的功能之一是承载了以封禅为高潮的帝王祭祀。泰山主山主要以岱顶为核心建立景观布局。这条线路的景观点集中了泰山主山大部分的景观单体。道教景观在这一轴一核心的区域占据了主导地位。岱顶以祭祀道教神为主，泰山南侧中路景观线上也分布了大量的道教景观。

　　由于明清时期帝王没有再继续进行封禅，纯粹的封禅景观已经没有存留了。但泰山南侧中路景观线，以及古代封禅的几条线路还存留着，对于泰山景观来说仍有骨架作用。虽然，禅地景观最重要的承载区域——社首山已经被夷平，但是曾经举行过禅地仪式的亭亭山、云云山、石闾山、肃然山还存在，可以对禅地的景观进行复原，在泰山区域内形成一个网状的框架。

　　佛教是外来宗教，无法占据泰山的核心地位。所以，佛教景观在泰山的核心为泰山周边群山中的昆瑞山和灵岩。这两座山体位于岱阴区域，环境优美、安静，十分适合清修。佛教景观以这两座山体为重心，散布于泰山主山和其他区域。但泰山中天门以上就很少有佛教园林了。佛教园林在泰山的发展并不是要占据核心地位，而是以泰山为一个根据地向外发展。这个体系与道教园林的集中和喧嚣不同，更加清静。道教景观与佛教景观一动一静，一个向着中心发展，另一个有明显的扩张状态，二者在区域内形成了互补。

　　儒家思想通过影响和促进祭祀礼制，影响着泰山文化景观。真正明确属于祭祀的景观只有孔子庙等寺庙园林，仅仅形成了景观单体，没有形成区域。来泰山地区归隐的文人墨客主要选择徂徕山作为隐居的地方，使徂徕山成为儒家思想中泰山学派发展重要的据点。这些隐士以及泰山学派的思想，是以徂徕山为据点，对泰山文化景观进行影响的。

　　另外，以道教神祇体系为主体，融合了儒家、佛教等各种思想的泰山形成了"天堂—人间—地狱"景观体系，将泰山主山、古泰安城、蒿里山连成了一个景观轴线。其独特的景观分布在蒿里山，与泰山主山景观形成了另一套不同的景观体系。这条轴线也是泰山南侧中路景观线的延伸。虽然其属于道教景观体系，但是同时也是一个独特的民间传说体系。而现在这个体系基本只存在于历史资料中，文化景观基本被破坏殆尽。

　　泰山区域文化景观形成了一个完整的布局。在这个布局中，不同文化背景的景观相互交织，但是各有核心、各有重点，丰富却不杂乱。这个布局是在泰山山水格局上一步一步发展起来的，充分体现了"因借"这一风景园林设计理法思想。

第八章 泰山典型园林和建筑

理微决定了园林能否在泰山风景园林整体布局中精彩地呈现。虽然泰山园林纷繁复杂，但其主要类型有章可循。根据对泰山相地、布局、历史、区域的研究，本书认为对泰山园林理微的研究对象应考虑以下几个方面：从寺庙宗教类型上，应当包括封禅、道教、佛教、民间祭祀四类；从时间线上应当包括从秦汉至明清的园林研究；从位置上应当包括泰山主山和泰山周边群山。借此，本书逐一对比研究得出，在面对相同或近似的自然条件时，泰山园林采用了不同的风景园林设计理法。根据以上条件，本书将研究落实在8个泰山寺庙园林或建筑：碧霞祠、秦汉封禅台、蒿里山神祠、斗母宫、壶天阁、竹林寺、三阳观、王母池。其中，碧霞祠、三阳观和竹林寺、王母池是比较典型的寺庙园林；斗母宫和壶天阁则是景观化明显的寺庙园林，与周边自然环境结合得十分紧密；封禅台是秦汉封禅的代表建筑，其建设过程体现了相位在设计理法中的重要性；蒿里山神祠属于民间祭祀使用的寺庙建筑，既远离泰山主峰，在文化上又与泰山一脉相承。本书选取这8个单体进行研究，通过实测、古籍考证等方法，分别研究了这些单体是如何运用风景园林设计理法来"理微"的。

第一节 碧 霞 祠

碧霞祠，又名碧霞元君祠，即岱顶的碧霞元君上庙，是泰山香火最旺的寺庙园林。碧霞祠在封建社会时期虽然没有经过战乱破坏，但经历过数次火灾，最严重时到达铜化为水的程度。碧霞祠从民间自发修建的祭祀祠庙，而后转为道教传教场所，直到最终成为帝王的致祭之地，可以说汇集民间、宗教和帝王三重文化因素于一身。学术界目前的研究集中于碧霞元君身份起源和碧霞元君信仰的演变和发展上，通过挖掘史料深入研究碧霞元君。作为碧霞元君信仰的发源地和中心，泰山岱顶碧霞祠自宋代创建以来，其形制变化的推断研究也将成为碧霞元君信仰发展的实物佐证。

碧霞祠位于岱顶南侧，也位于泰山最高峰天柱峰的正南侧。从其周围的小范围来看，碧霞祠北靠大观峰，南临宝藏岭，东有驻跸亭，西有振衣岗；从岱顶山水来说，碧霞祠北倚泰山最高峰天柱峰，东为日观峰，西为月观峰，南有宝藏岭、拦住山，而且，碧霞祠东有圣水泉，西边有玉女池，泉水灵秀，清澈甘甜。

除此之外，莲花峰、围屏峰好像屏风一样列在旁边。这些山体的关系使得碧霞祠所处的位置，时而幽暗，时而明朗；再加上云雾缭绕的山顶环境以及鼎盛的香火烟雾，使得这片区域愈发宛如仙境。但是这个区域的面积比较小，碧霞祠整体占地不足 3000 平方米。虽然其面积小，仅有两进院落，但第二进院落有两座御碑亭，曾经存放过秦封禅碑文，匾额、楹联多为帝王题写，加之御制碑亭采用琉璃瓦，足以说明碧霞祠在封建社会中的地位。而碧霞祠内正殿为五开间歇山顶，其瓦垄为三百六十条，象征周天之数，也代表了其在道教中的崇高地位。

一、碧霞元君祠现今形制

碧霞元君祠是一座两进院落的道教园林，前有照壁和火池，结构严谨，布局紧凑。其以照壁、火池、南神门、大山门、香亭、大殿为中轴线，左右分列东西神门、钟鼓楼、御碑亭、东西配殿等建筑。碧霞元君祠南北长 76.4 米，东西宽 39 米。照壁和火池均在南神门外，照壁下部石砌，上部砌作五脊墙顶，北面镶石板 4 块，大书"万代瞻仰"。其壁高 3.45 米，宽 5.22 米，厚 0.65 米。火池一间在照壁北，又名金藏库，砖石建造，面阔 5.3 米，进深 5.3 米，通高 5.7 米，无梁檩横砖发券，筒瓦五脊歇山顶。其西北开一门，东西山墙各开一窗，是香客焚烧币帛及香纸的地方。

南神门上有歌舞楼，门内东有东神门，西有西神门，盘道穿越其间。院中东为钟楼，西为鼓楼，北为重台。在火池北，石砌方形，顶部条石平铺，门宽 2.7 米，进深 5.26 米，高 2.73 米，东西各有小房一间，门相对。南神门有歌舞楼 3 间，面阔 9.79 米，进深 4.95 米，通高 4.9 米，两柱六檩六架梁，重梁起架，卷棚歇山顶，东西山顶各开一拱形门，北面无壁。西神门与天街相连，东神门与通玉皇顶的盘道相接，两门形式相同，均石砌拱形门洞，高 3.4 米，宽 3.25 米，进深 5.4 米。上筑阁楼各 3 间，面阔 8.8 米，进深 3.5 米，通高 4.9 米，两柱六檩六架梁，重梁起架，卷棚歇山顶，施墨线小点金彩绘。三神门间各有北向小房，顶部铺条石，将东西阁楼和歌舞楼连在一起，有石阶相通。

南大门筑于重台上，前后廊式 5 间，面阔 19.8 米，进深 11.2 米，通高 12.15 米，五柱九檩七架梁，中柱前后廊式，重梁起架，九脊歇山顶，筒瓦板瓦、大脊垂脊、勾头、滴水、螭吻、走兽等均铁铸。廊下东、西山墙上筑神台，供青龙、白虎、朱雀、玄武四方护卫神铜像。钟鼓楼位于大门前东西阁楼北，面阔、进深均 5.4 米，通高 7.38 米，方形重檐五脊歇山顶，灰色筒瓦，楼身施四通柱，上下层间施四楞木铺钉木板。上屋施角梁、扶角梁、金枋等起架。金枋上横置一圆梁悬挂兽钮莲口铜钟，施墨线小点金彩绘。

东御碑亭和西御碑亭位于大山门后两侧，方形，面阔进深均为 6.2 米，通高 7.9 米，施四通柱，九脊重檐歇山顶，黄琉璃瓦盖顶。两碑亭均开一南向门及向院内的门。斗拱檩枋上施墨线大点金彩绘。亭内置乾隆登岱诗汉白玉碑。

碧霞祠正殿，上覆盖瓦、鸱吻、檐铃，均为铜铸，檐下有乾隆御赐匾额"赞化东皇"。大殿 5 间，面阔 24.7 米，进深 15.1 米，通高 13.7 米，屋面的筒瓦、大脊螭兽、垂脊、垂兽等构件皆铜铸。

东西配殿各 3 间，面阔 13 米，进深 7.7 米，通高 8.4 米，四柱五架梁，七檩前后廊式，重梁起架，五脊硬山顶。东配殿供眼光奶奶和二侍童铜像，西配殿供送生娘娘和二侍童铜像。瓦面的板瓦、筒瓦、大脊、螭吻、勾头、滴水、走兽等皆铁铸。院中为香亭，即明万历年间所铸金阙处，金阙后移山下，建有香亭，平面布局为方形，重檐八角，面阔进深均 5.8 米，通高 8.3 米。亭身四通柱，周列角柱和辅角柱，共 12 根，形成下层环廊，内祀元君铜像。亭两侧有铜碑对峙：东为明万历年间《敕建泰山天仙金阙碑记》，西为天启年间《敕建泰山灵佑宫碑记》。亭前有明嘉靖年间和万历年间铜铸千斤鼎和万岁楼。

二、碧霞祠历史沿革

碧霞祠正殿供奉碧霞元君像，碧霞元君在民间又被称为"泰山圣母""泰山老奶奶""泰山娘娘"。"碧霞"意指植物生长、霞光初生，汉学家沙畹更是用"曙光女神"来描述碧霞元君。《风俗通义》言："泰山一曰岱宗。岱，始也；宗，长也。方物之始，阴阳交代，故为五岳长。"[1] 碧霞元君与泰山相辅相成，共同成为民间对"生"的崇拜和祭祀对象。

学术界对于碧霞元君身份的起源说法众多，但主要包括以下三类：民女因功得道、神仙降世临凡、帝王或首领之女。这三种身份起源说反映了碧霞元君的三种信仰主体：香客、文人、帝王。可以说，碧霞元君信仰，正是在帝王的主导下，基于民间信奉，经文人记录和传播再经道教之手逐渐发展成为泰山的中心信仰。

---

① 齐豫生，夏于全 . 风俗通义 [M]. 长春：北方妇女儿童出版社，2006.

（一）宋元时期碧霞祠创建考

碧霞元君信仰成形于宋代，在元明期间不断演化融合，最终在清代达到鼎盛。官方对于碧霞元君的记载最早见于1008年宋代真宗封禅，《泰山道里记》记载："泰山玉女池在太平顶，池侧有石像，泉源素壅而浊。东封先营顿置。泉忽湍涌；上徙升山，其流自广，清澈可鉴，味甚甘美。经度制置使王钦若请浚治之。像颇摧折，诏皇城使刘承珪易以玉石。既成，上与近臣临观，遣使砻石为龛，奉置旧所，令钦若致祭，上为作记。"①按：古玉女池属大辟祠基，适掩于正殿龛座下。今祠东有圣水井，西有玉女池并建亭，遗迹皆后人附会耳。

据此分析，宋真宗给予封号，建祠供奉，只是在原有水池上加建了供奉玉女像的石龛。玉女龛落成不久，时人便因龛构祠，渐成规模，宋元祐刘衮题记中已有"玉女祠"之名。此时的碧霞祠应该是在民众自发地修建过程中，在玉女池以西渐渐成形的。完整碧霞祠的创建年代应在宋真宗东封之后，但不晚于宋仁宗嘉祐年间，即祥符元年（1008）至嘉祐元年（1056）。

元代泰山玉女不在国家祀典，玉女祠属于"淫祠"。一方面从出身来看，玉女的身份为属神，对其祭祀属田祭野祀；另一方面，民众对于泰山玉女祠的修建属于自发性质，泰山本为封禅之山，民间在岱顶进行祭拜活动为统治者所不容。

道士张志纯被元官方委派到泰安主持修葺东岳庙。张志纯看中玉女祠在岱顶的方位布局与民众对玉女的信奉，决定利用玉女祠提升道教在泰山的地位，扩建玉女祠并将其更名为昭真观。《泰安阜上张氏先茔记》云："故自绝顶，大新玉女祠，倍于故殿三分之二，取东海白玉石为像，如人然，一称殿之广袤。"此举不但使玉女身份被纳入道教范畴，将昭真观扩建成为道教传教场所，更使得民间的信仰得以在元代延续。

（二）明代碧霞祠布局考

明代对碧霞元君的祭祀在元代基础上进一步合法化，并首次设立了香税制度。明成化十九年（1483），宪宗赐额碧霞灵应宫。《泰山道里记》引《岱史》云："宋建昭真祠，金称昭真观，明洪武中重修，号碧霞元君，成、弘、嘉靖间拓建……"②即是说明初玉女封号碧霞元君、昭真观更名碧霞灵佑宫并进一步拓建……通过元明时期官方的一系列改造和转化，民间对泰山玉女的信仰成功转化为了官民双方认可的碧霞元君信仰。

---

① 聂剑光.泰山道里记[M].北京：商务印书馆，1937.
② 同①.

古籍资料中对明代碧霞祠形制的图纸记录并不完整，现今可以参考的有《岱史校注》中的《碧霞宫图》、明万历《岱史》中《泰山新图》碧霞祠部分，如果古图记载准确，那么明代修建的金阙应位于山门以外，与清代记录有别[①]。

更为细致的形制推断需要借助明代重修碧霞祠的碑文记载，许彬在《重修玉女祠记》中有云：正殿歇山转角，为间者五，为楹者七，中为神座，以妥泰山天仙玉女。东西为廊各三间，东居配享元君，西居监池圣母。其下又各五间，安奉阴府官署及士民官祀之神。外为门三间，缭以周垣，命道流焚修香火，晨昏启闭，严恭肃敬不敢亵也。

此描述记于明天顺五年（1461），此时碧霞祠第二进院布局已近完整，正殿、配殿、管祀神殿均已落成。而明弘治十年（1497）的碑文《重修碧霞灵应宫记》则对外围布局有进一步描述：

工役既集，卜日治事，凡为正祠五间，为左右配享之祠各三，为从神之祠各一，为钟鼓之楼者亦如之焉。为亭于圣水之祠一，为道院二，区其东为间十有七，其西加二。为官使之厅九，畜牲之房加一。为门之间三，绰楔二。[②]

碑文记录了碧霞祠别院内的建筑和山门外的绰楔，西侧更是建起了接待官员和放置骡马的别院，香火繁盛程度可见一斑。明万历年间《岱史》记载与古图相一致：

万历乙酉，按院韩应庚侍御命官鸠工，更新往制。其宫故南向，凡五间，则栏其东一间题曰东宝库，栏其西一间题曰西宝库，用以投储诸所捐施焉。宫之后，架殿三间，题曰便殿，宫之右架亭一间，题曰憩亭；凡此，皆创刱也。宫之前，左翼曰子孙殿三间，右翼曰眼光殿三间。其中，为露台、为甬路，而甬路之南，大门三间，东鼓楼，西钟楼。而门外绰楔凡三，中曰敕建碧霞坊，东曰安民坊，西曰济世坊。而碧霞坊之前临火池，之上有阙门焉，曰金阙。[③]

由此可见，《岱史》所描述的碧霞祠较弘治十年（1497）又新增了多处建筑，在最北侧新建便殿和憩亭，山门外又增修一处牌坊，应为碧霞坊，南侧依次为金阙和火池。据此推测，最晚至明万历年间，岱顶碧霞祠融祭拜、接待、生活为一体，已具备了完整的道教园林布局。

---

① 清嘉庆年间《泰山志》载："碧霞元君祠……东西两庑祀眼光、送生二母，瓦皆铁冶。中为香亭，即万历中建金阙处。"此记录与明代记载不符，借此推测明金阙自建成后多次移位，明碧霞祠平面布局推测依古图为准。
② 中华泰山网. 弘治重修碧霞灵应宫碑 [R/OL]（2010-10-20）[2021-10-15].http://www.my0538.com/2010/1020/31921.shtml.
③ 查志隆. 岱史 [M]. 济南：山东人民出版社，2019.

（三）清代碧霞祠布局考

清代碧霞元君信仰延续了明代良好的发展势头，统治者利用碧霞元君信仰在民间的影响力巩固统治，推动政教合一，碧霞元君信仰得以顺利延续发展，泰山碧霞祠这一中心也备受关照。清代帝王数次亲临泰山，其中康熙帝三祭泰山，两次登岱顶，遣官致祭9次；乾隆帝10次祭泰山，其中6次登岱顶，遣官致祭18次。自顺治帝开始，清帝王多次致祭碧霞元君、翻修碧霞祠。《泰安府志》记载："皇清顺治辛丑，巡抚许文秀、守道王纪檄、知州曲允斌、武举张所存修整正配各殿、钟鼓二楼，又于火池北创建重门三间，上为乐舞楼，东西各筑石阁三间"[①]。

文中并没有提到明万历年间修建的牌坊，却记载火池北修建重门三间，即现在的南神门、东神门和西神门，并分别在其上加建了乐舞楼、东西石阁。从这些建筑的方位描述和形制来看，其方位应与明代三座牌坊和金阙相近，结合《清宫泰山全图》推测，神门是在明代牌坊南侧新建的。南神门取代明朝金阙成为第一进院的南门。原有的牌坊具有标志和引导的建筑功能，但从命名来看牌坊本身更像是为了宣扬明朝统治。借此推测，三座牌坊在被自然或人为破坏之后，清代统治者修建起的重门与石楼，成为必然的替代。

康熙与雍正帝在位期间，并未对碧霞祠进行大规模的形制改建，但修缮并未间断。而乾隆即位后，对碧霞元君信仰推崇备至，《裁革香税碑》记载：乾隆帝于雍正十三年（1735）废除了自明武宗于正德十一年（1516）设立的碧霞祠香税制度。明代香税制度的设立是将碧霞元君信仰由"淫祀"转为合法化的标志之一。乾隆取消香税制度更是免去了民间祭拜碧霞元君的最后一点官方压力，带来了新一轮的碧霞元君信仰发展高潮。

除去制度改革，乾隆皇帝在碧霞祠的修缮过程中也进行了部分加建。乾隆三十四年（1769），为祝乾隆六十大寿，朝廷制碑运于岱顶，即此时碧霞祠第二进院东南与西南角已建成东西御碑亭。现存碧霞祠东御碑亭内的《重建泰山神庙碑记》记载："山半为香亭，宝鼎中峙，覆以重檐，载陟斯憩，兴仰止焉。……奕奕新庙，穹峙层霄，易陶以金，以御刚飚。"[②] 碧霞祠此时中心建设有香亭，并在其中放置宝鼎，专门用来进香祭拜。另外，针对岱顶恶劣的环境，官方斥资以铁瓦替换陶瓦来防风。

乾隆年间的《泰山道里记》岱顶图清晰地刻画了此时的碧霞祠面貌，但与康

① 颜希深，成城．泰安府志[M]．北京：线装书局，2017.
② 中华泰山网．重建泰山神庙碑文[R/OL]．（2010-10-20）[2021-10-15].http://www.my0518.com/2010/2020/31960.shtml.

熙年间的《清宫泰山全图》进行对比可以发现，此时的碧霞祠已经完全没有了第一进院中的牌坊。至于清宫图没有中北牌坊的原因是碧霞坊已毁还是表现手法使然，我们尚不得而知。但可以确定的是，乾隆年间，明建碧霞祠牌坊已经全部损毁，原来由东西两侧牌坊所引导的道路被第一进院院墙围死，改为途经碧霞祠东西神门，道路在明代的基础上略有南移。

立于清道光十五年（1835）山门前碑刻《重修泰山碧霞祠记》记载，此时碧霞祠山门外也已建起钟楼和鼓楼。至此碧霞祠的形制已经与今日无二，其形制陈从周先生在《岱庙》中已有准确测绘。现今碧霞祠的修缮维护完全基于清代修建的基础，仅在一进院歌舞楼与东西石阁间加建了通道和护栏，而这些直到清末1907年沙畹拍摄的碧霞祠全貌中还未出现。由此推断，清代碧霞祠的歌舞楼与东西石阁需经内部楼梯登上，近代人才建起东西神门与歌舞楼之间的通道，将三栋建筑连接成为完整的舞台剧场使用。

三、历代碧霞祠异同

碧霞祠自宋代开始兴建以来，由于地理位置特殊，自然环境恶劣，其间多次损毁，但"累朝修葺不废"，最终使其得以在岱顶保存下来。宋元时期碧霞祠相关记载多已难考真伪。但自明代至今，碧霞祠的形制已可通过重修碑刻的记载和古图描述进行推测复原。

可以看出，历代对碧霞祠的修缮与新建，折射出的是封建社会统治阶层对于民间碧霞元君信仰的观念转变，由禁止转为推崇。以明清两代官方在碧霞祠第二进院中设置的碑刻、铜鼎等物，可以看出统治者试图在碧霞祠这一信仰中心扩大自身统治影响，但是民间对于碧霞元君的供奉始终是这一信仰延续的主力。基于此，我们对比四朝碧霞祠，可以发现以下几点异同。

（一）碧霞祠更名原因

碧霞祠自创建开始，多次更名，宋基于玉女祠创建昭真祠，元代改名昭真观，明代称碧霞灵佑宫，最终沿用至今。这一过程反映的是民间碧霞元君信仰，通过融入道教而最终获得统治阶级认可甚至被推崇的过程。

宋创建昭真祠之初，对玉女的祭拜不在"国祀"之列，玉女供奉仍为礼制所不容。民间对玉女的信奉自汉代就有迹可循，但至宋代民间的玉女信奉并不完整，地区间的民间信仰存在差异甚至相互排斥。不过宋代虽然并未能将玉女信奉与如今碧霞元君信仰画等号，但却为民间指明了信仰的地理中心，让民间杂乱的信仰有了归为统一的可能。元代仍将民间玉女祭祀列为"淫祀"，却将东岳大帝奉为泰山唯一真神，委派道士张志纯来泰山修建祠庙。张志纯利用机会将昭真祠重建，改名为昭真观，并趁机赋予玉女道教神属地位。从此玉女信奉从单纯的民间信仰升级成为宗教信仰。明代基于宋元基础，封号"碧霞元君"，并首次设立香税制度，碧霞元君信仰首次在官方合法化，此时碧霞祠最终获得今日一直沿用的名称"碧霞灵佑宫"。清代乾隆即位之初取消香税，进一步扩大了碧霞元君在民间的影响力。

可以说，碧霞祠在宋、元、明三代不断易名，体现的是当时官方对碧霞元君不断转化和利用的过程；加之民众和道教的推动，使其在清乾隆年间最终迎来了高潮，至今余韵未消。

（二）碧霞祠两进院落中轴线偏差

与明代相比，清代碧霞祠的大规模改建集中于第一进院。自明弘治年间碧霞祠东、西、北三座牌坊建起之后，到顺治年间建东西南神门，碧霞祠的第一进院的修缮改建工作就未曾停止。而在仔细分析陈从周先生图纸之后可以看出，山门前两层重台楼梯有明显错位，碧霞祠第一进院与第二进院存在中轴线偏差，第一进院落中轴线自火池向北延伸至山门前重台第一层楼梯，第二进院轴线由正殿向南延伸至山门前重台第二层楼梯，一进院轴线偏西一尺有余。

但可以确定的是，碧霞祠第二进院自明代就已确定，但一进院中，明代建设的金阙、牌坊却在清代失去了自己的方位。我们推测，正是因为官方不断翻修、新建神门、石阁，第一进院直到清乾隆年间才最终定型。至于最终出现的轴线偏差，是不是顺治年间新建东西神门导致的两进院落轴线不统一已不得而知，但是两进院中轴线的不统一，已成为官方不断翻修维护碧霞祠的历史痕迹。

（三）明清鼓楼与钟楼位置的改变

据《岱史》和附图记载，明碧霞祠鼓楼与钟楼本应位于第二进院以内，现今却位于第一进院山门左右。可以推测，自明代建成以来，鼓楼与钟楼两易其位，先于乾隆三十八年（1773）之前分别移至东西神门上的石阁，后于道光十五年（1835）前建起山门前的鼓楼与钟楼。

据《岱史校注》《岱史》附图分析，明代碧霞祠钟楼和鼓楼应分别位于第二进院的东南与西南角，北侧各自紧靠东西神殿。至清代乾隆年间，建起东西御碑亭，原本的鼓楼与钟楼已经被移至第一进院，那么其位置就有两种可能，一是新建于山门两侧，取代原明代东西牌坊所在位置，形成碧霞祠现今布局；二是将鼓钟放置于东西石阁之上，其下为东神门、西神门，香客穿行其中。

结合《清宫泰山全图》与《泰山道里记》中碧霞祠部分，不难发现，在图中明代东西牌坊在乾隆年间已不存在，看似具备修建空间。但此时《泰山道里记》描绘的山门两侧建筑为三开间，面阔与进深不同，并非常见的鼓楼与钟楼形制。同时，图中山门台基与今形制不同，并无现今鼓楼与钟楼所在的二层重台，因而两侧应与今形制不同，即乾隆年间山门两侧没有现今的鼓楼和钟楼。

所以我们推测，此时的鼓楼与钟楼应为第二种可能，即鼓楼位于东石阁，钟楼位于西石阁，也就是现今东西神门之上。这也就解释了自《泰山道里记》到沙畹照片中描绘的东石阁、乐舞楼、西石阁三者虽然同处二层，但三者之间没有直接通道连接的问题。所谓晨钟暮鼓，东、西两者是在不同的时间段为碧霞祠道士所用，而中部乐舞楼则为祭典或民间戏曲服务，三者分别在不同的时间段为碧霞祠道士所用，自取其路而无须通连。《重修泰山碧霞祠记》记载，现今山门两侧的钟楼与鼓楼应是在道光年间建成，钟鼓随后移入，东、西石阁已转作他用。而后近代人将东西石阁与乐舞楼连通作为剧场使用，东西石阁为后台，乐舞楼为舞台，最终形成今日泰山碧霞祠的平面布局。

（四）功能布局的延续

碧霞祠平面虽然几易其形，但是，其主要的建筑功能分区并未发生改变，这一分区沿碧霞祠中轴线自明代就已经确立。现今碧霞祠山下火池距离大殿的平面距离近 80 米，此轴线上的建筑功能由南向北依次为进香、交通、纪念、祭拜，沿途建筑包括火池、南神门（明代金阙）、山门、御碑亭（明铜碑、铜鼎、香炉）、东西配殿、大殿。

清代民间的碧霞元君祭祀活动比明代更为繁盛，碧霞祠俨然成为清朝碧霞元君信仰的中心，前来祭拜碧霞元君的香客队伍较明代更为壮大。香客自南天门来，首先在火池处上香，入南神门，经山门进第二进院祭拜碧霞元君，沿途还可瞻仰明清帝王碑刻。由《清宫泰山全图》可以看出，帝王碑刻、铜鼎、香炉方位虽低于碧霞祠正殿，但其所处位置均为香客必经之路，且全部位于山门以内，与歌舞楼等民间剧场相隔。既保持了皇家在道教园林中的庄严肃穆，又成功推行了政教合一，达到了教化民众的目的。

明代山门以外，由三座牌坊构成了民众的交汇处，香客由南天门经天街过碧霞祠西侧济世坊，可由此向东上泰山极顶玉皇顶，也可经碧霞坊进入碧霞祠祭拜，三座牌坊强调了碧霞祠第一进院的交通属性。清代在明金阙处建起歌舞楼，在山门外开辟出了举行法事的平台和给香客观看戏曲剧目的歌舞楼，这也反映出当时香客众多。由于第二进院人满为患，因此在第一进院，即明代三座牌坊处开辟平台，方便举行法事和供香客围祭。可以看出，不管是明代单纯地发挥交通功能，还是清代兼具交通与祭拜功能，碧霞祠第一进院始终主要为普通民众所用。

抛开碧霞祠中轴线分析，明弘治十年于碧霞祠旁建成了"官使之亭""畜生之房"，便于接待官员、征收香税、存放骡马使用，而后清代碧霞祠旁建起的驻跸亭，成为乾隆帝更衣之所。也就是说，碧霞祠旁设有官署建筑以便管理碧霞元君祭拜活动这一格局，自明代就已形成，一直延续到了清末。现驻跸亭作为碧霞祠道士休息之所，依旧承担着与古制类似的作用。

（五）建筑材质与形制的沿用

碧霞祠选址虽好，但却时刻承受着风雨和烟火的损耗。从历代修葺记录可以看出，除去上香导致的火灾等原因，自然因素对碧霞祠的损耗主要有两个方面。

一是岱顶风大，容易毁坏屋瓦，而下雨过后，木头也容易出现腐烂。因此，普通的建筑材料难以在碧霞祠内使用，容易被风雨掀走损坏。所以，自明代以来，碧霞祠就使用铜铁等自重较大的材质作为建筑用料，正殿使用铜瓦，其余建筑为铁瓦，明代甚至在南神门处完全用铜打造金阙。古代向泰山顶运输物资是十分困难的，能够斥巨资运用铜这种自重大、价值高的建筑材料，足见古代帝王对碧霞祠的重视。而且，根据泰山古代彩图《清宫泰山全图》的描绘，碧霞祠的色彩与现在有所不同。在康熙年间《清宫泰山全图》中，碧霞祠一进院落均为灰顶，推测应为铁瓦。而二进院落则是黄顶，似全部附铜。在该图中第二进院落中上金下红，色彩统一，气派高贵。从色彩的区分上也可看出第二进院的规格明显高于第一进院。清嘉庆年间，第二进院落的东西配殿已经改为铁瓦，延续至今，色彩上与古制相比稍有逊色。

二是岱顶建筑排水压力大。前文论述岱顶的自然特点就是"峰拥仙境、泉水之源"，而且宋真宗创立昭真祠之时，就是因此处有玉女石像从水池浮现才在此选址。此记载虽然难辨真伪，但是综合各方记载和分析可以看出碧霞祠所处位置的水源较为丰沛。据明代的古图记载描述，碧霞祠北院墙就是向北凸起的弧形，东北角突出尤为明显，而非东西走向的直线。这使得由北汇聚至此的山水可以更快地向南排出，而不是淤积在此对碧霞祠产生损耗。清代在沿用明代这一院墙形制的同时，加修了排水沟，足见官方在碧霞祠维护中所费的心力。

总体来说，历朝历代对碧霞元君的信仰和对碧霞祠的修建都未曾停滞。碧霞祠自宋代在岱顶被创建以来，经历了元代道教入驻、明代确立布局、清代维护改建几个历史阶段。即以民间信仰为基础，以宗教转化为契机，以官方推崇为助力。脱离了民间对于碧霞元君的信奉，宋代玉女祠的选址建设就无从谈起，道教和帝王也不会看重碧霞元君的影响力对其进行转化和发展，更不会对碧霞祠进行不断的修葺改建；如果没有道教对碧霞元君的转化和对碧霞祠的更名，民间信仰在宋元就会因陷入"淫祀"旋涡而终止；而官方自碧霞祠创建之初就成为碧霞祠重要的维护者，随着碧霞元君信仰深入帝王家，民间力量甚至无须插手碧霞祠的维护修建。

我国的园林寺庙古建筑总体来说是整齐且灵活的平面布局。反观碧霞祠本身，可以说其历史沿革集中体现了这一点。在布局上，针对不同人群的使用灵活调整运用内部建筑空间；在理微上，运用多种材料和灵活的平面布局应对恶劣自然环境；在问名上，建筑命名时顺应时势。由此看来，碧霞祠已经是古代寺庙园林优良本质的集大成者。

第二节　秦汉封禅台

祭坛是古代用来祭祀神灵、祈求庇佑的特有建筑。泰山封禅台虽然属于建筑，但其相位选址体现了对于风景园林设计理法的利用，同时也是泰山帝王封禅文化的唯一实物载体。研究泰山风景园林时，如果脱离帝王封禅，就会将其文化背景中的儒家文化、帝王封禅割裂开来。从风景园林学角度来看，秦汉时期封禅台选址岱顶，在借景上更注重与四周景色相融，充分利用了泰山山水的景观特征。

泰山封禅台被用于帝王封禅，是当时形制最高的祭坛。泰山封禅台历史悠久，形制地位高，代表了一种重要的古代礼制活动，对后世的祭坛景观有非常深远的影响。所以，泰山古祭坛具有非常高的景观历史价值。但是，目前学界没有对泰山封禅古代祭坛的系统研究，更没有对其形制的详细考证。泰山封禅台面临着没有遗迹存留的问题。而且，泰山封禅台，特别是封地的祭坛，所"凭借"的一些泰山周边的小山正在受到严重破坏。因而，对泰山封禅台的研究刻不容缓。

在泰山举行过完整的封禅泰山仪式的帝王有六位：秦始皇、汉武帝、汉光武帝、唐高宗、唐玄宗、宋真宗，其中三位帝王来自秦汉时期。秦汉时期由于"五德始终说"为统治者提供了改朝换代的依据，泰山封禅就是为统治正名，所以在这一时期泰山以及泰山封禅受到的重视是前无古人后无来者的。秦汉时期的封禅台充分展现了当时古朴的信仰。封禅景观在秦汉时期也占据着泰山文化景观的主体。秦汉泰山封禅台不仅历史久远，对后世泰山风景园林有深远影响，同时也有被研究的迫切需要，而且还可以代表当时泰山文化景观的基本风貌。

一、封禅祭坛绝世原因

祭坛是用来祭祀神灵、祈求庇佑的专有建筑。从周代开始，人们对山岳的祭祀在隆重、神圣的氛围中趋向等级化和制度化，成为国家统治的组成部分。不同于普通民众或神职人员的祭祀，帝王在泰山对天地神灵的祭祀活动，具有更为明确的时间地点和礼制要求，逐渐演化成为"封禅"。如前所述，秦汉时期由于"五德始终说"为统治者提供了改朝换代的依据，帝王纷纷着眼于封禅，希望借此为自身统治正名。《史记·封禅书》云："自古受命帝王，曷尝不封禅？盖有无其应而用事者矣，未有睹符瑞见而不臻乎泰山者也。虽受命而功不至，至梁父矣而德不洽，洽矣而日有不暇给，是以即事用希。"[①] 也就是说，帝王举行封禅活动，是在充足的时间里，向天下展现自身治世功德、崇高品行的仪式。

封禅文化在汉代之后逐渐趋于没落，泰山地区的封禅祭祀建筑现已被破坏殆尽。秦汉时期的帝王封禅，恰好处于商周封禅活动兴起之后，唐宋封禅成熟稳定之前，因而造就了当时形制最高的祭坛，对于封禅仪式起到了奠基作用，并对后世的祭祀建筑体制特征起到了深远的影响。研究秦汉时期封禅台相地选址及形制，既是对泰山封禅景观与文化根源的挖掘明晰，也是对祭祀封禅景观的深入研究。

二、帝王登封台

秦汉封禅仪式主要分为封天和禅地两个部分，所以祭坛也分为在泰山顶封天使用和去泰山以下山体禅地使用。其中，封天祭坛在文献记载中又被称为"登封台"。秦汉时期非常注重封禅的礼制，留下了一些可以考证的封禅台资料，《史记》《汉官仪》《封禅仪记》中均有关于封禅台的描述。如前所述，现今岱顶可以考证的登封台，秦汉时期有三处，分别为秦始皇、汉武帝和汉光武帝登封台。

（一）秦始皇登封台

秦始皇即位之后，以统一天下为自身功德，急需通过封禅仪式昭示天下，借以巩固皇权。秦始皇于公元前 219 年封禅泰山，《史记·封禅书》记载："即帝位三年，东巡郡县，祠驺峄山，颂秦功业。于是征从齐鲁之儒生博士七十人，至乎

---

① 司马迁. 史记 [M]. 天津：天津古籍出版社，2019.

泰山下。诸儒生或议曰：'古者封禅为蒲车，恶伤山之土石草木；埽地而祭，席用菹秸，言其易遵也。'始皇闻此议各乖异，难施用，由此绌儒生。而遂除车道，上自泰山阳至巅，立石颂秦始皇帝德，明其得封也。从阴道下，禅于梁父。其礼颇采太祝之祀雍上帝所用，而封藏皆秘之，世不得而记也。"①

其大意为，秦始皇来到鲁地后，召集地方儒士共商封禅事宜。儒士建议始皇轻车简行，免伤草木。但是，秦始皇认为此举与自己君临天下的气度不符，没有听从，而是由泰山南部登顶封天，向北侧下山后前往梁父禅地。虽然秦始皇封禅秘而不宣，但从其选择高规格封禅泰山来看，岱顶秦始皇登封台的规格必然属于秦朝之巅。

秦始皇封禅台的位置应在今无字碑前平台附近。《汉官仪》云："天门东上一里余，得封所"②，指的是秦汉时期登封台的位置在过南天门向东走一里左右的玉皇顶，今秦无字碑前后。虽然秦始皇登封台已无遗址，但今玉皇顶前尚存秦无字碑，实为始皇登封台所立石阙。石阙的尺寸之大，从另一个侧面反映了登封台的高规格。石阙由上至下分为柱顶石、顶盖石、柱石三部分，如图 5-2-1 所示。

图 5-2-1 秦无字碑实景照片

在岱顶登封台位置的选择上，秦始皇选择的地点为玉皇顶中部偏南。这个位置在泰山极顶的中轴上，偏南可以向南俯视古泰安城，东南向更与徂徕山遥望，视野极尽宽广。秦始皇统一了六国，并且统一了文字和度量衡。封禅台位于中轴线，展现了秦始皇唯我独尊的性格。

（二）汉武帝登封台

汉武帝以儒家思想治国理政，在位 55 年内国泰民安，疆土不断扩张，因而

① 司马迁 . 史记 [M]. 天津：天津古籍出版社，2019.
② 应劭 . 汉官仪 [M]. 北京：中华书局，1985.

封禅泰山次数多达六次。不同于秦始皇封禅泰山初衷,汉武帝起封禅之意,起初主要是追求长生,由方士建议前往泰山。汉武帝于元封元年(前110)三月来泰山举行了第一次封禅泰山的大典。《史记》对汉武帝封禅泰山的记载并不完全,《资治通鉴》中也描述汉武帝曾先后六次封禅泰山。多次的封禅活动,一方面为泰山留下了大量的封禅古迹,如汉明堂、汉柏、岱庙等;另一方面也使得汉朝建立了完整的封禅礼仪制度,整个仪式不再无迹可考。汉武帝封禅台的方位在《封禅仪记》中有记载:"早食上,晡后到天门郭,使者得铜物。铜物状如钟,又方柄有孔,莫能识也,疑封禅具也。得之者,汝南召陵人,姓杨名通。东上一百余,得木甲。木甲者,武帝时神也。东北百余步,得封所,始皇立石及阙在南方,汉武在其北。二十余步得北垂圆台,高九尺,方圆三丈所,有两阶。人不得从,上从东陛上,台上有坛,方一丈二尺所,上有方石,四维有距,石四百有阙。"①

"始皇立石及阙在南方,汉武在其北。二十余步得北垂圆台",如前所述,可以推断出汉武帝登封台应在今玉皇庙北部悬崖处。汉武帝时期登封台的形制为"北垂圆台,高九尺,方圆三丈所,有两阶。人不得从,上从东陛上,台上有坛,方一丈二尺所,上有方石,四维有距,石四百有阙"。东汉时期的尺子很多已现于世,其单位长度大部分为23~24厘米。通过实际测算,学者推定出这一时期尺的单位长度为23.5厘米。汉武帝祭坛虽然尺度不大,但选择建在适宜向北远眺的山崖边。当汉武帝登上祭坛封禅的时候,其他人不能跟随,汉武帝一人站立于台上,峭壁下群山环绕,向北可遥望黄河,眼前景象应当会蔚为壮观。汉武帝时期,国力强盛,但北部与匈奴纷争不断。封禅台的位置望向北方,体现了汉武帝扩展疆土、外御匈奴的雄心。

(三)汉光武帝登封台

汉光武帝刘秀即位之前,王莽篡政,军阀割据,民不聊生。汉光武帝虽为东汉开国皇帝,即位之初并未急于用封禅向天下昭示自己的统治地位,而是精兵简政,休养生息,提升国力,最终于建武中元元年(56)封禅泰山。《岱史》记载:"光武皇帝建武二十年十月,东巡狩,至於岱宗。三十年,群臣上书,请封禅,诏曰;即位三十年,百姓怨气满腹,吾谁欺?欺天乎?曾谓泰山不如林放,何事污七十二代之编录。桓公欲封禅,管仲非之。若郡县远遣吏上寿,盛称虚美,必髡,兼令屯田。从此,群臣不敢复言。三十二年,帝夜读《河图会昌符》曰:赤刘之九,会命岱宗。感此文,乃诏梁松按索图谶文言九世封事。梁等列奏,乃许焉。

---

① 马第伯. 封禅仪记(1卷)[M]. 北京:中国书店,1986.

求元封故事，议，封禅所施用，有司奏当用方石累坛，玉牒玉检金泥及石检，度数。帝以用石功难，又欲及二月封禅，故诏梁松因故封石空，更加封而已。松疏争不可。正月，至奉高，遣侍御史与兰台令，将工先上山刻石。辛卯，封泰山；甲午，禅於梁父。四月己卯，肆赦，以建武三十二年为建武中元元年。"[①]

汉光武帝以自身功德不足和体恤百姓为由，多次推却了群臣让其封禅泰山的建议。可见，汉光武帝对于封禅是有自己的标准的，自身功德、民力国力都会成为他决定封禅的条件。汉光武帝在封禅泰山时，并未追求排场，而是体恤民情，仪式尽可能从简。最终决定封禅泰山时，他也是派马第伯一行人先行考察。虽然汉光武帝紧接着汉武帝举行封禅，但并未采用汉武帝由东登顶的路线，而是与先秦一致，由南侧上山，没有改动。之后，唐高宗、唐玄宗、宋真宗封禅都是从西边上山。南部的中路景观线，没有重新改线的必要和条件。可以说，马第伯所描述的登山线路，是先秦既有而汉代沿用的，也是现今泰山南侧中路景观线的雏形。

汉光武帝的登封台，据考察应该在玉皇庙山门前后。汉光武帝的封禅台也在中轴线上，但位于秦始皇封禅台北部。汉光武帝经历了王莽之乱后复国，白手起家，为人谨慎善谋略。汉光武帝的封禅台虽位于中轴线，位置正统，但退于秦始皇旧封所之后，体现了他深思熟虑，不显山露水的性格。

三、帝王禅地方丘

对秦始皇禅地地点的选择目前还有争议，整个封禅过程保密，其形制等也都没有记载，因此历史上对其禅地之地梁父所指为何仍有争议。有的学者认为，其指的是名为梁父山的山体，而有的学者认为是指以"良辅"为指代的泰山周边群山中的某一座，云云、亭亭、会稽、社首都在梁父的范围之内。比较而言，汉武帝封禅的地点则较为明确：元封元年封泰山，禅肃然山；太初元年（前104）封泰山，禅蒿里山；太初三年（前102）封泰山，禅石闾山；太始四年（前101）封泰山，禅石闾山；征和四年（前89）封泰山，禅石闾山。根据《史记》的记载，一些当时的方士认为，这里是"仙人之闾"，所以汉武帝在第三次和第四次封禅时，选择将禅地的地点改为石闾山，第五次来泰山封禅也是在石闾山。汉光武帝则在建武中元元年（前149）封泰山之后禅于梁父山。

关于秦汉时期禅地祭坛的形制并没有明确的记载。但根据考证与辨析发现，《礼记》中有关方丘的记载，基本可以确定这是汉朝禅地祭坛的形制。《礼记》中记载的禅地祭坛形制为方丘，其中记载的是周成王在社首山禅地祭坛。其具体形

[①] 查志隆. 岱史 [M]. 济南：山东人民出版社，2019.

制为："降禅坛于社首山上，方坛八隅，一成八陛，如方丘之制。坛上饰以黄，四面依方色。三土遗，随地之宜。"说明禅地的祭坛是八角一层的方坛，有八方台阶，三面有矮墙，上面用黄色装饰，其余四个方向的颜色都与五方对应的五色相同。五色、五方与五行等说法都是在古代科技并不发达的时候，人们为了解释一些现象的内在关联而对事物进行初步的抽象和概括而形成的一些概念学说。与泰山封禅文化息息相关的"五德始终说"就是以五行金、木、水、火、土代表五种德行，其中金德对白色、木德对青色、土德对黄色、水德对黑色、火德对红色。《礼记》虽然名义上记载了先秦礼制，但其成书于西汉，有些记载实际上应该是西汉时经过改动的礼制。

以五色代表五德是战国末期的邹衍提出的，晚于周天子建立方丘禅地的时期。所以，周天子禅地的祭坛使用五色作为色调的可能性很小。而且，五方分别为东、西、南、北、中，其中"中"占据最主要的地位。在五色中，土对应黄色，水对应黑色，火对应红色。祭坛中央为黄色，代表以土德为主，符合汉朝统治者的需求。按照"五德始终说"，秦朝主水，以黑色为尊，秦朝帝王的衣服颜色也为黑色，也没有理由将黄色放在祭坛的最中央。所以，成书于西汉的《礼记》记录的方丘应不是周礼形制，也不是秦朝禅地祭坛的形制。这个记载很可能是汉朝统治者为了使自己的统治更加合理化，将自己祭祀的祭坛冠以周礼的名义，实际上就是汉武帝时期社首山的方丘祭坛。

《礼记》中的记载对推测前代祭坛形制也具有参考性。汉朝初期并没有十分信奉"五德始终说"，汉高祖、汉文帝、汉景帝等帝王儒道并重，以黄老之学为理论根基实行休养生息政策，并没有特意强调汉代主土德，也没有封禅泰山；直到汉武帝时期才要封疆固土，加强汉室正统地位。在这个背景下汉武帝改汉朝为主土德，并且"罢黜百家，独尊儒术"，提出要封禅泰山。可以看出，汉武帝是推崇"周礼"与"五德始终说"的。汉武帝在泰山封禅时曾经多方考证古代的封禅礼仪，并接纳了公玉带"黄帝明堂图"。虽然没有文献记载汉武帝对前朝禅地祭坛是否有实地考证，但从汉武帝遵从儒家"礼制"的政治方略来看，他极有可能延续前朝禅地的祭坛形制。汉武帝时期的方丘继承了秦始皇时期方丘的造型、尺度，同时改中央的黑色为黄色的可能性很大。秦时禅地的祭坛形制可能就是《礼记》中记载的形制，但中央主黑色。

唐太宗虽然有封禅的想法但是并没有实行。根据《唐书》记载，唐高宗命人按照《礼记》中的祭坛形制，在社首山建立了方丘祭坛，名为降禅坛。后唐玄宗在封禅泰山时也在社首山禅地，祭坛名为泰折坛。泰折坛与降禅坛可能为同一祭坛不同的名称。根据《宋史》记载，宋真宗也选择在社首山祭祀。中华人民共和国成立后，人们在蒿里山与社首山之间挖掘出了唐玄宗和宋真宗封禅禅地时的玉册，二者埋藏位置十分接近。自汉代以后，邹衍的"五德始终说"的影响逐渐消退，祭坛的建造主要参考古代的礼制，连五色的主次都没进行更换。种种迹象表明，宋代的封禅建筑形制和封禅流程应该都是古制延续。虽然没有详细的记载，但可以推测，宋真宗社首山禅地的祭坛应该与唐高宗、唐玄宗时期相同，即与《礼记》中延续的汉代方丘相同。

基于以上研究，可以看出，秦汉时期作为封禅最为成熟的时期，封禅活动和封禅建筑体现了以下几个特征。

第一，秦汉时期帝王的封禅活动构建起了泰山的景观游历骨架，并沿用至今。泰山至今采用的步行游览路线，仍是岱顶南侧的红门游览路线和东侧的后石坞游览路线，其方向与秦始皇封天的路线相同。红门游览路线更是与《封禅仪记》中记载的汉光武帝封天路线高度吻合。由此可见，泰山主峰的登山景观路线骨架是在秦汉时期就已经构建起来，并在后世帝王封禅活动与民间游览活动中不断完善加强的。同时，帝王的禅地活动也带动了泰山周边山体的祭祀文化发展，衍生出了更为丰富的泰山区域文化。在汉武帝禅高里山之后，泰山脚下的高里山逐渐为一般民众所认识，并将高里山的"高里"与早已存在的魂归蒿里信仰中的"蒿里"相混淆。可见作为汉武帝禅地场所的蒿里山，正是在封禅之后逐渐成为泰山地区阴间文化的载体。

第二，封禅次数和规格反映出帝王治世状况。封禅作为帝王昭示天下其合理统治地位的仪式，每次举行都需消耗大量的人力和物力，因此举行过封禅仪式的帝王大多是在自身的统治期间出现了太平盛世：一方面，民力可以承担封禅仪式举行和封禅建筑的建设；另一方面，如非太平盛世，帝王的封禅活动反而会招致民怨沸腾。秦始皇统治之初进行封禅，驳儒生建议，高规格封禅泰山，但在封禅仪式之后长期被民间诟病；汉武帝具有文景之治的国力基础，自身统治有方，疆域不断扩大，多次高规格封禅泰山体现了当时的国力；汉光武帝即位之前，军阀割据，民不聊生，因此其在统治时对于封禅更为谨慎，在位期间仅进行过一次封禅。

第三，登封台相地选址映射出帝王治国期望。岱顶登封台和泰山周边群山禅地祭坛的位置选择都与封禅帝王的性格有关。秦汉时期的封禅台是根据地形、地貌塑造的符合帝王心境的景观，所以岱顶的三座登封台是以祭天为设计目的，在对岱顶整个山势了解的基础上，又加入了正名、扩张疆土等思想，最终建立了祭祀景观建筑。而古代帝王在泰山周边群山，对禅地祭坛地点的选择也是经过深思熟虑的。

第四，秦汉时期登封台形制与后世大有不同，适宜帝王独自告天。登封台面积较小，直径仅为 10 米左右。汉武帝封天祭坛的直径仅有 7 米。与后世的封禅等帝王祭祀不同的是，秦汉的封禅典礼都是保密进行的，仅有帝王一人登上封禅台，没有助祭人员，至于帝王与上天说了什么，无人知晓；之后将封禅、郊祀的玉简文书——玉牒埋于地下，其内容也无人知晓。这是秦汉时期封禅相关记载较少的一个原因。比较而言，秦汉之后的封禅活动逐渐转化为帝王向天下昭示其统治地位和统治成果的仪式，唐宋时期尤甚。在此时期，君王地位逐渐上升而高于神灵地位。在部分封禅中，封天、禅地活动也变成帝王给予神灵称号的活动，仪式化严重，祭祀台坛大多可容纳百人。秦汉封禅台作为针对一人的祭坛，10 米的直径，尺寸是刚刚好的。这也与后世的祭祀形成鲜明的对比。不过，秦汉祭坛的气势是完全不弱于后世祭坛的。

第五，"五德始终说"通过封禅祭坛的色彩得以呈现。秦汉禅地方丘与后世不同，用五种色彩进行装饰，此点主要基于"五德始终说"，以色彩表达朝代交替的方法。根据邹衍的"五德始终说"，周主火德，秦主水德，秦朝接替周朝是天行由水德运行到火德，水克火，秦灭周，是五德交替的结果。而汉武帝同样也信奉"五德始终说"，认为汉朝主土德，以土克水，汉灭秦也是五德交替的结果，以此为汉朝接替秦朝正名，告知天下汉朝帝王的统治是顺乎天意。但当"五德始终说"衰落后，祭坛便不再使用五德色彩。

总而言之，泰山秦汉封禅建筑作为我国古代祭祀建筑重要的组成部分，对中国传统祭祀建筑的发展有着极为深刻的影响。这一点突出地表现在封禅建筑选址、尺寸和颜色等与当时统治者、国力的关系上，成为古代帝王信奉"君权神授"思想的重要佐证。泰山封禅祭坛的历史可以说是祭祀建筑发展史上的一个典型，也是中国帝王封禅历史上一个年代久远但又有迹可循的稀有史实。

第三节　蒿里山神祠

本书主要依据清代古籍对蒿里山神祠进行考证研究，研究蒿里山神祠，既是对泰山风景园林研究的补充，也是对泰山民间祭祀文化的考证。

一、蒿里山神祠方位

蒿里山位于今泰山主峰正南 7.8 千米处，山东省泰安市灵山大街与龙潭路交会路口东北，碧霞灵应宫西侧。山体海拔 193 米，东西宽 298 米，南北长 422 米，占地面积约 1153 平方米，山地绝大部分被人工栽植的松柏覆盖。蒿里山地处泰山火车站和泰安汽车站南侧，山体北侧、西侧和南侧三个方向都被商业建筑紧紧包围。东侧为蒿里山唯一入口，面向居民区。社首山原本位于蒿里山以东，两山山体相连，原海拔 170 米，1958 年因修津浦铁路，凿取社首山山石，造成社首山损毁严重。现今其仅存十余米高的土丘，表面被居民楼覆盖，山体风貌荡然无存。

最新的泰山风景区规划——《泰山风景名胜区总体规划（2016—2035 年）》完全依照蒿里山现状，依城市道路划定了蒿里山风景区范围，与东侧碧霞灵应宫合称蒿里山—碧霞灵应宫景区。规划虽然有利于保护蒿里山现状，但如果研究蒿里山神祠历史，重现蒿里山风景园林面貌，则应当通过研究史籍挖掘出蒿里山、社首山原有的山体范围，才能保证风景园林设计理法研究的完整性，而不能完全依照现代规划范围对蒿里山进行界定。

蒿里山神祠应位于蒿里山与社首山之间。李东辰的《泰山祠庙纪历》记载："蒿里山神祠：在高里、社首二山之间，地势平坦。"从《泰山志》中的《社首蒿里三山图》中可以发现，蒿里山神祠并未完全依附单一山体修建，而是选取了两山相接的山坳处，西为蒿里、东为社首，地势较为平坦，东南向视野开阔。明陆容《菽园杂记》："五月，乡众重修蒿里山神祠，礼部侍郎许彬为撰记碑。"[①] 可见最早蒿里山神祠的设立目的就是为了满足民众的祭祀需求。由于祭祀对象是阴间众神，同时兼顾民众日常祭祀，选址之初蒿里山神祠就没有选择建于蒿里山或社首山山顶，而是选择在两山之间的凹陷处，此处环境更为幽寂，这一选址符合寺庙园林对于祭祀氛围的要求。

蒿里山与社首山本为相连的两座山体，虽然社首山已遭损毁，但蒿里山现在山体高度位置与古籍记载相差不大。《岱览》记载："高里山，为鲜为蜀，状如蛇蟠龟伏。"[②] 描述蒿里山山体如同蛇蜷缩、龟趴伏着一样，这与蒿里山现今的山形、山势完全一致，结合《岱览》《泰山志》可以推断，蒿里山神祠应当位于蒿里山正东，山体半山腰处，也就是现今蒿里山入口处。

---

① 陆容 . 菽园杂记 [M]. 上海：上海古籍出版社，2012.
② 孟昭水 . 岱览校点集注 [M]. 济南：泰山出版社，2007.

二、蒿里山神祠历史沿革

蒿里山和社首山作为泰山脚下距离泰山最近的山体，历史上曾经多次作为帝王封禅活动中禅地的场所。自周至宋，共有 5 位帝王在此举行禅地仪式，其中汉武帝在蒿里山举行禅地活动，周成王、唐高宗、唐玄宗、宋真宗则在社首山举行。实际上，自汉代以后，泰山封禅文化趋于落寞，民间祭祀文化逐渐占据主导地位。在此之后，蒿里山的园林建设便以亭、祠堂、山洞为主，逐渐形成蒿里山神祠的雏形。《岱史》中如此描述唐宋时期蒿里山神祠祭祀盛况："蒿里祠距岳庙西南三里许，社首坛之左。自唐至宋，香火不绝，礼之者，入则肃然凛然，出则悚然，岂非世人如见真鬼神而然欤。"[①] 可见最晚至宋代，蒿里山神祠已经成为成熟的阴间祭祀文化载体。

元代徐世隆《重修蒿里神祠记》石碑是现今可考的最早使用"蒿里山神祠"这一名称的史料。碑中记载蒿里山神祠在金时战乱中损毁，后经张志纯、玄门掌教祁志诚修葺，重建成庙宇 120 余间，内设 75 尊神像。自此蒿里山神祠所指，既包括蒿里山神祠院落本身，也包括周边的庙宇、经幢等宗教建筑，整体布局可谓完整。

三、蒿里山神祠布局

从古至今，对蒿里山的研究和记录存在许多不严谨的情况。法国汉学家沙畹在《泰山：中国人的信仰》中用文字记录下了蒿里山神祠的旧貌，并且标注了各个建筑的大致位置。根据沙畹的描述，蒿里山神祠为一个规模较大的院落，大院落内有一组又一组小的建筑院落，院落并没有明确的轴线。蒿里山神祠由门廊进入，门廊的两侧有两个魁梧的护卫，这里的门廊指的是山门。接下来就是主殿森罗殿。"森罗"为道家术语，指的是世间万物。森罗殿供奉的主神相貌魁伟，手执绘有三角形图案的玉圭，不过沙畹并没有明确指出这是哪位神明。森罗殿主神左右两侧摆放。左边两神为文官，一人执笔，另一人执一卷状文书；右边两神为武官，一人执斧，另一人执枪。大殿的墙壁上还绘有地狱图十景。森罗殿后院的庭院尽处，立有《重修蒿里山神祠记》。后院北墙的正中为三曹司。曹司为参左文官，主要掌管着文书。这里沙畹将三曹司错认为判官。实际上，森罗殿的判官应为主神两侧的文官和武官，而这里的三曹司应该主管记录。中间曹司为红衣，右边的为青色衣服，左边的为绿色衣服。唐、宋、明的官服品级排序均为红色品级最高，其次为青色，再次为绿色。在三曹司两侧的墙壁上分列了地狱七十五司

---

① 查志隆.岱史 [M].济南：山东人民出版社，2019.

的景象，这里是拷问与签字画押的地方。大门东侧司房供奉的是日值司和年值司，西侧司房供奉的是月值司和时值司。

除蒿里山神祠之外，蒿里山围墙之中还有三组建筑物。在三组建筑前面，有一座奉祀神像的楼阁，即铁将军楼，神像之上刻着"铁面无私"四个字。三组之一为阎罗殿，应该也是一座一进院落。这里供奉的三位神祇均头戴冕旒。冕旒是古代中国礼冠中最高等级的一种，古时帝王、诸侯、卿大夫只有参加盛大祭祀才会佩戴。中间的主神为审讯犯人的姿态，两侧的两位神祇则手中各执圭板。中央神像前面有两位侍者，一个拿着玺印，另一个拿着敕书。东墙边是牛头，西墙边是马面。此殿中绘制的壁画是二十四孝的故事。

阎罗殿所在的位置是环翠亭的故址，低处有一座八角形的经幢，柱子上刻着陀罗尼咒，在清末就已经受到相当大的磨损，几乎看不清字了。再向下是地藏殿，这里供奉着地藏菩萨。再向下走，在蒿里山院墙的墙尽头是酆都庙，又名十王殿，应该也是只有一进院落。十王殿主殿名为酆都殿，主要供奉的是北阴酆都大帝。酆都大帝左右两旁各分列十座神像，既然这里又被称为"十王殿"，那么大致可以确定这里的十位就是地府的十位阎王：秦广王、楚江王、宋帝王、仵官王、阎罗王、平等王、泰山王、都市王、卞城王、转轮王。酆都庙庭院东的建筑是三司，与蒿里山神祠中的三曹司供奉的为同样三神。酆都庙西的建筑内供奉着六尊神像。出了酆都庙，再向东走就来到了蒿里山围墙的最高点，在这里可以遥望泰山主山与周边群山。

沙畹以游记的形式记录了蒿里山的概况。我们将这些记叙性的文字整理后大致可以推测出蒿里山神祠的概况。蒿里山上有多组景观建筑，这些建筑中供奉着诸多神像，雕像惟妙惟肖。这些小的院落建筑基本都是一进院落。而且，通过《泰山志》的蒿里山图和沙畹的图片记载还能发现，这些成组的建筑被一圈围墙围起，成了一个大院落。因此，蒿里山神祠应该是由许多院落组成的小园林。

据此分析，蒿里山神祠具有以下四个方面的景观特色。

（1）蒿里山园林应由三个主体部分组成：蒿里山神祠、阎罗庙与酆都庙。其中等级最高的为蒿里山神祠——东岳大帝神祠，其次是酆都庙，然后是阎罗庙。地藏庙、经幢等其他建筑则穿插其中。

蒿里山神祠主体选址，既不是蒿里山入口的位置，也不是整体建筑的中轴，也不是地势最高或者最低处，而是偏于蒿里山山腰，社首山西侧。这似乎与中国古代园林设计理法相悖。古代建筑中一般不会将主体建筑与门设立在西南方，但是，对蒿里山神祠来说就刚好合适。在八卦方位中、西南为坤，与代表万物生长的乾卦刚好相反，坤卦代表静止，即死亡，但同时也代表着即将重生。泰山为岱山，代表万物生长，而蒿里山就代表着万物在这里静止。所以，在蒿里山神祠中，西南方位是最主要的方位，将蒿里山神祠布局在这里，是很合理的。

（2）蒿里山寺庙园林是一组园林，在同一个院落中，但并不是在同一条轴线上。所以，蒿里山神祠并不是主要祭祀某位神明的一座寺庙，而是对传说的阴间景象的一种模仿和再现。

首先从位于院墙东北的入口进入后，经过一条道路，才能绕到主神祠，这符合先经过黄泉路，再到达阴间的民间传说。从蒿里山神祠北侧出来后，经盘旋山路到达阎罗庙，这里是辅助东岳大帝办公的阎罗王的神庙。之后经过佛教经幢与地藏庙这两个道教阴间吸纳佛教神所形成的景观，向下抵达酆都庙。地藏庙仅有神殿建筑依山而建，而没有院落，从而体现了其地位。而地位次高的酆都庙，与蒿里山神祠一头一尾地在景观序列的开头和结尾。蒿里山神祠景观虽少，但基本将需要供奉的主神，需要展现的官职都体现了出来。

（3）由于蒿里山较为矮小，所以蒿里山神祠最大限度地浓缩了传说中的阴间的景象。在蒿里山神祠的后院将七十六司围绕院墙排列，不仅使阴曹地府的面貌更加完整，同时还通过数量塑造了蒿里山神祠的气氛。在面积上，蒿里山神祠与酆都庙、阎罗庙的对比并没有那么明显，但是后院的七十六司地狱景观，充分增加了蒿里山神祠的压迫感。

（4）蒿里山神祠同时也与地形结合紧密，整体布局灵活。蒿里山神祠整体位于东南脚下，刚好建在山体凹进的位置，西靠蒿里山，东临社首山，背后又有大片松柏，是整个地形中最为阴森安静的地方。出蒿里山神祠后门，经两山间山路，抵达社首山顶的阎罗庙。阎罗殿内还绘有二十四孝图。阎罗殿视线较为开阔，景观感觉略微缓和，在此可遥望泰山古城与泰山顶峰。而后从陡坡走下这座余脉，下有佛教经幢与地藏庙，是带有佛教色彩的景观建筑，最后到达山脚下的酆都庙。

总的来说，蒿里山神祠序列以蒿里山神祠为起，阎罗庙为承，地藏庙、经幢和自然景观为转，酆都庙为合。在很小的面积中还结合了地形与道教阴间传说，进行了景观起伏的安排，可谓麻雀虽小，五脏俱全。

四、祭祀对象考

蒿里山神祠属于古典园林中的寺庙园林，这里的寺庙园林是指广义的寺庙园林，既包括佛教、道教等宗教园林，也包含民间祭拜神祇和先人所修建的祭祀用园林。古泰城民众祭拜天神的寺庙园林多见于泰山，祭拜地祇则集中于蒿里山神祠。

对蒿里山园林重新进行定义。第一，如果蒿里山神祠供奉的是东岳大帝，那么蒿里山和泰山主山就同样是由东岳大帝掌管的，一阴一阳属于同一个文化体系。在泰山主山上的东岳大帝，其身份为泰山山神；而当他在阴间办公时，其身份又是阴间之主。这就说明蒿里山神祠与泰山主山的宗教建筑是有内在联系的。

第二，蒿里山与酆都鬼都的传说是两个不同的系统，其阴间文化具有唯一性。中国古代有两处阴曹地府，除泰山蒿里山之外，还有重庆的丰都。蒿里山这套传说系统既有民间的成分，也有朝堂的成分，同时融汇了儒释道三家的思想内容。蒿里山神祠主要是依托于道教的阴间学说安排，但是融入一些儒家朝堂的配置。例如，《二十四孝图》等就是儒家学说的内容。除此之外，还融合了地藏庙、阎罗殿等属于佛教的地狱学说设置。这是只有政教合一、儒释道合一的泰山才会出现的独特寺庙园林。不仅如此，蒿里山神祠与泰山主山有所呼应，形成"天堂—人间—地狱"的系统，这也是重庆丰都鬼都所没有的。

第三，蒿里山神祠描述了一套较为完整的阴间园林系统。高低错落、随山势而建的几座大殿，分别供奉的是东岳大帝、酆都大帝、阎罗王、地藏菩萨，正好对应中国阴间传说中四位神级最高的神。此外，道教阴间学说中的六案功曹、四大判官、七十五司、十殿阎王均在蒿里山神祠中有所体现。蒿里山神祠的神祇景观构成完整，表现方式也安排合理。根据沙畹的照片记录，蒿里山神祠的景观栩栩如生，特别是七十五司，生动地展现了惩治罪人的情景。一司尚且令人觉得恐怖，七十五司连续排布，可想而知是多么令人恐惧的景象。同时，其不仅神职构成完整，整个院墙围起的区域更像是一座完整鬼城的缩影。据《泰山小史》的记载，阎罗殿下有石柱，四面陡峭，名为望乡台。押赴望乡台是阎罗王审判的一个步骤。所以，蒿里山神祠不只供奉了神祇，也构筑了其他相应的景观，将其围在一个空间内。而根据一些传说，蒿里山还曾经有黄泉路、鬼门关、阴阳界等景观，这也解释了为什么蒿里山神祠与阎罗庙与围墙之间有一片空地。因而，我们说蒿里山神祠是一个具有象征性的浓缩的阴间园林。

第四，蒿里山神祠的研究价值是不逊于重庆的丰都山鬼都的。重庆丰都与酆都同名，所以目前鬼都之名较受认可，而泰安的蒿里山地区传说则鲜有外地人知道。但可以肯定的是，"蒿里山"在晋代就已经被当作鬼神栖息之所，蒿里山的鬼怪神祠始建年代在唐朝以前，而丰都开始营造鬼城是自唐朝开始的，二者阴间景观的历史同样悠久。丰都山上最大的庙宇为天子殿，明朝永乐年间名为阎罗庙，后来改为天子殿，应当供奉的是阴天子——酆都大帝。虽然，蒿里山神祠的面积没有丰都山大，但蒿里山的阴间神职更加全面。而且这种将众景观汇集在一座"城墙"内的表现手法，与丰都山分散布局的风景园林设计理法也是不同的。

蒿里山神祠历史悠久，具有唯一性，而且是寺庙园林中少有的鬼怪神祠。它增加了泰山园林整体的连续性，而且是只有泰山才有的独特园林系统，因此，蒿里山神祠对于寺庙园林和泰山文化研究都具有非常重要的价值。

第四节　斗母宫、壶天阁

如前所述，泰山是自然与文化双遗产。泰山的园林因山就势建造，其景观价值不逊于其文化价值。可以说，泰山园林，特别是游人最为集中的中路景观线上的园林，是景观化了的寺庙园林。这些园林其形制与布局不是完全遵循宗教对园林的要求，而是每一栋建筑都很好地与泰山结合，所以说这些园林是景观化的寺庙园林。

斗母宫与壶天阁就是这种景观化明显的泰山寺庙园林，二者具有一定的代表性。斗母宫位于山坡上，壶天阁位于四面环山的环境中，代表两种园林与山地的关系。而且，斗母宫与泰山中溪景观结合，是与水体结合的山地园林；壶天阁则是构筑于道路之上的寺庙园林，与交通功能结合紧密。因而，研究二者的风景园林设计理法可以大致看出，泰山上的园林是如何与道路、水体、地形这些要素紧密结合的。

一、依山傍水——斗母宫

斗母宫位于龙泉峰下，是泰山古道观之一，寺庙园林选址背靠泰山这座大山，俯瞰泰城，西临登山盘道，东附山涧河流。西山门外有古槐巨枝伏地，如卧龙翘首，俗称"卧龙槐"，古时候此地被称为"龙泉观"。龙泉峰在水帘洞南三里，桃园峪北部，因下有龙泉所以被命名为龙泉峰。有水从西北山峡经过，向东注入中溪，形成百丈飞瀑。

（一）斗母宫现状

斗母宫东西宽约30米、南北长约97米，整体坡度约为6°，其为狭长的五进院落。总体来说，斗母宫坐落的位置坡度较小，但南北道路均坡度较大，东西两边被两山坡相夹。

从南门进入便为第一进院落,东西向为 20 米,南北向为 25 米。东侧为寄云楼,是五开间的两层建筑,屋顶为卷棚歇山。第二层四周皆有外廊。院中有一座天然池,为清光绪年间赵尔萃所建。这座天然池的主要目的是储蓄龙泉水以灌溉田地,同时也兼具景观作用。池北为南山门。

从南山门就可以进入第二进院落中,第二进院落进深很小,东西向为 26 米,南北长为 16 米。南山门正对为南穿堂,其旁有配殿。第一进院落与第二进院落之间有 2.1 米的高差,所以这一进院落在第一进与第三进院落之间主要起到过渡作用。寄云楼二层的外廊与第二进院落的标高相同,此外廊与南山门南侧平台是相连的,从寄云楼二层也可以直接到达第二进院落。在第二进院落的东侧有今人开辟的观景平台,可以观中溪景观。

经过南穿堂,就进入了第三进院落。第三进院落长 24 米,宽 22 米,西边墙上开有斗母宫西门。门前有精雕石狮墩,门侧南侧为鼓楼,北侧为钟楼。院内正殿为三开间硬山屋顶,原祀斗母神,俗称"千手千眼佛",今置地藏菩萨铜像。斗母是道教信奉的女神,名为"先天斗母大圣之君""斗母元君",简称"斗母",也叫"斗姥"。道教说她是北斗众星的母亲,原来是龙汉年间的周御王的妃子,名叫紫光夫人。一个春天,其在花园游玩有所感悟,生下 9 个儿子。在道教中,斗母崇拜十分普遍。斗母宫第三进院落中原来的奉像均为紫檀精雕,神像有24 个头,48 只手,手心有眼,故称"千手千眼佛"。东殿为白衣殿,三开间硬山屋顶,原祀观音、文殊、普贤三菩萨,但这些塑像均被毁于 1966 年,今为文物展室。

第四进院落为供奉碧霞元君的院落。东西向长度为 30 米,南北向长度为 17米。南部大殿为三开间硬山屋顶,供奉碧霞元君。西配殿为硬山屋顶,东配殿为听泉山房,也是硬山屋顶。

元君殿没有后门,从元君殿两侧均能进入最后一进院落。南侧东有龙泉亭,亭下涧内有"三潭叠瀑"的胜景,又名"飞龙涧"。院落南侧中部为东禅堂,西部为西禅堂,是静修打坐的地方。

总地来说,第一进院落注重景观性,第二进院落为高差过渡的院落,第三进院落主要供奉斗母元君,第四进院落主要供奉碧霞元君,第五进院落是静修的院落。

(二)佛道一体的景观园林

斗母宫创建时间无考,原为龙泉道观;后多次改为佛寺又改回道观。中华人民共和国成立后被多次整修,彩绘一新,成为现在的佛道一体的寺庙园林。

明嘉靖年间德恭王主持重建后,将其改为佛教园林,由尼姑住持。清康熙初年，因此地主要祭祀北斗众星之母，遂更名"斗母宫"，又名"妙香院"。到了明熹宗天启年间，经历了三代住持后，因为无人接管，斗母宫便逐渐破败了。此时，本是别处观音观住持的比丘尼性江，来到这里成为第四代住持。因性江原为观音观住持，所以她修整了斗母宫，并加盖了观音殿。这个时期的斗母宫是现在斗母宫的雏形。在性江一支僧人主持斗母宫时，斗母宫有了稳定的发展。到了清初，斗母宫香火逐渐兴盛起来，后来慢慢又衰颓。至乾隆年间，因为乾隆帝来泰山巡狩，北京天仙庵住持心海来此主持重修，并且加建了听泉山房，后又加建钟楼、鼓楼。嘉庆年间、咸丰年间，斗母宫均经历过修整。光绪年间，泰安知县因尼僧触犯清规，将佛教人士逐出斗母宫，使斗母宫重新成为道观，恢复龙泉观的名称；后来因为无法维持，又改回佛教斗母宫。1916 年，斗母宫修建了天然池。

佛道一体在泰山建筑中不在少数。从斗母宫的情况可以看出，佛道一体的园林是指会同时供奉佛教神和道教神。泰山上大多数的寺庙园林都是由于历史原因成为佛道一体园林的，而每一个时期都只会有一教主持。佛道一体园林出现的原因，主要是管理者的变更以及佛道文化相互融合的结果。

在中国儒、释、道互通互补的基础上，无论佛道都是信仰宗教的人，无论本教还是异教对神祇都是非常尊重的。同一座园林即使易主，一般也不会将供奉的主神请出。例如，斗母宫虽然多次易主，但即使女尼作为住持，也是一直主祀道教女神斗母。只是之后女尼主持斗母宫时，将观音等佛教神迁入，所以形成佛道共存的状况。而且虽然斗母宫非常景观化，但总体来说其还是寺庙园林，对宗教是十分重视的。在斗母宫的第三进院落，也就是正殿供奉着斗母元君的院落，西门与东殿并没有正对，道路也错开了。这在中国古代园林中是不多见的。这看似是一种灵活的处理，但根据斗母宫的历史来看，其很有可能并不是一种景观化的处理，而是一种对供奉主神的尊重。

斗母宫正殿坐北朝南，坐落于院落南部，是整个斗母宫的主殿。由于斗母宫紧贴泰山南侧中路景观线的东侧，所以西门渐渐成为主要的出入口。西门刚好开在第三进院落，也就是主殿的院落西侧。如果按照中轴对称的规律，西门正对的殿将是供奉佛教神的白衣殿；那么白衣殿作为后修配殿就会喧宾夺主。所以，这种错开的分布很有可能是为了立明主殿的地位。这样佛道和制度就不会混乱，供奉的神明等级也不会混乱。

（三）望山观山，听水亲水

斗母宫为南北走向，狭长的五进院落使得斗母宫的东侧建筑与溪水有更多的接触。斗母宫的东部建筑也是按照溪水布局的，形成观水的节奏。

　　第一进院落的寄云楼为二层建筑，二层四面皆有回廊。游人站在二层的回廊上可以俯看中溪流水，并且向南可以遥望南天门，而向北可以望向山下，对面山林葱郁，是非常好的景观点。而且，通过寄云楼的西侧出廊也解决了第一、二进院落的高差问题，不但使得第一、二进院落的高差更加自然，还增加了游览路线的趣味性，这也是山地园林中比较常见的建筑和道路与高差结合的方式。而且，寄云楼还遮挡了部分山体景观，使得第一进院落的园林较为内向、郁闭。游人到达二三进院落后，周围建筑的相对高度变小，东侧山体露出，使人有一种豁然开朗的感觉。

　　第三进院落是斗母宫主殿坐落的院落，以宗教祭祀为主，所以没有外向的观中溪与山岭的观景台或者出廊。

　　第四进院落景观化较为明显，东侧为听泉山房。夏季雨水盛时，流水势如奔马，声如龙吟虎啸；到了秋冬季节，降水减少，水势变缓，仅剩溪流清澈婉转，似丝竹奏鸣。游人在幽静的寺院中听泉，也是一种欣赏景致的方式。

　　到了最后一进院落，游人就到达了龙泉亭。龙泉亭的设立是为了观赏"三潭叠瀑"这一景致。龙泉亭正对"三潭叠瀑"，是自然形成的三个小跌水，每个跌水下还有一个小水潭。水潭中水质清澈，叠水又激起秀美的水花。"三潭"每级落差3米，潭瀑相连，颇具特色，因瀑流如龙飞舞，人们又称其为"飞龙涧"。三潭叠瀑是斗母宫的一段，是中溪最佳的景致。

　　第五进院落是斗母宫作为寺庙园林被景观化的最明显的地方。第五进院落中，两座禅房为龙泉亭让出了东边最佳的观景位置，形成东禅房不在东侧而在中部的布局。

　　斗母宫共有五进庭院，五进庭院与山体的关系各不相同，通过人为处理使得这段中溪的景致更加有趣。一进院落山环水绕，还可以远眺，可以看到中溪大致的景色。二进院落对景观进行过渡。游人到达三进院落后则主要是欣赏文化景观。四进院落开始以听泉的方式勾起游人对溪水的想象与向往。第五进院落达到景观的高潮，形成看山观溪的节奏。

　　第二进院落中新设立的观景台对景观的影响不大，其虽提升了第二进院落的开阔感，增加了亲水的平台，但这个亲水平台的景致与寄云楼二层外廊的差别不大，没有形成节奏。而且自秀云楼后，游人原本无法看到中溪，从而使得最后的"三潭叠瀑"更加具有冲击力，就这个角度而言，平台破坏了游览节奏。

　　斗母宫的构建，不仅充分形成山景、水景的节奏，道观本身的选址也是中溪水景节奏中的一环。古今中外有许多对斗母宫的描述。德国汉学家卫礼贤在《中国心灵》中描述："在山势还不甚陡峭的地方，有一座斗母宫……还有小溪哗哗流过。"[①]泰山学者刘文仲描述，斗母宫建于深壑绝壁之上，背倚叠翠重峦，东临飞龙深涧；泉鸣幽谷，三潭叠瀑。清代宋思仁《斗母宫》诗描述："满涧松荫尘不到，深夜风雨有龙归。"这些对于斗母宫的描述似不尽相同。有的描述"山势不甚陡峭""有小溪哗哗流过"，有的描述"建于深壑绝壁之上""东临飞龙深涧"。

这种描述的不同，并不是哪一位作者描述得不正确，而是这些作者从不同角度、位置去描述斗母宫。斗母宫建于两山之间，西侧山势稍缓，东侧山势略急。如果人们直接欣赏这座山谷，就能感到"山势不甚陡峭"。但是，斗母宫位于道路的东侧，拉近了与东侧山峰的距离，而近距离观看会使得山峰更加陡峭，而且寄云楼与山体对中溪形成夹逼之势。通过寄云楼，从二层楼上观看中溪的确是"建于深壑绝壁之上"的效果。近距离观察中溪是"有小溪哗哗流过"的效果，但通过斗母宫的转折，最后到达"三潭叠瀑"就有了"东临飞龙深涧"的感觉。

斗母宫虽然只是面积不大的五进院落，结构也并不是特别复杂，但是布局合理，在依山傍水的环境中，形成与山体水景的良好关系，形成望山观山、听水亲水的节奏。正是这些布局理法加强了泰山"横看成岭侧成峰，远近高低各不同"的景观效果。

二、壶天仙境——壶天阁

壶天阁位于泰山南侧中路景观线回马岭下，四槐树北，属于红门至中天门段。其由三清殿、依山亭、壶天佛阁和元君殿共同围合成为一个院落。壶天阁在明嘉靖年间被称为"升仙阁"，乾隆十二年（1747）对该院落进行拓建整修，加建依山亭，并且通过乾隆御题改名为"壶天阁"。乾隆年间的壶天阁后来已经倾颓，现在的壶天阁是1979年至1980年人们仿照古制重新修建的。

（一）特殊的地质景观

"壶天"二字的问名，取自道家的"壶天仙境"。以"壶天"命名，是因为其周边特殊的自然地理与道教传说中的壶天胜境相似。这个命名有画龙点睛之巧，使得一个一进院落有了独特的文化意蕴。

以"壶天"代指仙境的说法，来自《后汉书·方术传下·费长房》："费长房者，汝南人也，曾为市掾。市中有老翁卖药，悬一壶于肆头，及市罢，辄跳入壶

---

① 卫礼贤.中国心灵 [M] 王宇洁，等译.北京：国际文化出版公司，1998.

中。市人莫之见，唯长房于楼上见之，异焉，因往再拜奉酒脯。翁知长房之意其神也，谓之曰：'子明日可更来。'长房旦日复诣翁，翁乃与俱入壶中。唯见玉堂严丽，旨酒甘肴盈衍其中，共饮毕而出。翁约不听与人言之。后乃就楼上候长房曰：'我神仙之人，以过见责，今事毕当去，子宁能相随乎？楼下有少酒，与卿为别。'长房使人取之，不能胜，又令十人扛之，犹不举。翁闻，笑而下楼，以一指提之而上。视器如一升许，而二人饮之终日不尽。"[①] 故事的大意为，传说东汉的费长房在做市掾时，集市中有一老翁卖药，悬一壶在肆头，集市结束后，他便跳入壶中。费长房在楼上看见了，觉得这位老翁一定不是寻常人。第二天，他就去请教老翁事情的原委，老翁就邀请他一起进入壶中。费长房在壶中看到了华丽的房子，房子中有吃不尽的佳肴和喝不尽的美酒，他与老翁一起享受过盛宴，就出了壶。自此之后，壶天在道教中就被代指仙境。

壶天阁坐落处有特殊的双层谷景观。壶天阁所处位置为泰山群峰环绕之地，北为黄岘岭，东为九峰山，西为十峰岭。三面峭壁矗立，沟深崖陡，相对高差达300~400米。壶天阁不仅三面环山，而且三面的山体谷坡上还有明显的转折，于是形成谷中有谷的双层谷地貌景观。

之所以形成这样奇特的地貌特征，是因为当时这里地壳上升，由于流水强烈下切，形成第一个河谷；经过了一个短暂的相对稳定阶段后，地壳又一次急剧抬升，而流水的再次下切就产生了第二个河谷。以第一层为大壶，第二层为小壶，壶天阁所处的位置，就是小壶的壶底处。可以说，壶天阁的灵气来自双层谷的独特景观，而双层谷的景观也因为"壶天"二字的问名，有了仙境之感。

（二）壶天阁现状

壶天阁是矩形院落，长约38米，宽约25米，位于其东南部的三清殿，跨盘道而建，为城门楼式。其下层为石筑，由12层条石砌成，东西宽14.5米，高4.75米。跨道拱形门洞高3.1米，宽3.5米，总进深7.95米，其中北面2.4米是之后拓展过的。东西有石阶通上层。

台上建有三清殿，殿为三开间，面阔为10米，进深为5.4米，通高5.9米，是三柱五架梁的形制。其屋顶为黄琉璃瓦覆盖的歇山顶。柱下施覆盆式柱础，柱子、檩梁、檐子、扒砖等均为水泥预制件。正间开门，装六抹隔扇门四扇，次间开窗装四隔扉窗，其上装支窗。正间后面开一拱形门，两次间后面各开一拱形窗。殿内供奉着三尊天神：元始天尊是道教的第一大神，左手虚拈，右手握棒，象征

---

① 范晔. 后汉书 [M]. 杭州：浙江古籍出版社，2000.

着混沌世界的无极状态；灵宝天尊手捧半黑半白的圆形阴阳镜，象征着从无极状态延伸到太极；道德天尊手持一把阴阳鱼扇子，象征着从太极生化出来的两仪。这便是一幅道教的宇宙演化图。从位于壶天阁南侧偏东的这个入口进入，便是壶天阁院落了。

壶天阁院落北部为元君殿。元君殿为三开间硬山顶建筑，主祀碧霞元君。其台基高 0.8 米，面阔为 11.5 米，进深为 7.2 米，高 7.46 米，为四柱五架梁建筑。正间内须弥座神台上供元君铜坐像。

三清殿西应为倚山亭，为乾隆时扩建，在后来的改建中，成为一座三开间硬山顶的建筑。这座建筑台基高也为 0.8 米，面阔 9.5 米，高 5.05 米，为四柱五架梁建筑。

壶天阁院落西为壶天佛阁，现被改为了小商店，其也为三开间硬山建筑。壶天阁院落东侧为院墙，另一个出入口位于院落的西北角处。

（三）壶天仙境

壶天阁的面积很小，整体占地面积不到 1000 平方米，其院落的排布也十分简明。壶天阁景观的独特之处就在于其因山就势，在双层谷结构中，又建立了一个颇具围合感的一进院落，这个院落也成了壶中壶，使大壶套小壶的双层自然景观成为大壶套中壶套小壶的三层壶景观。

壶天阁虽然跨道而建，但是并没有选择轴线的形式，而是将两个入口分别安排在了东南与西北的对角线位置。这样虽然是一进院落，但是两个出入口并不相对，这样院落的围合感会更加强烈。而位于壶天阁东南的出入口刚好正对元君殿。如果单看三清殿与元君殿，就是一组呈轴线布局的道教建筑，而整个院落看起来则是一座景观化非常强的，以壶为概念的景观。

从清代《泰山志》的壶天阁图中可以看出，原三清殿西被院墙围合，而倚山亭坐落于院墙之中。无论是乾隆年间还是现在，壶天阁的四面都是围合的，都是以壶的概念去建立的。

三清殿因其供奉的是道教地位最高的三位神祇——玉清元始天尊、上清灵宝天尊、太清道德天尊，所以其为重檐琉璃瓦建筑。壶天阁的东、西、北，三面环山，而三清殿坐落于大石台之上，实际上是为壶天阁建筑完成了"四面环山"的景观。游人从壶天阁院落内向四周望去，真是恍若在壶中。而且一层壶又一层壶，游人有逐渐进入壶中的感觉。重檐琉璃瓦的描绘也与壶天传说中金碧辉煌的仙境相符，让人不禁感慨，如果现实中果真有费长房进入的仙壶景观，那应当就是壶天阁了。

所以说，壶天阁的平面布局虽然简单，但是从问名到园林的细节都充分突出了地形、地貌。而单看三清殿与元君殿，也有符合道家景观的形制。在如此小的一个院落中，供奉了泰山香火最旺的女神和道教地位最高的三清，从中也能看出壶天阁的重要性，从而更加突出了其壶天仙境的地位。虽然其以壶为主题，但基本道教寺庙园林应该有的形制没有被破坏，也体现出了泰山宗教建筑灵活、景观化的特点：虽灵活但不破坏秩序，秩序与"借景"巧妙融合。这是一种尊重自然，天人合一的思想。

总地来说，斗母宫和壶天阁都充分体现了泰山园林是如何因山就势地进行理微的。二者的布局均十分灵活，与传统寺庙园林较为严谨的标准中轴线布局有很大的差别。道路、建筑与山体紧密地连接在一起。虽然体量较小，但是颇有趣味。斗母宫、壶天阁等许多泰山寺庙园林具有非常强的景观性，在承担祭祀的功能之外，很好地配合了泰山的自然山水景观体系。泰山南侧中路景观线上的寺庙园林体量均较小，配合了泰山登山道路的尺度，使得院落可以更好地与线路融合，不会喧宾夺主；同时，也配合了高差的处理手段，让泰山登山线路上的高差处理更加多样。

斗母宫和壶天阁是两种不同的寺庙园林与道路的结合方式。斗母宫建在道路一侧，游人可以选择在从斗母宫中穿过的同时进行祭祀和游览，或者从斗母宫外经过。泰山上南部中路景观线上的红门宫、三官庙等，与道路也是这样的组合形式，为游客提供了多样的游览线路选择。而壶天阁则是被登山线路从中穿过的院落，为以台阶为主的登山线路增加了趣味性。中天门、南天门等院落，与道路也是这样的组合形式。泰山南侧中路景观线上这两种寺庙园林与道路的结合形式，以及尺度、节奏等方面的配合，从整体上使得在泰山南侧中路景观线形成与园林结合十分紧密的景观线，而不是一条登山线路的支路上连通许多景观点。这样，游人在游览时，就仿佛走进了一座大的园林。

斗母宫、壶天阁这类的寺庙园林，体现了泰山风景园林设计理法中人道与自然道结合的思想。可以看出，宗教讲究的天人合一，同时也是风景园林设计理法的追求。所以，宗教园林与自然山水并不冲突。寺庙园林与山水结合形成景观化的园林布局，也是追求"道"理与"佛"理的宗教创造理想生活环境的一种方式。

同时，斗母宫、壶天阁也体现了中国文化中儒、释、道互相尊重，但是又泾渭分明的特点。斗母宫是泰山南侧中路景观线上唯一具有佛教性质的建筑，但斗母宫内没有佛教景观中的佛塔、经幢等标志性建筑，除僧人主持和供奉了佛教神以外，没有其他佛教的特征。说明了虽然斗母宫不排斥僧人修行，已经入主的佛教神也不会被请出，可以在不同时间相继具有佛寺和道观的性质，释与道之间是可以相互融通的，但泰山南侧中路景观线上道教的地位不可动摇，无论以什么形式布置祭祀院落，园林主要由什么人打理，这些院落的宗教性质都是道教。

第五节　竹林寺、三阳观与王母池

泰山寺庙园林除紧密围绕南侧中路景观线和岱顶分布以外，还在泰山四周山脚处分布有数量众多的佛寺和道观。研究这些寺庙园林既是对泰山自然景观特征的深入探析，也是对前文泰山风景园林整体布局的验证。

一、竹林寺

（一）竹林寺概况

竹林寺是泰山较为典型的佛寺之一，其坐落于岱阳西部，百丈崖与黑龙潭北部，傲徕山东部，处于四面环山的溪谷之中，位置极其幽静。竹林寺创建年代不详。根据《重修竹林宝峰禅寺记》记载，在唐代时，竹林寺就已经屡经兴衰。元朝元贞初年（1295），竹林寺由僧人法海主持重修，经历了几代住持的努力，终于恢复繁盛。由元代文人李谦写下《重修竹林宝峰禅寺记》。这时的竹林寺重修了雷音堂、文殊殿、方丈寮舍、钟楼、长廊等一百多间建筑，重修了下院三百多处。这时，寺院有僧人一千多人，香火兴旺，并且施粥施饭，慈悲为怀，可谓盛极一时。到了明代竹林寺渐渐没落，僧人稀少；之后虽经几次重修，但规模均不大。

明朝永乐年间，由高丽僧人满空对竹林寺进行了修缮扩建。其后，在明清两代再无大规模整修。明末诗人李杰来此寻访，在《泰山竹林寺与陈大参杨金宪同游》中对当时竹林寺的状况进行描写"古殿两三楹，满庭荫高树。"其后明末，萧协中为著《泰山小史》而游访竹林寺，因竹林寺遭受到火灾闭门谢客而无法进入。这时的竹林寺俨然已经成为一座古树参天但建筑有点破败的古寺。其后便再无竹林寺兴盛的相关记载了。到了清朝，《岱览》中描述竹林寺为"荡然矣"。2000年之后，竹林寺再次整修重建，风格为仿唐建筑群。

（二）竹林寺现状

竹林寺现为二进院落，沿坡地而建，整体建筑随着山势顺势抬高，坡度大约为7°。入口山门为三开间歇山顶建筑，两旁竹林围绕。游人从入口处看不清寺内的景观，只能隐隐约约看到钟楼、鼓楼和后面的几座屋顶。

从入口山门进入第一进院落，长为 33 米，宽为 59.5 米，主殿为天王殿。第一进院落长为 65.5 米，宽为 50 米，东西两侧分列鼓楼和钟楼，均为三开间歇山顶二层建筑。主殿天王殿为五开间歇山顶建筑，面阔为 23.5 米，进深 10.4 米，建于高 2.4 米的台基上。这层台基与一二进院落的高差不同，台基在第二进院落的一侧，仅高 0.45 米，这样就缓和了约 2 米的高差。

大雄宝殿四面出廊，分别在东北与西北部与第二进院落东、西两侧空廊相连。从天王殿后门进入第二进院落后，与第二进院落仍有高差约 2.4 米。游人必须拾级而上，登上第二进院落。两侧空廊为爬山廊，也可登上第二进院落。其中，西侧的空廊还连接了西侧的别院。别院长约 26.2 米，宽约 12.3 米，南北分列两室，均为三开间悬山顶建筑，现在为竹林寺文物管理中心。院落西墙处设有竹林寺西门。

第二进院落主殿为大雄宝殿，东、西两侧分列两配殿。两配殿均为三开间悬山顶建筑，与空廊相接。两配殿与主殿大雄宝殿之间仍有高差。大雄宝殿坐落于整个竹林寺的最高处，与两配殿高差为 6.5 米。大雄宝殿为五开间歇山顶建筑，面阔为 17.8 米，进深 12.5 米，构筑于 0.6 米的台基上，三成台阶。

（三）竹林寺现状与古制比较

竹林寺整体为中轴对称形式，随着山势通过多种方式逐步抬高，为传统的佛寺布局。根据笔者对竹林寺现状的实地调研以及对文献的翻阅，发现竹林寺的景观基本保留了古代的布局，但古代布局应当为三重院落，南北方向比现在的布局更加紧凑。根据《重修竹林宝峰禅寺记》记载，古代竹林寺是由雷音堂、文殊殿、方丈寮舍、钟鼓楼和长廊组成的。按照《重修竹林宝峰禅寺记》的记载，大雄宝殿的背后应有经堂雷音堂，雷音堂旁应当有方丈寮舍。而现在的竹林寺缺少了最后的一进院落。同时，第一进院落主殿应为文殊殿，而非现在的天王殿。竹林寺重修时是按照标准的寺庙布局建造的，所以第一进院落的主殿设为天王殿、但《重修竹林宝峰禅寺记》中明确记载了竹林寺中有文殊殿，因竹林寺所在的地势坡度较大，不太可能多一进院落供奉文殊菩萨，加之泰山地区有女神崇拜的现象，所以第一殿应为文殊殿，而非天王殿。

（四）竹林寺与周边环境之间的关系

古人留下了许多有关竹林寺的诗句。宋朝范致冲在《竹林寺》中曾经写下："竹林深处有招提，静掩禅关过客稀。薝卜花开春欲暮，泠泠钟磬白云低。"明代"泰山五贤"之一的宋焘也写有《竹林寺二绝句》："多时不访竹林僧，茅迳荒芜乱野藤。此日探奇来坐久，一龛香雨对青灯。"明朝诗人李杰在游览竹林寺后也曾赋诗《泰山竹林寺与陈大参杨金宪同游》，诗中较为详细地记叙了他们从山下到达竹林寺的路线美景："陟险千万盘，未识寺门处。一涧委蛇来，齿齿乱石聚。飞梁忽横亘，清泉下奔注。其间有灵湫，蛟龙所盘踞。时经不测溪，心动发毛竖。肩舆尺寸进，仆夫汗如雨。我欲飞步登，厓倾足难驻。青鞋与布袜，惜不携此具。贪奇不知止，竟忘垂堂虑。缅怀得一乐，未足偿千惧。峰回见林薄，飘然发佳趣。古殿三两楹，满庭荫高树。百果经秋霜，甘美皆可茹。同行得二妙，把酒劝酬屡。酒酣陟嶙峋，冀与仙灵遇。高寒觉衣单，俯视飞鸟去。白云出岩阿，英英若春絮。登临兴无限，日暮归何遽。摹写讵能穷，率尔成短句。"此外，明朝萧协中，清朝孙宝侗、徐祖望等，也曾为竹林寺赋诗。此为《岱览》中收录的诗篇，而未被收录者恐怕也不在少数。

古代虽然没有许多记录竹林寺布局的文字，但留有许多描写竹林寺环境的诗文。可见竹林寺园林布局规整考究，其景并不胜在其布局，而是胜在依山傍水，选址清幽。其中，宋焘的"茅迳荒芜乱野藤"将去往竹林寺道路的大致风貌描绘了出来，可见当时竹林寺所在的位置幽静，仅有山野小路可以到达。而范致冲、李杰的诗句"薝卜花开春欲暮""百果经秋霜"则描绘了竹林寺环境春华秋实的美景。李杰的诗句更是将从山下到达竹林寺经过的景观游线描述了出来。首先自山下，先经过几回盘道，而后一条山涧蜿蜒曲折流过，旁边的山崖上乱石横生。"飞梁忽横亘，清泉下奔注"一句应当是描写泉水从百丈崖上流下，注入黑龙潭的胜景。再经过一条小溪，道路越发难走，但美景让人忘记了危险。峰回路转穿过森林后，就来到了竹林寺。竹林寺位于接近泰山的半山腰处，已经有薄薄的云雾缭绕，经历一番不易来到竹林寺后，顿觉颇似仙境。

根据李杰的描述，再结合地形图，人们可大致了解古代到达竹林寺的路线。可以看出，古代到达竹林寺先要经过盘曲的山路，再寻溪而上，路经黑龙潭与白龙池绝景，到达竹林寺后有豁然开朗之感。可见竹林寺选址正是黑龙潭、白龙池一线，使得竹林寺成为景色优美的古刹。同时，竹林寺也使这一线的景色中有了一个可以停留回味的节点，使朴素的景观有了"泠泠钟磬白云低"的韵味。而现在这条路线由于黑龙潭水库的修建以及周边的开发，景色不再幽静而变得开阔起来。竹林寺前也修筑了上山的机动车盘道，钟声逐渐被车鸣声替代。

此外，竹林寺选址还有其他独特之处。根据记载，竹林寺背靠山洞，如果有天灾人祸，则僧人可入山洞内暂避。清朝的田同之也曾赋诗《竹林寺》"竹林何窈窕，招提占绝境。鸟鸣林壑幽，泉溜云霞冷。雨后更奇绝，半天悬寺影"。竹林寺地处四面环山的山谷中，临近飞瀑溪水，空气湿度大。独特的小气候使得竹林寺处会出现"半天悬寺影"的蜃景。

竹林寺建于谷中东北坡上，西边有竹林西河流过。游人自山下到达竹林寺，需先经过百丈崖蜿蜒并且伴有溪水的小路，然后来到这处四面环山较为开阔的地方，可谓步移景异。泰山云低时，还有云雾缭绕的景象。北有百丈崖绝山献飞瀑，南有傲徕峰傲立山群，古寺钟声在山间回荡，意境悠远。

竹林寺一砖一瓦都是古代原物，即使重建也是不可恢复的。泰山的佛教园林大多是按照佛教寺院建设的惯例来修建的。泰山，特别是岱阳西与岱阴部分，谷水众多，松、竹、柏生长茂盛，形成许多多面环山的清幽环境，正是佛寺选址的理想地点，泰山的佛寺也主要集中在这些地点。所以，泰山佛教园林的特点不在于高广，不在于面积大小或华丽与否，而是在于其选址充分借鉴泰山的自然山水，使得佛寺更加清幽。

二、三阳观

（一）三阳观概况

三阳观是泰山上较有特色的道教园林，是石结构与木结构结合而成的。其位于泰山五贤祠北的泰山凌汉峰南。凌汉峰峻拔陡峭，松林茂密，由于地形陡绝，游人稀少，但景色十分壮观。三阳观始建于明嘉靖三十年（1551），东平道士王三阳带徒弟来到这里"伐木剃草，凿石为窟以居"。三阳观依山而建，与泰山上的民用建筑一样就地取材，多用石片、石块堆砌而成。其在1978年被推倒破坏仅留院墙，现今得以恢复。

三阳观由于道观所处位置海拔较高，周边树林郁闭，道路建设不完善，开发程度极低，人迹罕至，现在仅作为泰安当地极少数民众周末踏青的去处之一。现今大部分资料记录的三阳观的位置与其实际位置存在偏差，实际上去往三阳观需要从泰山环山公路与军区驻扎地道路交会处进入，游人必须穿过废弃军队驻地，蜿蜒攀登经洗心亭，最终抵达三阳观。

（二）三阳观现状

三阳观依山就势而建，包括三层高差处理的三进院落，每层院落之间都有高差。整个院落东西宽 60 米，南北长 90 米，南北三层高差约 22.5 米，园林占地面积 5470 平方米。

从山门进入三阳观后，正对面为八卦影壁墙，东侧现在为厢房，旧时为木末亭。"木末"二字，出自屈原的《九歌·湘君》"采薜荔兮水中，搴芙蓉兮木末"[①]，意为高于树梢之上。以此名亭，谓亭秀出林木也。在第一进院落西侧的院墙上，开有西门，为当时清修的道人平时主要的出入口。

从第一进院落登上台阶，就是碧霞元君殿，旧时名为天外殿，主祀碧霞元君。碧霞元君殿进深约 9 米，前半部分为三开间，后半部分为一开间。前半部分的二层为平台，后半部分的二层为混元阁。整个建筑为两层错层建筑，下层碧霞元君殿是借助近 5 米高的山体陡崖砌筑而成的券洞，洞口宽 3.5 米，深 8 米多。洞北端是凿山体而形成的神台，而洞两侧则对称凿有 4 个小的隐身洞，小洞口宽约 1 米，高 1.9 米，深近 2 米。碧霞元君殿两侧分别有东配殿和西配殿，均为三开间建筑。

虽然碧霞元君殿与混元阁整个建筑为两层，但并没有室内楼梯通连，一层与二层祭祀的也是不同的神祇。从碧霞元君殿外东侧台阶登上二层，就是碧霞元君殿的二层平台和混元阁。混元阁供奉道教祖师太上老君（老子）。二层阁室为三开间全石结构庑殿顶建筑，建于券洞之上的台基上，后檐墙建在山体上，有石阶可以登上。混元阁面阔 8.9 米，进深 6 米，室内有东西相的券洞，由石块发券而成。混元阁两侧有东西厢房，各为三开间。

从混元阁后有陡峭石阶踏步数五十多级，坡度近 70°。登上石阶即是真武殿的平台；台东西长 17 米，南北宽 5.6 米；台上有古柏一株，古柏胸径约 1.2 米，树形苍古优美。真武殿为三开间硬山前带檐廊建筑，面阔 13 米，进深 8 米；殿左前方有石崖，上刻"全真崖"三字。山门外道西有道士林与石坪，石坪上刻有"救苦台"三个大字，南侧有王三阳及其弟子墓。南宋建炎元年（1127），石匠姜博士及道人孙上座在此结寨抗金，题刻、房基、石臼等尚存。

（三）三阳观与地形的关系

三阳观所处地区坡度极大，南北向坡度近 30°，北侧混元阁与真武殿之间坡度更是达到了 45°。因此，三阳观在建设之初就格外考虑到建筑排水的需求，在材质的使用和排水沟的设计上独具匠心。

第一，在建筑和道路的材质上，为求最快速地向周边和下游排水，其材质多选择泰山当地的青石，而非泰山地域其他建筑常采用的碎石子或夯实土壤。一方

---

① 屈原. 楚辞 [M]. 桂林：漓江出版社，2018.

面使得降水能以最快速度流过；另一方面也使得降水难以下渗，材质表面不会长出青苔或杂草等容易进一步滞留降水的植物，更便于维护。

第二，三阳观在道路和挡土墙的建设过程中，设置了诸多排水沟和排水孔，虽然这些排水沟和排水孔对于道观的美观性略有影响，部分排水设施由于没有及时疏通和修理已经变为枯枝落叶的淤积处。但是，在降水集中的季节，这些排水设施在合理地疏通后将承担三阳观内主要的排水工作。

三、王母池

王母池位于泰山脚下，环山路与红门路交叉口东北，紧邻虎山水库西侧入口处，地处岱庙至红门徒步登山路线上，属于泰山红门周边比较著名的道教寺庙园林之一。王母池中的"王母"指的正是中国古典神话故事中的神仙西王母。王母最早是作为神话故事中玉皇大帝的妻子被记录在册的。随着道教在泰山地区逐渐发展壮大，很多具有神话背景的神仙人物，逐渐地被道教祭祀活动引入民间，进而实现了"神的人化"，让传统神话中的神逐渐成为宗教和民间的祭祀对象。

王母池最早的可考记载出现于宋代李谔《重修王母瑶池记》中，书中这样描述王母池的兴建："黄帝建岱岳观，遣女七人，云冠羽衣修奉香火，以迎西王母。"可见王母池在古代的修建目的，不同于泰山其他道观，在一开始就十分明确，就是为了祭祀西王母而由统治者下令兴建的，并且在兴建的同时就给予了人数明确的祭祀人员配备。并且，在《史记·封禅书》当中，黄帝也被记载为曾经来泰山封禅的帝王之一。结合王母池所处的位置，可以推测，王母池在古时可能也参与了当时的泰山祭祀活动，是帝王封禅活动的产物。

前文中已论述过，泰山整体的区域文化特征可以总结为"天堂—人间—地狱"，其中王母池所处的位置已经属于泰山山脚，极其接近人间的天堂区域。正是因其所处区域的特殊性，使得王母池虽然是泰山天堂系统中的一部分，但是其不可避免地要受到人间系统的影响。

第一，祭祀的神位设置有所调整。王母池并没有像单纯的道教建筑一样，仅仅供奉传统的道教神位。在王母池子西侧，设有供奉药王孙思邈的药王殿，而早先此殿供奉的则是名医扁鹊。在医术造诣上，扁鹊位居中国五大名医之首，而王母池药王殿在后期更换了祭祀对象，说明在历史发展的过程中，其不断受到民间影响。不过，王母池内祭祀的神位虽然有所更替，但是百姓来王母池祭祀的目的，有一项一直没有改变，那就是常人求健康、病人求康复。

第二，王母池东侧紧邻梳洗河，东北方是泰山虎山水库，在园林的设计和建设过程中，王母池东侧建筑并没有像传统的道教园林一样采用对称式布局，反而从景观角度考虑，设置蓬莱亭、观澜阁等景观建筑，体现出王母池在具有宗教功能的同时，在理法上也十分注重结合周边的山水特征。

王母池与前文提到的泰山寺庙园林一样，在设计建设过程中同样十分注重利用地形和环境，整体依据山势，大致呈正南正北走向。内部大致可分为两进院落，院落之间和院落内部都有巧妙的高差处理。院落东西宽 51.5 米，南北长 67.9 米，南北两层高差 7.1 米，总占地面积为 2 718 平方米。

从南部山门进入王母池，面对的是王母池内最为著名的水景——王母池子。池上设有拱桥，游人可以从桥上跨过水池，再经九级台阶上到第一进院落中部。

此处左侧是药王殿，殿内供奉的是药王孙思邈；右侧为观澜亭，亭子东侧就是著名的泰安虎山水库瀑布，取名"观澜亭"，表明亭子对于东侧瀑布流水的绝佳观赏角度和景观功能。在雨季到来时，上游水库开闸放水，水流奔腾而下，来此亭内拍照留念的游客络绎不绝。而此院落正北方就是王母池的中心建筑王母殿，其中心地位从以下几个方面得以凸显。

第一，在供奉对象上，王母殿供奉的是西王母。西王母铜像屹立殿中，这里也是来此祭祀的香客主要的上香之处。

第二，王母池的第一进院落并没有借助高差设置坡地向上，反而是先在山门刚过就设计了近 2 米深的水池，跨过水池接九级台阶，一深一上使得院落前半段加大了人对于高差的感受，同时台阶的设置阻隔了人在山门处对王母殿的视线，给王母殿增添了神秘的气息。

第三，在第一进院落后半段，王母殿并没有与药王殿、观澜亭共处于同一水平面，而是在两者所处平面上进一步抬高。游人来到药王殿和观澜亭前，要再经十三级台阶，登高 2.41 米才能最终进入王母殿。在再次抬升的过程中，王母殿虽然已显现在人们眼中，但是，却在分层设计的台地中进一步提升了自己在整个院落中的建筑地位。在第一进院落 4.14 米的高差处理上，为突出王母殿的主体地位，设计者借助水池、台地、台阶和拱桥等建筑元素，穿插进 4 个高低错落的平面，一步步衬托了王母殿的主体地位。

王母殿东西两侧配有耳房，人们可以经东耳房进入王母池第二进院落。第二进院落南侧为悦仙亭，北侧为七真殿，院落东北角为蓬莱阁。在高差处理手法上，王母池第二进院落与第一进院落不同，在院落的最南端并没有再次用水池加深人对于高差的感受，而是将院落南侧的悦仙亭抬高近 2 米。亭东西两侧设置台阶，游人可以从两侧上下。这种大幅度的抬升，一方面使得悦仙亭与北侧的七真殿几乎完全处于同一水平面之上，七真殿原本所处的高度优势完全不在，进而削弱了七真殿作为王母池中轴线上最北端建筑的地位，也在一定程度上保护了王母殿的地位。北侧院落由于有悦仙亭的抬升和七真殿前的十八级台阶，北侧院落显得比较局促，使得王母池第一进院的宗教气息加重，第二进院落的生活气息渐浓。

在建筑单体上，王母池主要有 11 处主要古建，其中宗教祭祀用房 4 处、管理用房 1 处、景观建筑 3 处，包括观澜亭、悦仙亭和蓬莱阁；相比泰山其他宗教建筑群，景观建筑的数量占比较高，这与王母池地处泰山景观资源丰富的虎山脚下息息相关。主殿王母殿，面积 72.9 平方米，高 7.2 米，进深 7.59 米，面阔 9.74 米，上覆悬山顶，两侧紧邻东西耳房；同时，由于背后悦仙亭的抬高和面前王母池的降低，整体呈现出"背山面水"的建筑格局，成为王母池园林中当之无愧的中心。

王母池北端七真殿与蓬莱阁两幢建筑紧紧相连。七真殿前厅面积 101.2 平方米，建筑高约 6.9 米，面阔五间，15.6 米，进深三间，约 12 米，上覆硬山顶。进深除前厅正门可以进入之外，前厅的东北角可通蓬莱阁，西北角可通七真殿西院。七真殿内室面积 56.8 平方米，面阔三间，10 米，进深一间，5.6 米，上覆悬山顶。东北侧蓬莱阁分为上下两层，上层面积 29.5 平方米，面阔两间，6.4 米，进深一间，4.4 米，上覆卷棚歇山顶。

综上所述，本书研究选取的这 8 处寺庙园林和建筑，在选址上都明确依托了前文研究提出的泰山园林布局特点：帝王封禅在泰山建立游览骨架，并在极顶留下了封禅礼制的实体见证；道教紧随封禅步伐和线路，从泰山脚下的王母池至岱顶的碧霞祠，牢牢地把握了泰山南侧中路景观线的主体地位，并在园林设计中充分利用周边山水自然条件。佛教传入时间较晚，在泰山选址建设寺庙园林时，与佛教清修需求结合，多地处环境清幽、水源丰沛之所；民间祭祀与儒家文化因缺乏有力的祭祀体系支撑，与道教的界限渐渐模糊，甚至最终融入了道教祭祀，这些在寺庙园林不断演化的过程中得到了明显体现。

通过逐一对比分析，可以看到，三阳观、竹林寺、碧霞祠是较为纯粹的寺庙园林，并不像壶天阁、斗母宫、王母池模糊了自身宗教属性，景观化极强。原因在于，在园林设计理法中，壶天阁、斗母宫、王母池所处环境极佳，具有得天独厚的自然环境条件，王母池和斗母宫位于泰山香客流最大的线路之上，在历史上的修缮或新建过程中，注重与自身周边山水景观特征相结合，力求发展自身的园林特色，在内部神位供奉上也注重民间祭祀需求。

佛教竹林寺位于泰山脚下僻静之处，除了轴线对称的布局，其道路、建筑的布局则是主要依照山体高差排布，在建筑正前方构筑了多重面积较大的台基和台阶，突出了单体建筑气势。

三阳观与碧霞祠同为道教背景寺庙园林，在理法中相地的考量也高度一致，选取了山势高耸、视野开阔的地方，突出园林的整体气势，追求接近仙境的自然景观特征。在其自身建设过程中，理法中又善于"理微"，利用弧形院墙、建筑排水孔渠等细致的设计手法化解高海拔的不利自然条件。三阳观处理高差的方法是形成不同高度的小平台，以道路、建筑、台阶穿行连接，形成灵活的游线解决高差。三阳观内有殿有阁，木结构与石结构相互结合，体现了泰山道教的园林建筑就地取材建造的特点。三阳观混元阁内门洞众多，所表达的是道家在洞中修炼的场景。其有着结合山地景观构筑的"修真洞"，这一点与竹林寺是十分不同的。

蒿里山神祠与碧霞祠原型最早都为民间祭祀场所，最终都经由道教重建、转型，使民间祭祀得以延续，道教也香火不断。帝王看重两者结合的影响力，助力民间祭祀与道教活动，使得碧霞祠历经数次毁坏却又重新屹立，成为除秦汉封禅台以外，另一个帝王在泰山致祭的园林载体。

第九章 讨 论

可以说，泰山之所以能被评为自然与文化双遗产，是有其厚重的根基的。泰山的自然条件是第一要素，而泰山所处的地理方位和自然景观，包括地质、水文、气象、植物，又为文化的发展确定了发展方向。

沿着山水脉络，帝王封禅活动在泰山架起了文化景观整体布局的框架：以泰山主峰为中心，以周边群山为辅助；道教以岱顶和南部中路景观线为核发展壮大，稳稳占据泰山寺庙园林的中心地位；佛教因其传教泰山时间晚和外来属性等原因，失去了发展的核心地位，但在相地选址中与自身修行方式结合，采用了多核的园林布局发展模式，在园林设计理法选址中注重山水环境的清幽；儒家思想随封禅而来，逐渐融入了道教与民间祭祀之中。

但是，当前泰山的风景园林保护与地方经济发展出现了矛盾，无论是竹林寺重建还是蒿里山开发都反映出，自然和文化景观开发是当前经济发展不可避免的趋势和需要。如何在开发和保护中寻找平衡，是当前风景园林学面对的重要问题。作者通过对园林的实地调研以及对当地旅游开发、主管部门领导和地方专家的访谈，了解到泰山发展目前存在的一些问题，并基于泰山风景园林设计理法的研究，对这些问题进行讨论，以求利用风景园林学学科知识，寻求泰山风景园林保护和地方经济发展之间矛盾的解决之法。

第一节 泰山山水脉络的基础作用

本书前文对泰山风景园林进行了两个层次的研究，构建起了泰山自然景观空间布局上的横向框架和泰山文化景观发展历史源流上的纵向框架，通过两层框架推断出泰山风景园林在园林设计理法中所应用的手段。但是，不管是框架构建还是园林设计理法手段都是以泰山的山水脉络为根基的——帝王、宗教、民间的活动虽然对泰山的风景园林建设有巨大的促进作用，但是泰山文化景观根本上还是"因借"泰山地区独特的山水脉络构建的。

帝王选择泰山进行封禅，也是因为泰山具有独特的山水条件，因而切不可本末倒置，将泰山风景园林的研究重点完全集中于封禅之上。帝王封禅的理论依据是"五德始终说"，但这个学说在唐宋时期已经衰落，所以同样是历史遗留下来的园林，依托于道教、佛教的寺庙园林就具备继续发展的土壤，而封禅就很难继续发展下去。所以研究人员要挖掘整体泰山区域的山水脉络，研究风景园林设计理法，尊重泰山景观地域性的基础，而非片面强调泰山文化特色，这才是泰山风景园林传承和延续的长久之计。

第二节　快捷登山路线的合理性

本书前文研究中提出，秦汉时期建立和巩固的泰山登顶游线既包括帝王封禅时临时使用的登顶路线，也包括古人游赏泰山主峰周边群山所使用的非登顶路线。两种路线交织成了泰山主山的古代游览路线骨架，为今人选择路径提供了十分实际的参照。其走向和长度都足以满足徒步登山要求，在路线的设置中也可以做到对泰山山水景观特征的遍历。沿途风景园林各有特色，给人以不同的自然和文化感受。

现今在泰山使用的登顶游线主要有四条，包括红门登山路线、天外村登山路线、桃花源登山路线、天烛峰登山路线。其中，红门线、天烛峰线都是以帝王封禅路线为基础，天外村线、桃花源线是在原有非登顶路线的基础上向岱顶的延长，延长的方式包括人行、车行和索道。泰山索道和盘山公路的建设，对于快速攀登山体、运输物资和旅游经济建设是有所帮助的，但同时对于泰山自然景观的破坏也是毁灭性的。

通过对泰山风景园林设计理法的研究，作者发现，目前泰山索道和盘山公路所破坏的不仅仅是泰山的一条游览线路，或者一部分视线，而是破坏了几千年来逐渐形成的泰山游览体系。泰山原本的游览体系为：南侧、北侧各有一条最主要的登山线路，可以使游人分别体验泰山自然景观的大气雄壮和幽静深邃。泰山其他的部分也分别有不可到达岱顶的道路以供游人游赏。这样就形成了登高览胜，闲游逸趣，各有所长的游线组织。

而现在的索道和盘山公路不是旅游选择性的增加，而是对整个旅游结构的破坏。目前，泰山主要的两条盘山公路，一条是从天外村至中天门的盘山公路，另一条是桃花峪至上桃峪区域的盘山公路，均位于泰山西侧。这两条公路分别是基于古代的黑龙潭、白龙池、竹林寺一线和桃花峪桃花源一线开发的，前者直接连接南天门索道，后者直接连接桃花峪索道。两条路线原本是体验岱阳西的清丽秀美和岱阴西的幽静深邃的最佳路线，现在却成为登顶泰山的一段交通路线。那么，泰山的整体旅游结构就少了清丽秀美和幽静深邃的体验了。这不仅仅是对竹林寺等寺庙园林无可挽回地破坏，同时也破坏了整个泰山游览体验的多样性。除了对过去非登顶路线的画蛇添足，索道还人为增加了登顶的路线数量。这种对岱顶核心的过分加强只会导致岱顶游客负荷过重，周边多样性的自然景观被破坏、被忽略。而且，后石坞索道、南天门索道与两条古登顶线路重合，严重破坏了原有两条古登顶线路的视线，同时也严重破坏了从泰山南侧观赏泰山的视线。

虽然索道和目前盘山公路的建设，看起来只是对某一小块山体的破坏，或者是对某一条景观的破坏，但其实也是对泰山几千年来形成的游览结构的破坏。通过对泰山园林设计理法的研究，我们深刻地认识到泰山古代游览结构的重要性和合理性。当地主管部门应该意识到，即使要运用现代技术给游人制造方便，也不能破坏原有的游览结构，因而应当对现有两条盘山公路所破坏的风景园林进行修复。如果必须要建立盘山公路，那么也不可侵占原有的景观路线，而应当在通过生态影响评估后，另选路线。三条索道中最多保留一条，以缓解岱顶的压力。从风景园林学角度看，可以考虑保留桃花峪索道，借此恢复桃花峪景观线的原貌。因为岱阴西游线、桃峪以上山势断裂，很难攀登，所以游人想要体验这一部分山体的魅力，可以借助现代技术。这样也可以提升桃花峪、上桃峪一线的步行游览吸引力。

第三节　南侧中路景观线的开发

泰山南侧中路景观线是泰山景观分布最为密集、古迹遗址也最为集中的区域。沿途景点包括了前文所述的所有寺庙园林类型，泰城规划也将此列为"历史文化轴"进行规划建设。可以说，泰山南侧中路景观线是当下泰山旅游开发程度最深的区域，但伴随而来的就是沿途商业经营泛滥的问题。

从经营类型上来看，沿途商铺虽然为游客提供了必需的登山商品，但是也在很大程度上影响了游人的登山体验，弱化了泰山的自然景观与文化景观的特色。

从建筑布局位置分析，大部分商业活动场所都不是泰山原有的园林建筑，看似对泰山原有的园林没有影响。但正如老子所说："凿户牖以为室，当其无，有室之用。故有之以为利。无之以为用。"① 中路景观线上的商铺一部分紧邻著名的泰山景观点，其活动影响了人对于泰山自然和文化的整体感受，诸如斗母宫、三阳观，其园林设计理法由于商业的开展，相位选址时看重的清幽条件已经荡然无存。另一部分商铺虽然地处登山路线上景观点分布较为松散的位置，但是对于整条路线的景观节奏影响十分严重。在商铺入驻之前，泰山南侧中路景观线的游览节奏十分明确，不同寺庙园林、建筑、碑刻构成了整条游线上的文化要素，点与点之间给予游人充足的空间和时间去感受泰山南部的自然景观特色。现在这部分空间被商业填塞，整条路线被风格繁杂的建筑覆盖，既挤占了游人感受自然的空间，也模糊了寺庙建筑在游线当中起到的定位作用，加重了游人登山过程中的审美疲劳。

同样，对于泰山其他游线的保护也要把眼光放大到对整体山水脉络的保护，注重对游览线路节奏的保护和塑造，要从理山置景的角度去看待新加建筑的布局，如果单从景观节点的角度去看待商业开发，仅要求商业满足建设指标和生产排污要求，则必然不利于南侧中路景观线的开发。

第四节　泰山风景园林的多核发展

从本书前文研究可以看出，泰山风景园林是一个基于自然山水，综合了封禅文化、道家文化、儒家文化、佛家文化、民间祭祀的综合体，这一综合的特色不但在泰山风景园林的整体布局中得以体现，反观园林单体，如斗母宫也很好地体现了这一点。不同的文化在泰山起步时间不同，借助大泰山的山水框架确立了不同的发展核心，而这些核心都是"因借"泰山山水景观的特点，在历史上一步一步发展而来的。如果要通过运用泰山地区多样化的文化，推进泰山风景园林的地域性发展，最好的方法就是延续古人通过立意、相地而留下的泰山风景园林布局。

泰安市现有的旅游开发过度集中于泰山南侧中路景观线，有特色、有吸引力的景点多集中在岱顶。这导致了泰安没有真正成为旅游目的地城市，而成为仅靠一条游览线路招揽人气的一日游城市。近年来，泰山一直在开发新的旅游项目，但效果均不太理想。泰山区域的风景园林是多核心发展的。泰山南侧中路景观线只是道教园林比较集中的一条古代帝王封禅线路，是道教、封禅景观的核心线路。在泰山景观布局中，还有许多其他的核心。在发展封禅文化旅游时，完全可以将

---

① 陶玮编. 道德经 [M]. 北京：研究出版社，2018.

亭亭山、云云山、石闾山等帝王禅地场所作为开发的地点，而不是单纯在泰山主峰以东建立占地庞大的演出基地，这既破坏了泰山的自然山水框架，也不符合秦汉时期帝王封禅活动的实际记载。如果片面地以泰山主山为中心发展旅游，则会导致同是大泰山文化载体的周边群山因没落而逐渐受到城市发展侵蚀，导致社首山被移平覆盖的悲剧再次发生。所以，只有从风景园林设计理法的角度，遵循古人留下的合理布局，促进整个泰山区域景观多核心的发展，才能从根本上解决泰山旅游目的地单一、游览持续时间短的问题。因此，本书建议对蒿里山进行旅游开发，基于风景园林学对蒿里山神祠进行恢复重建，将泰山主山文化轴线向南延伸，重塑这一泰山的帝王禅地之所。

第十章 结 语

本书以风景园林设计理法为核心，构建了泰山区域上的横向框架和历史上的纵向框架，对泰山风景园林做了点、线、面的整体梳理，由点及面地从立意、相地、问名、布局、理微、余韵等方面阐释了泰山风景园林设计理法中体现出的特点，并对研究中发现的泰山风景园林发展存在的问题进行了讨论。

第一节　主要研究成果

（1）通过实地调研和古籍考察的方法，本书对泰山的山水方位进行标注，并总结了泰山每一部分山体的特点，明确了泰山园林相地选址的考量因素。在过去的研究中，不管是对泰山的本书研究，还是风景名胜区规划的指定，都没有从风景园林学的角度对泰山的山水进行过完整的梳理总结，均是从单一的线路、节点入手，研究的对象多为文化景观，而一直没有对泰山整体山水构架的归纳。本书不仅对山水方位进行了梳理总结，还结合现在的地形图制作成泰山主山山体总图，这是目前为止对泰山主山的山水标注最为全面的图纸资料。这不仅对本书泰山风景园林设计理法的研究有支持作用，也可以作为对泰山各类研究的基础资料。

（2）通过对各种古代文献的考证，本书首次较为详细地梳理了泰山文化景观的发展史，并结合泰山的地图、地形图以及本书中制作的泰山主山山体总图，制作了封建社会泰山风景园林繁荣时期（东晋—清朝）的文化景观分布图。通过这幅图片可以清晰地看到泰山古代文化景观分布位置，弥补了泰山现在只有遗迹现状图的空缺。

（3）从风景园林理法的角度入手，本书对泰山进行完整的研究范围划定，总结了泰山主山和周边群山的自然景观特点，避免了仅以泰山名胜风景区范围进行研究，导致泰山自然和文化断裂、研究范围不断缩小至热门景点、登山路线上，并补充研究了泰山区域内众多亟待研究的园林建筑单体。

（4）本书通过研究古籍古图、碑文刻石，以及进行实地调研等方式，对碧霞祠、秦汉封禅台、蒿里山神祠进行了平面复原，提出：明清代碧霞祠布局异同，正是其发展过程中民间、道教、官方三方不断融合的表现，并梳理了这一碧霞元君信仰中心的历史源流；秦汉封禅台虽然以建筑为主体，但其相地选址的考量与园林设计理法相契合，彰显的是帝王的心境与封禅期许；蒿里山神祠具有传说中"阴曹地府"的面貌，也是泰山"天堂—人间—地狱"重要的组成部分，极具旅游开发价值。笔者实地考察了当前泰山寺庙园林研究中亟待研究的对象，如壶天阁、竹林寺、三阳观、王母池，并通过实测补充了园林平面和建筑图纸资料，为以后的泰山风景园林研究提供了一手资料。

（5）本书通过对泰山园林设计理法系统的构建和分析，最终对泰山风景园林目前面临的热点问题进行了讨论，尝试从风景园林专业的角度提出泰山发展建议，包括：在面上要尊重并延续古人发掘出的自然山水框架；在线上调整非必要的登山路线、抛弃仅以泰山中路景观线为重心的发展思路；在点上注重多核发展、恢复蒿里山景观面貌，延续原有的泰山文化。

第二节　主要创新点

本书研究内容主要有以下创新点：

（1）本书在大泰山范围内对泰山风景园林进行整理分析。本书分析汇总了古籍中曾经提到过的泰山山水景观，将其整理成泰山山水景观表，并制作了泰山主山山水方位图。从风景园林学的角度对泰山园林的发展史做了详细梳理，分析汇总了古籍中曾经提到过的泰山古迹，并将其整理成封建社会泰山景观繁荣时期（东晋—清朝）的文化景观表以及分布图。

（2）本书提出了多核心的泰山区域文化景观布局，结合古籍记载和数据分析，推断了泰山古代游览路线系统，分析了泰山岱顶、十八盘等区域人文景观密集分布的自然因素和文化因素。

（3）本书对壶天阁、斗母宫、竹林寺、三阳观进行了实测，并对明碧霞祠、蒿里山神祠、秦汉封禅台进行了想象复原。本书研究单体的选择从文化类型上包含了道教、佛教、封禅、民间祭祀，从时间上包括了秦汉到晚清的研究，从范围上包括了泰山主山与周边群山，同时也包含了对泰山园林、建筑如何因山就势地塑造空间、借景自然进行的研究，确保了研究的系统性和完整性。通过单体的研究，本书验证了前文风景园林自然和文化的属性研究，并体现出了园林设计理法中相地的重要性。这既是风景园林设计理法研究序列中的一部分，同时也是日后对这些园林和建筑进行保护的重要参考资料。

第三节 展　望

本书的研究也存在着一些遗憾和不足，希望在日后可以进行更深入的研究和补充。

（1）许多泰山相关古籍文献是刻本或者碑刻的拓印，阅读难度较大。而且，许多古籍为曾经遗失过，又被后人整理的版本，其本身就存在一些杜撰的成分。虽然笔者已经尽量选择最权威的、经过考证的文献，但仍然可能存在一些问题，致使对山水方位的考证和园林的复原存在偏差甚至错误。希望日后可以与更多的泰山研究专家进行交流，更好地对泰山风景园林遗失的亮点进行挖掘和整理。

（2）中国古代文化博大精深，泰山是汇集众多中国古代文化于一体的文化综合体。笔者阅历有限，对于古籍资料难以全部深入研究，自认为对中国古代文化的理解和挖掘还不够深入，没有将一些泰山园林背后深刻的文化和内在联系挖掘出来。同时，如道教和道家思想的关系等问题，在中国古代哲学研究的领域也还在讨论中，未有定论。希望未来可以随着文化领域更加深入的研究，对泰山园林蕴含的风景园林设计理法有更加深入的认识。

（3）出于安全和管理的因素，泰山的一些区域禁止攀登，所以笔者没有办法将从古籍中找到的泰山自然和文化景观一一进行实地考察。因为笔者是独立测量，且测量条件较为艰苦，所以在古建筑的实测方面可能存在偏差。希望在日后可以有条件将这些实地考察时的欠缺进行弥补。

参考文献

[1] 孟昭水.岱览校点集注 [M].济南：泰山出版社，2007.

[2] 刘慧.泰山宗教研究 [M].北京：文物出版社，1994.

[3] 曲进贤，周郢.泰山通鉴 [M].山东：齐鲁书社，2005.

[4] 袁明英.泰山石刻 [M].北京：中华书局，2007.

[5] 宋军继，王复进.山东千年古县志 [M].济南：山东省地图出版社，2006.

[6] 李法曾，张卫东，张学杰.泰山植物志 [M].济南：山东科学技术出版社，
    2012.

[7] 胡志鹏.泰山大观 [M].济南：齐鲁书社，2006.

[8] 雷礼.皇明大政纪 [M].北京：北京大学出版社，1993.

[9] 汤贵仁，刘慧.泰山文献集成 - 泰山纪胜 [M].济南：泰山出版社，2005.

[10] 王维堤，唐书文.春秋公羊传译注 [M].上海：上海古籍出版社，1997.

[11] 姬旦.周礼 [M].郑州：中州古籍出版社，2010.

[12] 班固.汉书 [M].张永雷，刘丛，译注.北京：中华书局，2009.

[13] 马第伯.封禅仪记 [M].北京：中国书店，1986.

[14] 班固.白虎通义 [M].上海：上海古籍出版社，1992.

[15] 范晔.后汉书 [M].北京：中华书局，2005.

[16] 刘昫.旧唐书 [M].北京：中华书局，2000.

[17] 赵明诚.金石录 [M].济南：齐鲁书社，2009.

[18] 司马光.资治通鉴 [M].北京：中华书局，2012.

[19] 陈高华.元典章 [M].北京：中华书局，2011.

[20] 李东阳.大明会典 [M].扬州：广陵书社，2007.

[21] 张廷玉.明史 [M].北京：中华书局，1974.

[22] 付强.岱庙古建园林艺术特征 [J].中华民居（下旬刊），2013（12）：1.

[23] 郭笃凌 . 泰山谷山寺敕牒碑碑阴文考论 [J]. 泰山学院学报，2016，38（2）：12-19.

[24] 李建国 . 细读三阳观 [J]. 寻根，2016（4）：138-142.

[25] 李锦山 . 泰山无字碑考辨 [J]. 文物，1975（3）：34-35.

[26] 李云 . 泰山双束碑再探 [J]. 中国文物科学研究，2011（3）：49-53.

[27] 刘春芳 .《老残游记》中泰山斗母宫风情探略 [J]. 边疆经济与文化，2014（10）：96-97.

[28] 山东省肥城县史志编纂委员会 . 肥城县志 [M]. 济南：齐鲁书社，1992.

[29] 刘凌 . 斗母"虫二"石刻及其他 [J]. 泰安师专学报，2001（1）：18-20.

附录 1：历代帝王泰山祭祀大事表

祭祀类型中 a 代表非宗教祭祀。按照非宗教祭祀类型又进行划分，其中：a1
为封禅，a2 为柴望，a3 为巡守，a4 为一般祭祀（这里的一般祭祀指的是列入国
家礼制的有固定时间间隔的祭祀；或者突发自然灾害、战事等，以祈求风调雨顺、
战事顺利等为目的的祭祀），a5 为郊祀，a6 为代祀（专门派遣官员到泰山，代替帝
王进行祭祀）。

祭祀类型中 b 代表道教祭祀，其中 b1 为早期方士祭祀（非道教但为道教祭
祀的雏形），b2 代表祭祀泰山神或东岳大帝。

朝代	帝王	时间	类型	事件	记载文献
上古	黄帝	约公元前 26 世纪	a4	传构建泰山明堂（可能为传说）	史记·五帝本纪（古籍）（弘治）泰安州志（古籍）
		约公元前 26 世纪	a1	封泰山，禅亭亭山（可能为传说）	史记·五帝本纪（古籍）管子（古籍）
	颛顼	约公元前 23 世纪	a1	封泰山，禅云云山（可能为传说）	史记·封禅书（古籍）管子（古籍）
	帝喾	约公元前 22 世纪	a1	封泰山，禅云云山（可能为传说）	史记·封禅书（古籍）管子（古籍）
	尧	约公元前 22 世纪	a1	封泰山，禅云云山（可能为传说）	史记·封禅书（古籍）管子（古籍）
		约公元前 22 世纪	a3	五年巡守一次，二月至泰山（可能为传说）	尚书·舜典（古籍）王制（古籍）岱览·岱礼（古籍）岱史·狩典纪（古籍）
	舜	约公元前 22 世纪	a1	封泰山，禅云云山（可能为传说）	史记·封禅书（古籍）管子（古籍）
		约公元前 22 世纪	a2	柴望秩于山川，朝会诸侯（可能为传说）	尚书·舜典（古籍）
		约公元前 22 世纪	a3	五年巡守一次，二月至泰山（可能为传说）	尚书·舜典（古籍）王制（古籍）岱览·岱礼（古籍）岱史·狩典纪（古籍）

朝代	帝王	时间	类型	事件	记载文献
夏	禹	约公元前 21 世纪	a1	封泰山，禅会稽山（可能为传说）	史记·封禅书（古籍） 尚书·禹贡（古籍） 管子（古籍）
		约公元前 21 世纪	a3	五年巡守一次，二月至泰山（可能为传说）	岱史·狩典纪（古籍） 尚书·禹贡（古籍） 岱览·岱礼（古籍） 王制（古籍）
商	汤	约公元前 16 世纪	a1	封泰山，禅云云山（可能为传说）	史记·封禅书（古籍） 管子（古籍）
周	周成王	约公元前 11 世纪	a1	封泰山，禅社首山（可能为传说）	史记·封禅书（古籍） 管子（古籍） 孟子·梁惠王下（古籍）
		约公元前 11 世纪	a3	十二年巡守一次，构建泰山周明堂，在明堂朝见诸侯。周明堂遗迹已经被发掘	礼记（古籍） 岱史·狩典纪（古籍） 岱史·遗迹志（古籍） 岱览·岱礼（古籍）
	西周帝王	约公元前 11 世纪—公元前 8 世纪	a4	掌管祭祀的官员大宗伯、小宗伯定时举行望典	岱史·望典纪（古籍） 周礼（古籍）
	鲁僖公	公元前 627 年	a2	虽免牲，但仍然三望	岱史·望典纪（古籍）
	鲁宣公	公元前 589 年	a2	会齐侯，三望	岱史·望典纪（古籍）
秦	秦始皇	公元前 219 年	a1	祭祀名山大川，封泰山，禅梁父。修缮上山下山的道路，从岱阳上山，岱阴下山	岱史·封禅纪（古籍） 史记·封禅书（古籍） 史记·始皇帝本纪（古籍） 泰山秦刻石（碑刻）
	秦二世	公元前 209 年	a4	致祭泰山，在始皇帝刻石旁刻诏书	史记·封禅书（古籍） 金石录·卷十三（古籍） 泰山秦刻石（碑刻）
汉	西汉帝王	汉高祖至汉太宗时期（约公元前 205 年—公元前 164 年）	a5	下诏，以古礼祭祀泰山，以时祠之。但是泰山所在的诸侯国进行祭祀	史记·封禅书（古籍）
		汉太宗至汉中宗时期（约公元前 164 年—公元前 61 年）	a4 a5	改为由太祝祭祀，从此泰山由中央主持祭祀	史记·封禅书（古籍）
		汉中宗至汉元宗时期（约公元前 61 年—公元 12 年）	a4 a5	将五岳四渎定为郊祭祭祀常礼	汉书郊祀纪（古籍）

（续表）

朝代	帝王	时间	类型	事件	记载文献
汉	汉武帝	元鼎五年（公元前112年）	b1	汉武帝命方士栾大求仙，未果，至祭泰山应命	史记·孝武本纪（古籍）
		元封元年（前110年）	a1	封泰山，禅肃然山。其后每五年修封一次	岱史·封禅纪（古籍） 史记·封禅书（古籍） 史记·孝武本纪（古籍） 汉书·郊祀志（古籍）
		元封二年（前109年）	a3	巡守，祭祀泰山。命建泰山明堂，在泰山庙中种植千株柏树	史记·封禅书（古籍） 太平御览·泰山纪（古籍） 汉纪·卷十四（古籍）
		元封五年（前106年）	a1 a3	巡守到泰山，修封，朝会诸侯	史记·封禅书（古籍） 汉纪·卷十四（古籍）
		太初元年（前104年）	a1	封泰山，禅蒿里山	史记·封禅书（古籍） 汉纪·卷十四（古籍）
		太初三年（前102年）	a1	封泰山，禅石闾山	史记·封禅书（古籍） 汉纪·卷十四（古籍）
		太始四年（前93年）	a1 a3	巡守，祭祀汉高祖、汉景帝。封泰山，禅石闾山	汉书·武帝纪（古籍）
		征和四年（前89年）	a1	封泰山，禅石闾山祭祀汉高祖	汉书·武帝纪（古籍） 汉纪·卷十五（古籍）
	汉宣帝	神爵元年（前61年）	a4	派使者行五祠礼	岱史·望典纪（古籍） 汉书·郊祀志（古籍） 汉纪·卷十九（古籍）
	新帝王（王莽）	天凤四年（17年）	a4 a6	举行封建诸侯典礼，派遣使者祭告泰山	汉书·王莽传（古籍）
	汉光武帝	建武二十年（44年）	a3	东巡守	岱史·狩典纪（古籍）
		建武三十年（54年）	a4	却封禅之意，命官员祭祀泰山	岱史·望典纪（古籍） 后汉书·光武帝纪（古籍） 后汉纪·卷八（古籍）
		建武中元元年（56年）	a1	封泰山，禅梁父。在岱顶刻石纪功德	岱史·封禅纪（古籍） 封禅仪记（古籍）
	汉章帝	元和二年（85年）	a2 a3	东巡守，柴望岱宗，在汉明堂祭祀五帝	岱史·狩典纪（古籍） 后汉书·章帝纪（古籍） 后汉纪·卷十二（古籍）
	汉安帝	延光三年（124年）	a2 a3	东巡守，柴望岱宗	岱史·狩典纪（古籍） 后汉书·安帝纪（古籍） 后汉纪·卷十七（古籍）

（续表）

朝代	帝王	时间	类型	事件	记载文献
魏晋南北朝	魏晋帝王	魏文帝至晋哀宗（约224—317年）	a4	五岳祭祀按照古制。魏文帝黄初五年明确了郊社、宗庙、三辰五行、名山川泽为祀典内容	三国志·魏书（古籍） 宋书·志（古籍）
	魏文帝	黄初二年（221年）	a4	恢复五岳祭祀制度，祭祀泰山，沉珪壁	晋书·礼志（古籍） 岱史·望典纪（古籍） 三国志·魏书（古籍） 宋书·志（古籍）
	魏明帝	魏明帝时期（约226—239年）	a3	每三年巡守一次，共三次过泰山	三国志·魏书·高堂隆传（古籍） 岱史·狩典纪（古籍）
	晋成帝	咸和八年（333年）	a4	祭祀五岳	岱史·望典纪（古籍）
	前秦天王苻坚	建元十一年（375年）	a4 a6	派遣使者祭祀河岳诸神	十六国春秋辑补·前秦录（古籍）
	北魏景穆帝	景穆帝时期（约428—431年时期）	a4 a5	每年祭祀五岳	岱史·望典纪（古籍）
	南朝宋景帝	元嘉二十六年（449年）	a4 a6	遣使者祭祀泰山	宋书·志（古籍） 宋书·袁淑传（古籍）
	北齐文宣帝	天宝元年（550年）	a4 a6	遣使者祭祀泰山	北齐书·文宣帝纪（古籍）
	北齐帝王	北齐时期（约550—578年）	a4	将五岳祭祀列为九大祭祀	册府元龟·闰位部（古籍） 唐六典·太常寺（古籍）
隋	隋朝帝王	隋朝时期（约581—618年）	a4	制定泰山祭祀的方式，五岳各置令。泰山庙列入国家祭祀体系，由国家管理	隋书·百官志（古籍）
	隋文帝	开皇十五年（595年）	a2	在泰山下设坛柴祀泰山，未登山。并且在之后发布了《拜东岳大赦诏》	隋书·礼仪志（古籍） 文馆辞林（古籍）
唐	唐朝帝王	唐太宗至唐代宗时期（约624—770年）	a4 a5	以五郊迎气之祭为基本的五岳祭祀，并在兖州特殊祭祀东岳。设立立春日每年祭祀。并设立专门的庙令、斋郎、祝史管理祭祀	岱史·望典纪（古籍） 旧唐书·礼仪卷（古籍） 旧唐书·职官卷（古籍） 通志·礼（古籍）
		唐代宗至唐哀帝时期（约770—907年）	a4 a5	仍保留五郊迎气之祭，但提高了祭祀的礼制水平	岱史·望典纪（古籍）

（续表）

朝代	帝王	时间	类型	事件	记载文献
唐	唐高宗	显庆六年（661年）	b2	派遣道士郭行真到泰山岱岳观行道教建醮礼	岱岳观碑题记（碑文） 资治通鉴·唐纪（古籍）
		麟德元年（664年）	a3	巡守	岱史·狩典纪（古籍）
		乾封元年（666年）	a1	封泰山，禅社首，以皇后武则天为亚献	岱史·封禅纪（古籍） 岱岳观碑（碑文） 唐书·高宗纪（古籍） 唐书·礼仪志（古籍） 册府元龟·帝王部（古籍）
		乾封元年（666年）	b2	在泰山行使道教投龙礼	山左金石志·王知慎题名（古籍） 岱岳观碑题记（碑文）
	周武则天	天授二年（691年）	b2	派遣道士马元贞至岱岳观行道教投龙礼	岱岳观碑题记（碑文）
		通天二年（697年） 圣历元年（698年） 久视二年（701年） 长安元年（701年） 长安四年（704年）	b2	七次派遣使者祭祀泰山行道教建醮礼	岱岳观碑题记（碑文）
	唐中宗	神龙元年（705年）、景龙二年（708年）、景龙三年（709年）	b2	两次派遣使者祭祀泰山道教建醮礼	岱岳观碑题记（碑文）
	唐睿宗	景云二年（711年）	b2	六月派遣道士至泰山进香，八月派遣道士至泰山行道教投龙礼，并修复封禅坛。	岱岳观碑题记（碑文）
	唐玄宗	开元五年（717年）	a6	详细制定岳渎典礼，多次下诏祭祀	泰山志（明）·秩祀志（古籍）
		开元八年（720年）	b2	派遣道士祭祀泰山行投龙礼	岱岳观碑题记（碑文）
		开元十三年（725年）	a1 b2	封泰山，禅社首山。封泰山神为"天齐王"，并增加礼制。招隐士王希夷询问道法。几年后在泰山置真君祠	岱史·望典纪（古籍） 泰山志（明）·岱志（古籍） 唐书·礼仪志（古籍） 册府元龟·帝王部（古籍） 全唐书·东封赦书（古文）
		开元十九年（731年）	b3	五岳各置真君祠，祭祀真君	唐书·司马承祯传（古籍） 岱岳观碑题记（碑文）
		开元二十三年（735年）	b2	派遣道士行使投龙建醮礼	唐董灵宝大观峰题记（碑文）
		开元二十五年（737年）	a6	派遣礼部尚书祭祀泰山	泰山志（明）·岱志（古籍）
		开元二十九年（741年） 天宝七年（748年） 天宝八年（749年）	a6	因为丰年，派遣使者祭祀泰山	岱史·望典纪（古籍） 泰山志·秩祀志（古籍） 岱岳观碑题记（碑文） 旧唐书·礼仪志（古籍）

（续表）

朝代	帝王	时间	类型	事件	记载文献
唐	唐玄宗	天宝元年（742年）	a4	因为改元，令所在州县致祭五岳四渎	册府元龟·帝王部（古籍）唐会要·岳渎（古籍）
		天宝元年（742年）	a6	唐朝首次派遣官员专门分祭五岳	唐会要·岳渎（古籍）泰山志·秩祀志（古籍）
	唐朝帝王	天宝三载（744年）天宝六载（748年）天宝七载（749年）天宝八载（750年）天宝十载（752年）上元元年（760年）广德二年（764年）永泰元年（765年）大历元年（766年）大历五年（771年）建中元年（780年）贞元元年（785年）元和二年（807年）元和四年（809年）长庆元年（821年）大和元年（827年）	a6	唐玄宗、唐肃宗、唐代宗、唐德宗、唐宪宗、唐穆宗、唐文宗皆派遣官员致泰山代为祭祀	唐会要·岳渎（古籍）泰山志·秩祀志（古籍）岱岳观碑题记（碑文）
五代十国	梁太祖	开平三年（909年）	a6	派遣中书侍郎致祭泰山	祭告东岳诏书（梁太祖文）五代会要·岳渎（古籍）
	后梁帝王	后梁时期（约907—923年）	a6	设置巡山侍等官阶，管理泰山和泰山祭祀	五代会要·岳渎（古籍）
	后唐明宗	长兴四年（933年）	b3	民间东岳大帝第三子的信仰甚盛，后唐明宗受医僧的请求，封其为威雄大将军	旧五代史·唐（古籍）事物纪原·卷七（古籍）
	后晋高祖	天福二年（937年）	a4 a6	令州府官员对各岳庙"量事修崇"，派遣使者祭告五岳	册府元龟·帝王部（古籍）
	后周太祖	广顺二年（952年）	a4 a6	周要讨伐兖州节度使，派遣官员致祭东岳庙	册府元龟·帝王部（古籍）

（续表）

朝代	帝王	时间	类型	事件	记载文献
宋	宋朝帝王	宋太祖时期（约960—972年）	a4	沿袭旧制，在兖州祭祀泰山	岱史·望典纪（古籍） 文献通考·郊社（古籍）
		宋太祖至宋太宗时期（约972—985年）	a4	诏令五岳等庙，以本县令、尉兼庙令、丞，掌管祭祀	宋史·地理志（古籍） 天封寺碑（碑文） 大定重修宣圣庙记（李守纯文） 续资治通鉴·卷十一至卷十三（古籍） 文献通考·郊社（古籍） 泰山志（明）·岳治
		宋太宗至宋高宗（约985—1127年）	a4	恢复五岳祭祀旧制，每年立春日在兖州祭祀泰山	宋史·礼制（古籍）
	宋太祖	建隆元年（960年）	a6	派遣官员祭祀岱岳庙	续资治通鉴·卷九（古籍）
	宋朝帝王	乾德二年（964年） 雍熙三年（986年） 淳化八年（990年） 至道元年（995年） 大中祥符元年（1008年） 大中祥符四年（1011年） 庆历三年（1043年） 嘉祐元年（1056年） 嘉祐八年（1063年） 治平二年（1065年） 熙宁元年（1068年） 元祐五年（1090年）	a6	宋太祖、宋太宗、宋真宗、宋仁宗、宋英宗、宋神宗、宋哲宗均曾派遣官员祭祀泰山。其中宋太祖一次、宋太宗三次、宋真宗两次、宋仁宗三次、宋英宗一次、宋神宗一次、宋哲宗一次	泰山志（明）·秩祀志（古籍） 续资治通鉴·卷四（古籍）
	宋太宗	时间未记载	a4 a5	祈求风调雨顺，御书祝版	岱览·岱礼（古籍）
	宋真宗	大中祥符元年（1008年）	a1 b2 b3	封泰山，禅社首。封泰山神为"天齐仁圣王"。加青帝号为"广生帝君"。御制《青帝广生帝君赞》，后又御制《登泰山谢天书述二圣功德铭》（俗称阴字碑）	岱史·望典纪（古籍） 岱史·封禅纪（古籍） 续资治通鉴·卷六七至卷七十 宋会要辑稿·礼（古籍） 文献通考·郊社（古籍） 宋史·真宗纪（古籍） 宋史·礼记（古籍） 玉海·郊祀封禅（古籍）
		大中祥符元年（1008年）	b3	封亭亭山神为广禅侯，派遣官员致祭并建祠立碑	封广禅侯祝碑（碑文） 岱览·附览（古籍）

（续表）

朝代	帝王	时间	类型	事件	记载文献
宋	宋真宗	大中祥符二年（1009年）	a6 b2 b3	以"天书"降泰山日（六月六日）派官员至天贶殿致祭，其后这一天就是"天贶节"	续资治通鉴·卷七三（古籍）
		大中祥符四年（1011年）	b2 b3	加封泰山神为"天齐仁圣帝"，封东岳夫人为"淑明后"，立《天齐仁圣帝铭碑》，存于岱庙	岱史·望典纪（古籍） 太常因革礼·卷七七（古籍） 续资治通鉴·卷七五（古籍）
		大中祥符八年（1015年）	a6	制诸岳祭告文，派遣官员刻在石庙中	续资治通鉴·卷八四（古籍）
	宋英宗	治平四年（1067年）	a6	因为英宗病重，派遣官员至泰山举祷	白龙池石壁李舜举题记（碑文）
	宋神宗	元丰五年（1082年）	b3	封泰山白龙神为渊济公，在岱西白龙池立祠祭祀	泰山志（明）·卷二（古籍）
	宋哲宗	元符二年（1099年）	b3	分别封泰山神长子为祐灵侯，封次子为惠灵侯，封四子为镜鉴大师，封五子为宣灵侯	能改斋漫录·神仙鬼怪（古籍）
	宋徽宗	宣和元年（1119年）	a6	派遣官员祭祀岳祠	泰山志（明）·卷三（古籍）
	金国帝王	约1164—1215年	a4	每年立春日在泰安祭祀泰山。其他沿袭旧制	岱史·望典纪（古籍） 金史·礼志（古籍） 泰山志·秩祀（古籍）
		明昌元年（1190年） 明昌三年（1192年） 明昌四年（1193年） 承安元年（1196年） 承安二年（1197年） 承安四年（1199年） 承安五年（1200） 泰和四年（1204年） 兴定二年（1218年）	a6	金章宗、金宣宗分别派遣使者在泰山祭祀。金章宗不断派遣使者祭祀泰山，高达十五次以上	泰山志（明）·秩祀志（古籍） 金史·礼志（古籍） 泰山志·秩祀（古籍）

（续表）

朝代	帝王	时间	类型	事件	记载文献
元	元世祖	中统二年（1261 年） 至元三年（1266 年） 至元四年（1267 年） 至元五年（1268 年） 至元六年（1269 年） 至元九年（1272 年） 至元十一年（1274 年） 至元十二年（1275 年） 至元十三年（1276 年） 至元十四年（1277 年） 至元十六年（1279 年） 至元十七年（1280 年） 至元十八年（1281 年） 至元二十一年（1284 年） 至元二十二年（1285 年） 至元二十三年（1286 年） 至元二十四年（1287 年） 至元二十五年（1288 年） 至元二十六年（1289 年） 至元二十七年（1290 年） 至元二十八年（1291 年） 至元二十九年（1292 年） 至元三十年（1293 年）	a6	元世祖定每年派遣使者祭祀岳镇海渎，派遣使者祭祀泰山更是十分频繁。其中至元三年、十三年更是一年派遣两次使者祭祀泰山。根据明泰山志的记载，其一共二十六次派遣祭祀泰山	泰山志（明）·秩祀志（古籍） 元史·礼志（古籍） 泰山志·秩祀（古籍）
	元朝帝王	元世祖时期（约 1215—1294 年）	a4	元世祖制定岁祀岳渎之制，在泰安州祭祀泰山	东岳别殿重修堂庑碑（碑文） 元史·祭祀志（古籍） 岱史·灵宇纪（古籍）
	元世祖	至元二十八年（1291 年）	b2	加封泰山神为"天齐大生仁圣帝"	岱史·望典纪（古籍） 元史·祭祀志（古籍） 元典章·卷二（古籍）
	元成祖	至元三十一年（1294 年）	b4	元成宗嗣位，下诏五岳四渎都派遣使者祭祀	元典章·卷三（古籍）
	元仁宗	皇庆元年（1312 年）	a4 a6	派遣使者祭祀泰山祈雪	元史·仁宗纪（古籍）
	元惠宗	至正四年（1344 年）	a6 b2	派遣内府宰相与道士一同祭祀泰山，这种祭祀将宗教和非宗教祭祀混在一起，模糊了二者的界限	（明）泰山志·望典（古籍）

（续表）

朝代	帝王	时间	类型	事件	记载文献
明	明太祖	洪武元年（1368年） 洪武二年（1369年） 洪武十年（1377年） 洪武十一年（1378年） 洪武二十八年（1395年） 洪武三十年（1397年）	a6 b2	洪武元年、洪武二年派遣官员祭祀泰山。洪武十年派遣曹国公与道士一同祭祀泰山。洪武十一年、洪武二十八年、洪武三十年均是派遣道士祭祀泰山	国榷·卷三（古籍） 明太祖文集·卷十三（古籍） 皇明大训纪·卷一（古籍） 泰山志（明）·望典（古籍）
		明朝时期（约1370—1403年）	a4	明太祖时期泰山祭祀由齐国藩王负责，明惠帝、明成祖时期，齐国国君两次被撤藩，泰山齐国藩国祭祀之礼后来也被废除	大明集礼·卷十四（古籍）
	明朝帝王	洪武十年（1377年） 洪武十一年（1378年） 洪武二十八年（1395年） 洪武三十年（1397年） 正统九年（1444年） 景泰二年（1451年） 景泰三年（1452年） 景泰四年（1453年） 景泰五年（1454年） 景泰六年（1455年） 成化四年（1468年） 成化六年（1470年） 成化九年（1473年） 成化十三年（1477年） 成化二十年（1484年） 成化二十一年（1485年） 成化二十三年（1487年） 弘治六年（1493年） 弘治七年（1494年） 弘治十年（1497年） 弘治十五年（1502年） 弘治十六年（1503年） 弘治十七年（1504年） 正德四年（1510年） 正德五年（1511年） 正德六年（1512年） 正德七年（1513年） 嘉靖十一年（1532年） 十七年（1538年） 嘉靖三十二年（1553年） 嘉靖三十三年（1554年）	a6	派遣使者，祭祀泰山祈求平安或者风调雨顺。有许多祈雨的祝词立碑留存：景泰六年立《祈雨有感碑》，成化八年立《祈雨有感碑》，成化十二年立《泰山灵应碑》，成化十九年立《祈雨有感碑》	岱史·望典纪（古籍） 祈雨有感碑（碑文） 祈雨有感碑（碑文） 泰山灵应碑（碑文）

朝代	帝王	时间	类型	事件	记载文献
明		景泰二年（1451年） 成化六年（1470年） 成化九年（1473年） 弘治七年（1494年） 正德五年（1510年） 嘉靖三十二年（1553年） 三十三年（1554年）	a2	会通河为明朝时期的南北经济命脉，因会通河接近泰山，所以视泰山为护漕之神。明代宗、明宪宗、明孝宗、明武宗、明世宗均因为漕运的事情祭祀泰山	泰山志（明）·望典（古籍） 明史·河渠志（古籍） 东平州治·漕渠志（古籍）
		宣德十年（1435年） 正统元年（1436年） 天顺元年（1457年） 景泰元年（1450年） 成化元年（1465年） 弘治元年（1488年） 嘉靖元年（1522年）	a4	明宣宗、明英宗、明代宗、明宪宗、明孝宗、明世宗继位时均告泰山，祈求平安	岱史·望典纪（古籍）
	明太祖	洪武三年（1370年）	a4	去泰山封号，改称"东岳之神"	岱史·望典纪（古籍） 去封号碑（碑文） 明太祖实录·五三（古籍） 明史·礼制（古籍） 大明集礼·祀岳镇海渎天下城隍（古籍）
	明成祖	永乐四年（1406年） 永乐五年（1407年）	a6 b2	即将出征，派遣官员与道士祈求顺利	岱史·望典纪（古籍） 岱庙永乐祭碑（碑文）
		永乐七年（1409年）	a3	北巡，在东平筑祭坛望祭泰山	明太祖实录·卷八二（古籍） 国榷·卷十四（古籍） 明史·成祖纪（古籍） 兖州府志·山水志（古籍）
	明英宗	正统三年（1438年） 正统九年（1444年）	a4	致祭泰山祈雨。正统三年一次，九年两次	泰山志（明）·望典（古籍）
	明代宗	景泰二年（1451年） 景泰三年（1452年） 景泰四年（1453年） 景泰五年（1454年） 景泰六年（1455年）	a4	致祭泰山祈雨、祈祷自然灾害安然度过	泰山志（明）·望典（古籍） 国榷·卷二九（古籍）
	明宪宗	成化四年（1468年） 成化六年（1470年） 成化九年（1473年） 成化十三年（1477年） 成化二十年（1484年） 成化二十一年（1485年）	a4	致祭泰山祈雨、祈求丰年、祈祷自然灾害安然度过。成化十六年（1480年）重修岱顶昭真祠（碧霞祠）	泰山志（明）·望典（古籍） 重修玉女祠记（刘定之文）
	明孝宗	弘治四年（1491年） 弘治六年（1493年） 弘治七年（1494年） 弘治十年（1497年） 弘治十七年（1504年）	a4	致祭泰山祈雨、祈祷自然灾害安然度过	泰山志（明）·望典（古籍）

（续表）

朝代	帝王	时间	类型	事件	记载文献
明	明宪宗	弘治十五年（1502年）—弘治十六年（1503年）	b3	命太监会同山东镇巡等修葺岱岳庙，御制《重修东岳岱庙碑》。派遣太监致祭碧霞元君。这是明朝帝王首次祭祀碧霞元君	泰山志（明）·灵宇（古籍）重修东岳岱庙碑（碑文）
	明武宗	正德二年（1507年）	b3	天书观改为元君殿，明武宗御制告文，派遣官吏到元君殿致祭	岱览·分览（古籍）
		正德四年（1509年）正德五年（1510年）正德六年（1511年）正德七年（1512年）	a4	致祭泰山祈雨、祈求丰年、感谢保佑战事顺利	泰山志（明）·望典（古籍）明武宗实录·卷十一（古籍）
	明世宗	嘉靖十一年（1532年）嘉靖十七年（1538年）嘉靖三十二年（1553年）嘉靖三十三年（1554年）	a4	致祭泰山，因元子诞生、黄河工程等	泰山志（明）·望典（古籍）国榷·卷五二（古籍）
		嘉靖十二年（1533年）嘉靖二十一年（1542年）	b3	明世宗时期，帝王对于碧霞元君的信仰，体现在藩王对泰山碧霞元君的信仰上。嘉靖十二年永宁王为碧霞元君造像，祭祀于天书观，并自撰碑文，后来又在朝阳洞建天仙行宫，祭祀碧霞元君。嘉靖二十一年德恭王重修斗母宫	泰山志（明）·灵宇（古籍）岱臆（古籍）
		嘉靖二十六（1547年）	b2	派遣道士祭祀泰山	升元观重修大门之碑（碑文）
	明穆宗	隆庆三年（1569年）隆庆六年（1572年）	a4	致祭祈祷自然灾害平安度过	泰山志（明）·望典（古籍）明穆宗实录·卷六（古籍）
	明神宗	万历十二年（1584年）	b2	派遣使者祭祀东岳泰山神	明神宗实录·卷一四七（古籍）
		万历十七年（1589年）万历二十二年（1594年）万历二十四年（1596年）万历二十七年（1599年）	b3	郑贵妃因为立嗣的事情多次致祭碧霞元君，行道教建醮礼	郑贵妃三阳观修醮四刻（碑文）
		万历四十年（1612年）	a6	派遣官吏祭祀泰山	泰山通鉴（曲进贤、周郢编纂，2005）

（续表）

朝代	帝王	时间	类型	事件	记载文献
明	明神宗	万历四十二年（1614 年）	b3	明神宗母亲去世，神宗封其为九莲菩萨，命人在天书观建九莲殿，又在岱顶建万寿殿。并对泰山进行了整体的修缮	岱览·分览（古籍）泰山小史（古籍）御制钟铜赞（碑文）泰山志·卷十八（古籍）
		万历四十三年（1615 年）	b3	派遣太监在岱顶碧霞宫内建铜殿宇，祭祀碧霞元君	明神宗实录·卷五二六（古籍）国榷·卷八二（古籍）
	明熹宗	天启五年（1625 年）	b3	敕修岱顶碧霞灵应宫	钦修泰岳大工告成赐灵佑宫金碑记（古籍）
	明思宗	崇祯十三年（1640 年）	b3	明思宗追封其母为智上菩萨，命人在天书观建殿祭祀	岱览·分览（古籍）
清	清朝帝王	清世宗至清末宗时期（约1644—1912 年）	a4 b2 b3	按照古制，将泰山祭祀列为中祀，国家有大典礼、祈求战事顺理、祈求风调雨顺，都会派遣使者来泰山祭祀。雍正十年（1732年），设立提点岱岳宫道录司，掌管泰山道教事务。乾隆二十四年（1759 年），每年四月十八日，碧霞元君诞辰派遣侍卫祭祀碧霞元君。至光绪二十四年（1898 年）戊戌变法，民间不在祀典中的祠庙，均改为学堂（虽没有施行，但仍有不少祠庙改为学堂）	岱览·岱礼（古籍）清史稿·礼志（古籍）山东通志·卷二六（古籍）岱览·分览（古籍）养吉寨从录·卷七（古籍）清德宗实录·卷二四（古籍）
		康熙元年（1662 年）雍正元年（1723 年）雍正十三年（1735 年）嘉庆元年（1769 年）道光三十年（1850 年）	a4	清圣祖、清世宗、清高宗、清仁宗、清文宗嗣位，致祭泰山	泰山志·盛典纪（古籍）
	清世宗	顺治八年（1651 年）顺治十八年（1661 年）	a6	派遣官员致祭	岱史·望典纪（古籍）

（续表）

朝代	帝王	时间	类型	事件	记载文献
清	清圣祖	康熙十五年（1676 年） 康熙二十一年（1682 年） 康熙二十七年（1688 年） 康熙三十五年（1696 年） 康熙三十六年（1697 年） 康熙四十二年（1703 年） 康熙五十二年（1713 年） 康熙五十八年（1719 年）	a6	派遣官员祭祀泰山	泰山志·盛典纪（古籍） 清圣祖实录·卷六（古籍）
		康熙二十三年（1682 年） 康熙二十八年（1689 年） 康熙四十二年（1703 年）	a3 b1	1682 年巡守至泰安州，登顶泰山，题词"云峰""乾坤普照"。并亲自至岱岳庙祭祀泰山神。1689 年巡守到泰安州，谒东岳庙。1703 年巡守，再次登顶泰山	岱览·分览（古籍） 泰安府志（古籍） 清圣祖实录·卷一一七（古籍） 康熙起居注（古籍） 扈从圣驾祀东岳礼成恭纪（纳兰性德诗）
		康熙二十三年（1684 年）	a4	四海升平，向上天报功德	岱览·岱礼（古籍）
	清高宗	乾隆十四年（1749 年） 乾隆十五年（1750 年） 乾隆十六年（1751 年） 乾隆十七年（1752 年） 乾隆二十年（1755 年） 乾隆二十二年（1757 年） 乾隆二十四年（1759 年） 乾隆二十七年（1762 年） 乾隆三十年（1765 年） 乾隆四十一年（1776 年） 乾隆四十五年（1780 年） 乾隆四十六年（1781 年） 乾隆四十七年（1782 年） 乾隆四十八年（1783 年） 乾隆四十九年（1784 年） 乾隆五十一年（1786 年） 乾隆五十二年（1787 年） 乾隆五十三年（1788 年） 乾隆五十五年（1790 年）	a6	清高宗在位期间共派遣使者祭祀泰山二十六次。其中乾隆二十七年、四十一年、五十五年各派遣两次	泰山志·盛典纪（古籍） 泰安府志（古籍）

（续表）

朝代	帝王	时间	类型	事件	记载文献
清		乾隆十三年（1748 年） 乾隆十六年（1751 年） 乾隆二十二年（1757 年） 乾隆二十七年（1762 年） 乾隆三十年（1765 年） 乾隆三十六年（1771 年） 乾隆四十一年（1776 年） 乾隆四十五年（1780 年） 乾隆四十九年（1784 年） 乾隆五十五年（1790 年）	a3 b2 b3	清高宗共十次到达泰山，乾隆十三年，清高宗南巡在岱庙祭祀，登顶泰山祭祀碧霞元君。乾隆十六年、乾隆四十五年、乾隆四十九年巡守归来，在岱庙祭祀。四十九年，当时身为皇子的清仁宗登顶祭祀。乾隆二十二年、乾隆二十七年、乾隆三十年、三乾隆十六年、乾隆四十一年、乾隆五十五年巡守归来至泰安，在岱庙祭祀，登顶泰山祭祀碧霞元君。乾隆二十七年、乾隆三十年下山后在灵岩寺驻跸	泰山志·盛典纪（古籍） 内阁汉文起居注册（古籍） 金川纪略（古籍） 清高宗实录·卷三零九（古籍） 南巡盛典·卷九六（古籍） 东巡盛典恭纪（刘其旋文） 清史稿·高宗纪（古籍） 重修岱庙碑（碑文） 重修碧霞祠记（碑文）
			a3 b2 b3	清高宗最后一次登泰山，将"二跪六叩礼"上升为最高的"三跪九叩礼"	泰山志·天章（古籍）
		咸丰十年（1860 年）	a4	致祭泰山祈雪，并于次年报谢	清朝续文献通考·卷一五四（古籍）
		光绪十年（1884 年） 光绪二十八年（1902 年）	a4	光绪十年山东按察使奉旨致祭泰山，光绪二十八年山东布政使奉旨致祭泰山	奏请委派臬司林述训致祭泰山（陈士杰文）
		宣统元年（1909 年）	a4	清末帝嗣位，致祭泰山。这是封建王朝最后一次帝王致祭泰山	清朱其煊题记刻石（刻石）

附录2：泰山道教大事记

时期	主要分支或形式	主要事件	教派介绍	记载文献	相关古迹
秦	神仙符箓（并没有正式成为宗教教派，但为道教教派的前身）	安期生、李少君等著名的方士在泰山采药修道。传说安期生曾经在新甫山的仙人山修道。秦始皇曾经与他相会，汉武帝封禅时在新甫山驻跸也与此有关。（可能有杜撰成分）	神仙符箓起源于民间，其内容大致为五行说、神仙术的结合，同时也奉黄老之学，以黄帝为宗祖。虽然神仙符箓并没有形成真正的宗教系统，但是对道教的影响是非常大的。道教中炼丹、召神劾鬼、符箓禁咒等都是来源于早期的神仙符箓。在当时方士们看来，海岱地区（包括泰山、蓬莱等）是重要的神仙发源地。黄帝因为封泰山、禅凡山，所以成仙不死。神仙符箓中有传说长生不老之术，所以非常受帝王的青睐。秦始皇、汉武帝都曾到泰山地区祭祀然后出海求仙问药	史记·封禅书（古籍）岱史·列仙遗迹（古籍）重修安期真人祠记碑（碑文）	新甫山仙人山仙人堂重修安期真人祠记碑
汉		泰山老父、稷丘君等均在泰山地区修炼，受到汉武帝赏识。		神仙传（古籍）列仙传（古籍）	据传汉武帝曾为稷丘君立祠
		汉武帝派方士栾大出海寻仙，栾大不敢，所以在泰山祭祀应命		史记·孝武本纪（古籍）	
东汉末年至魏	五斗米道	张道陵的弟子崔文子为泰山地区生人，最早在泰山地区行道。崔文子善于制药，以其制作的"黄赤散九"知名，曾经在瘟疫中救治万人，后来被道教奉为仙人。虽出生于泰山，但是在巴蜀地区跟随张道陵修道，后在山东等地游方治病传道，将五斗米道带入了泰山地区，为道教在泰山的民间传播，奠定了雄厚的基础。（可能有杜撰成分）	泰山出现最早的道教派系为五斗米道，又称为天师道、正一道、正一盟威之道。五斗米道是中国最早的民间教派，由"天师"张道陵创立于东汉末年。五斗米道奉老子为教主，并尊其为太上老君。其主要汲取老子《道德经》中一些理论而创教，而道术则是直接引用了秦汉神仙方士的召神劾鬼、符箓禁咒等方术。五斗米道视修炼为求长生的方法，自此泰山成为道士理想的修行地	列仙传（古籍）	
		张道陵再传弟子马明生在泰山修炼、布道		列仙传（古籍）	

（续表）

时期	主要分支或形式	主要事件	教派介绍	记载文献	相关古迹
晋朝	神仙道教	当时出名的道士张忠，为了躲避永嘉之乱，隐逸于泰山修道。根据历史记载推测，其至少在泰山隐居四十年。苻坚曾请他出山，但被张忠拒绝了	神仙道教主要承袭了东汉末年的道教思想，隐逸山中，深居简出，习辟谷之术，以恬静寡欲，清虚服气、餐芝饵石为修养之法。虽没有总结思想的专著留下，但影响力也很大，是对的秦汉"方仙道"的传承教派	晋书·隐逸（古籍）	隐仙洞
		著名道士吾道荣曾在泰山隐逸		北齐书·方伎	
唐朝	国教	唐高宗李治为老子上尊号为"太上玄元皇帝"，令诸州各建观一所	唐朝李氏为了给自己的统治赋予正确性，宣扬老子（李耳）为自己的先祖，奉道教为国教，道教祭祀被引入帝王的祭祀中。而且唐朝帝王也为了追求长生不老，迷信道教的炼丹之术。唐太宗、唐高宗均是因服食丹药过多去世的。唐宪宗也疑似因此荒废朝政。可见唐朝对道教的重视和迷信。唐代道教祭祀形式主要有投龙礼和建醮两种。行使祭祀礼仪多在岱岳观或者岱岳庙，岱岳观中除了供奉泰山神同时也供奉了李氏祖先太上老君——老子。自唐朝开始泰山神有了道教系统里的封号	金石文字记·卷三（古籍）	在王母池西侧建"岱岳观"，俗称"老君堂"，祭祀老子
		唐高宗及武则天敕命道士东岳先生郭行真至岱岳观行建醮之礼，立双碑记事，名岱岳观碑，因为是双碑，所以又名双束碑。高宗还派遣使者在泰山行投龙礼		岱岳观碑文	岱岳观在王母池西北，为泰山中庙。岱岳观碑现存于岱庙
		武则天派遣道士马元贞至岱岳观投龙壁并造像，武则天六次派遣道士到泰山行建醮之礼，可见其对道教的重视		岱岳观碑题记（碑文）	武则天将岱岳庙由汉址升元观前迁移到今址
		唐中宗两次派遣道士至泰山岱岳观建醮造像。唐睿宗一次派遣士至泰山岱岳观建醮造像		岱岳观碑题记（碑文）	
		唐玄宗封禅到达泰山时，封泰山神为天齐王。其在位时期派遣道士任无名至泰山行投龙礼，派遣道士董灵宝行建醮礼		岱岳观碑题记（碑文）唐董灵宝大观峰题记（碑文）	

（续表）

时期	主要分支或形式	主要事件	教派介绍	记载文献	相关古迹
唐朝	国教	纯阳子吕洞宾相传为泰山地区生人，而且曾在泰山中修行。吕洞宾在大江南北传道，慈悲为怀，随缘渡人，因为善举受到百姓爱戴，后来被奉为八仙		岱览·分览（古籍）泰山道里记（古籍）	
		张炼师在岱顶玉女祠修炼，她是泰山第一位女道人，她曾陪京师大臣朝拜岱岳		送东岳张炼师（刘禹锡诗）	岱顶玉女祠万仙楼桃花洞断崖上题刻
		女道人焦静真也在泰山隐居，诗人王维、李白等都与其交友		赠东岳焦炼师（王维诗）	
		方士丘延翰在泰山隐逸沿袭风水堪舆之学，著有《海角经》一书		海角经（古籍）	
		道士王希夷在徂徕山修炼闭气导养之术，以长寿闻名。曾经受到过唐玄宗的召见		新唐书·隐逸传（古籍）泰山志·岱志（古籍）	徂徕山玲珑山野人洞
		茅山道士刘若水也曾在泰山修炼		王屋山刘若水碑铭（碑文）	
		道士梅复元在泰山修炼，以琴艺闻名		琴书正声·自序	
				岱览·分览（古籍）泰山道里记（古籍）岱史（古籍）	
五代十国	国家信仰之一	东岳大帝第三子的信仰甚盛，后唐明宗受医僧的请求，封其为威雄大将军		旧五代史·唐（古籍）	

（续表）

时期	主要分支或形式	主要事件	教派介绍	记载文献	相关古迹
宋朝	国家信仰之一	经过战乱后多次派遣使者修复泰山寺庙	宋朝时期十分重视道教，视道教为国策。朝廷仍然延续了对泰山的建醮礼和投龙礼，帝王祭祀也会派遣道士对泰山众神祭祀，并且屡次封泰山神及赐予其子封号。泰山道教摆脱了五代时衰落的局面，但因为宋朝国力衰落所以祭祀的次数和规模不如唐朝	续资治通鉴（古籍）	东岳庙首次重修
		以宋真宗封禅为契机，泰山道教有了蓬勃的发展。宋真宗封禅到达泰山时，封泰山神为天齐仁圣王，后又加封天齐仁圣帝		续资治通鉴（古籍）	泰山地区道观兴建掀起高潮，天貺殿、昭真观、天书观、乾元观、真君观等均扩建
		宋哲宗分别封泰山神长子为祐灵侯，封其次子为惠灵侯，封四子为镜鉴大师，封五子为宣灵侯		能改斋漫录·神仙鬼怪（古籍）	
		许多名道被赐紫，任命为各大道观的观主。例如：岱岳观主荀归道、王归德，青帝观观主郭永昌、朱演刊，升元观洞元大师李冲寂等		续资治通鉴（古籍）	岱岳观、青帝观、升元观等道观一时兴盛
		泰山隐士秦辨被宋帝赐号真素先生		续资治通鉴（古籍）	
		名道士张景岩结茅为庵，修行有术，对泰山地区道教的发展也有很大的影响		泰山纪事（古籍）	
	神霄教	宋徽宗笃信道教中的神霄派，泰山的官方祭祀日渐昌盛。宋徽宗还将部分佛教寺院改为道观，并且屡降诏命修茸岱岳庙	神霄派为符箓三宗分衍的支派之一；产生于北宋末，流传于南宋至元明	续资治通鉴纪事本末·道学（古籍）	泰山地区道观兴建又一高潮，岱岳庙、王母池等旧庙均被翻修扩建。

（续表）

时期	主要分支或形式	主要事件	教派介绍	记载文献	相关古迹
宋朝	碧霞元君祭祀	宋真宗封禅泰山，在水池中洗手，一座玉女神像浮出水面。宋真宗命为其建立玉女祠，封其为圣帝之女	关于碧霞元君信仰的起源目前尚未有定论。一部分学者认同《岱史》中所说的"宋建昭真祠，金称昭真观，明洪武中重修，号碧霞元君。成、弘、嘉靖间拓建，额曰'碧霞灵佑宫'"，即宋真宗建立昭真祠为碧霞元君崇拜的伊始，明洪武年间正式有了碧霞元君之名。而还有学者认同《泰山道里记》中所述"刘禹锡《送东岳张炼师》诗云'久事元君住翠微'，是在唐时已有元君之名，盖由来久矣"，即碧霞元君的信仰早在唐朝就存在了。宋真宗的封禅使得碧霞元君的信仰开始被更为广泛地传播	泰山道里记（古籍）	建立了玉女祠，此为元君庙的前身
宋朝	碧霞元君祭祀	宋哲宗时期，兖州知州奉诏谒玉女祠，是官员最早对碧霞元君的祭祀		泰山通鉴（曲进贤、周郢编纂，2005）	
南宋泰山被金国占领时期	大道教	泰山道人刘德仁，号无忧子，奉《道德经》之旨，创立了大道教，传至第九代仍然特别旺盛。刘德仁曾经被金廷召见，并被赐予东岳真人的封号	大道教以苦节危行为要诀，提倡不妄取于人。有"九戒"，提倡见素抱朴、少思寡欲的修行之法。大道教颇受到金廷重视，曾被召见过其几代掌教。大道教到第九代仍然十分受到推崇。其后逐渐式微，最后被并入全真教之中	元史·释老传（古籍）	
南宋泰山被金国占领时期	大道教	郦希诚、田德进、孟德平、张清志等大道教道人均曾经在泰山地区修道、施法或者行医		尧帝延寿宫真大道真人道行碑记（碑文）	
南宋泰山被金国占领时期	全真派	长春真人邱处机曾经在泰山地区布道，也曾在泰山岱阴金丝洞修炼	道士王重阳在南宋泰山地区被金国占领时期，在山东创立了全真派。周游许多地方传道，收了邱处机、马钰、王处一、孙不二等人为徒，后众人均成为著名的道人。邱处机曾经觐见成吉思汗，奉命掌管天下出家人。至邱处机执教时泰山各处道观，均成为全真派道观，盛极一时	岱览·分览（古籍）清泰山县志（古籍）	金丝洞
南宋泰山被金国占领时期	全真派	马钰曾经在泰山地区和学者党怀英论道，有《赠党先生》诗为证		赠党先生（马钰文）	
南宋泰山被金国占领时期	全真派	孙不二曾经在岱顶修道，居于岱顶的清静石屋		岱览·分览（古籍）	清静石屋

（续表）

时期	主要分支或形式	主要事件	教派介绍	记载文献	相关古迹
元	全真派	张志纯为元初著名道士，泰山地区生人。曾经被朝廷赐号"崇真保德大师"，授紫衣。其一生为泰山地区道教的发展鞠躬尽瘁，为全真派在泰山地区后来的发展奠定了物质基础		甘水录（古籍）	主持修缮玉女祠、会真宫、玉帝殿、圣祖殿、岱岳观、朝元观、东岳庙、蒿里山神祠等。并且创立了南天门。
		訾守慎、刘朗然等全真派的著名道士，在泰山修行。訾守慎为邱处机弟子，后州尹为其建长春观		道家金石略（古籍）	长春观朗然子洞
		元世祖封泰山神为"天齐大生仁圣帝"	宋元交界时期，泰山地区屡次遭受战乱，寺观大部分被损毁，岱岳庙被毁又重建多次。元朝帝王没有道教信仰，但为了巩固统治，仍然进行泰山祭祀	元史·祭祀志（古籍）	
明	受到朝堂重视的民间信仰	明太祖去泰山封号，改称"东岳之神"。泰安岱庙住持一直由朝廷直接任免。明朝嗣统、用兵、祈年等事由的一般泰山祭祀，派遣的使者多为道士。帝王对泰山的信仰，经历了唐宋，在明朝逐渐向对以"泰山神"为首的泰山道教众神的崇拜转化	明代帝王不再奉道教为国教，道教在官方的地位下降。但在泰山地区，民间信仰蓬勃发展，特别是对碧霞元君的信仰，发展十分迅速	岱史·望典纪（古籍）	经历战乱后众多庙宇重建
		明太祖派遣曹国公李文忠与道士吴永舆、邓子方至泰山致祭，并立碑		洪武致祭碑（碑文）	洪武致祭碑，现存于岱庙

（续表）

时期	主要分支或形式	主要事件	教派介绍	记载文献	相关古迹
明	全真派	明初著名道人张处一，又名君宝，号三丰，曾经在泰山修炼。其修炼的位置为岱阴明月嶂处的一座山洞，被后世称为懒张石屋	全真教在元朝时为大教派，长春子邱处机被成吉思汗亲授掌管天下出家人。因为全真派与元廷的关系，明廷对全真派的重视不如正一派。全真派道士多云游或者隐逸修炼。虽然也有王阳辉和咎复明一脉受到敬重的道士，创立了三阳观，但除此之外并没有其他的发展。泰山地区道教因为是以全真派为主，所以在明代单独教派修真的发展受到了限制，转而向对碧霞元君的崇拜发展	泰山道里记（古籍）	懒张石屋
		明万历年间柴慧在泰山修行，在摩云岭下建潜仙庵		泰山道里记（古籍）	潜仙庵
		明嘉靖年间著名道人雪蓑子也曾经在泰山地区云游传道，据说其能诗善乐，曾经在泰山东麓的莱芜留下许多题刻		泰山道里记（古籍）	题刻
		明代泰山最有影响力的道士是王阳辉和咎复明。王阳辉是泰山东平人，号三阳。王阳辉携徒弟在泰山归隐修行，在岱阳凌汉峰下的香水峪凿石为窟，建立了三阳观。师傅死后，咎复明继承三阳观，并且大兴缔造，形成了三阳观的基本形制。师徒二人颇受当地人的敬重，也受到了朝廷的重视。万历年间郑贵妃曾经派人在这里行过建醮之礼		重修三阳观记（碑文）	三阳观
	碧霞元君祭祀	明宪宗下诏修建岱顶碧霞元君正宫，赐额"碧霞灵应宫"	明清以来，碧霞元君在泰山地区受到信仰的程度已经超过了东岳泰山神，成为泰山地区最为受到信仰的女神。碧霞元君信仰完全是从民间发起的，不但得到了在岱顶设立祠堂的地位，而且还获得了皇室的祭祀，在清代更是获得了帝王的亲自祭祀。同时碧霞元君的信仰也从泰山地区传播到了全国，引来了全国民众的朝拜，全山东、直隶、河南、山西、安徽、江苏、浙江、黑龙江、江西、广东、陕西等十九个省有上千所碧霞元君的庙宇行宫。这使得本来不在道教神位之中的碧霞元君，成了道教诸神之一	（弘治）泰安州志·祠庙（古籍）	碧霞元君上中下三庙，许多其他道观中也供奉着碧霞元君
		明孝宗派遣太监致祭碧霞元君		（明）泰山志·灵宇（古籍）（明）泰山志·文（古籍）	碧霞元君上庙在明代被多次翻修，很受重视

（续表）

时期	主要分支或形式	主要事件	教派介绍	记载文献	相关古迹
明	碧霞元君祭祀	泰安天书观旧址改为元君殿，明武宗御制告文，派遣官员致祭碧霞元君		岱览·分览（古籍）御制碧霞元君告文碑（碑文）	元君殿
		碧霞元君信仰盛行于明室之中，许多藩王为碧霞元君造像立碑。永宁王曾为碧霞元君造像，祭祀于天书观，并亲自立碑记录。后来周府又在朝阳洞建天仙行宫，祭祀碧霞元君		泰山志·灵宇（古籍）	朝阳洞天仙行宫
		明熹宗下诏敕修碧霞灵应宫，在祠内立《敕修泰岳大功告成赐灵佑宫金碑记》铜碑		亲修泰岳大功告成赐灵佑宫金碑记（古籍）	天启铜碑（现仍存于旧址）
		僧人兴旺拓建一天门处的碧霞元君行宫，也就是现在的红门宫。是少有的僧人扩建道观的行为，可见碧霞元君广泛地受到尊敬		重建一天门碧霞元君行宫碑（碑文）	红门宫重建一天门碧霞元君行宫碑（现存）
清	受到朝堂重视的民间信仰	清圣祖康熙拜谒东岳庙，看到香火荒凉，命人从香税钱中拨款供东岳庙和碧霞祠使用	泰山的信仰已经与道教信仰无法分割。实际上最广为受到崇拜的不再是泰山本身，也不是东岳泰山神，而是泰山碧霞元君。其他的礼仪均是遵从古礼	泰安州提留香税疏碑（碑文）	泰安州提留香税疏碑现嵌于岱庙汉柏院墙壁内
		山东巡抚令泰山知州修葺庙宇，经历五个月的修缮，自山脚至山顶的庙宇焕然一新。立碑记事，存于岱庙		重修岱岳碑记（碑文）	
		雍正年间设立岱岳宫道录司，掌管道教事务，泰山道教被编入清廷管理系统		（雍正）山东通志（古籍）	道录司官署位于岱顶

（续表）

时期	主要分支或形式	主要事件	教派介绍	记载文献	相关古迹
清	受到朝堂重视的民间信仰	清圣祖康熙、清高宗乾隆均多次到达泰山，使当地政府更加重视泰山道观的修缮，而且多次下令拨款修缮。泰山上近二十处道观有乾隆帝的亲赐额		康熙起居录（古籍）泰山志·盛典（古籍）	乾隆题刻多存于泰山南侧中路景观线
	碧霞元君祭祀	清高宗乾隆十一次到达泰山，其中六次登顶泰山，均是对碧霞元君的祭祀。朝廷也频繁派遣使者祭祀碧霞元君	虽然泰山一般的道教崇拜衰落了，但是碧霞元君的崇拜却更加繁荣。清高宗乾隆更是亲自登顶泰山祭祀碧霞元君	泰山志·盛典（古籍）	碧霞元君庙现存乾隆登岱诗碑，立于御碑亭中

附录3：泰山现代景点表

本表格主要应用于本书对现代景观点分布的分析，从时间上看既包括古迹遗址也包括中华人民共和国成立后新建的景点。表格中数据信息从泰山地区景点获得（经纬度值为百度地图经纬度坐标系）。笔者对原始数据信息进行了人工二次筛查和分类，使得数据可以应用于分析。本书将原始数据信息中不属于研究范围的信息点和有误信息点删除，对主要对景观类型进行了分类，分为自然景观、现代新建文化景观和古代文化景观，并标注了对应的古代山水。泰山主山为A、泰山周边群山云云山为B1、亭亭山为B2、蒿里山为B3、社首山为B4、石间山为B5、梁父山为B6、介石山为B7、肃然山为B8、长山为B9、布山为B10、灵岩为B11、昆瑞山为B12、徂徕山为B13。所在区域管理部门属于泰安市为C2，属于其他城市为C3。

类型	序号	区域	景观名称	经度（E）	纬度（N）	地址
自然景观	1	B14	泰山世界地质公园（陶山园区）	116.6168	36.28322	肥矿二院附近
	2	D	金顶山风景区	116.7047	36.27741	泰安市肥城市
	3	D	牛山森林公园	116.7363	36.27486	山东省泰安市泰山区环山公路附近。
	4	D	白云山公园	116.7532	36.18128	山东省泰安市肥城市文化路附近
	5	C	醉仙石	116.7681	36.13502	华东抗战地道纪念馆附近
	6	D	蘅云山景区	116.8864	36.24611	山东省泰安市肥城市湖泉镇柳沟村蘅云山景区
	7	B11	檀抱泉	116.973	36.35737	济南市长清区
	8	B11	灵岩第一泉	116.9943	36.37119	济南市长清区万德镇灵岩寺内
	9	A	桃花峪	117.0354	36.26825	泰安市岱岳区泰山风景区
	10	D	天平湖公园	117.0527	36.2062	环湖路
	11	A	泰山彩石溪	117.0638	36.28294	泰安市岱岳区大津口桃花峪
	12	C	岳松景观	117.0642	36.18957	光彩大市场2区4栋40号
	13	A	桃花源	117.0877	36.26111	泰安市岱岳区天外村泰山
	14	A	泰山	117.0967	36.26318	泰安市泰山区
	15	A	龙潭飞瀑	117.1077	36.22437	泰安市泰山区天外村泰山
	16	A	百丈崖黑龙潭	117.1077	36.22457	泰安市泰山区红门路54号泰山风景名胜区内

（续表）

类型	序号	区域	景观名称	经度（E）	纬度（N）	地址
自然景观	17	A	高山流水	117.108	36.22413	泰安市泰山区环山公路附近
	18	A	白龙池	117.1091	36.22215	泰安市泰山区环山公路附近
	19	A	天井湾	117.1093	36.28886	泰安市泰山区
	20	A	飞云洞	117.1099	36.26094	泰安市岱岳区
	21	A	后石坞	117.1135	36.26656	泰安市泰山区红门路 54 号泰山风景名胜区内
	22	A	玉皇顶岩体	117.1135	36.26179	泰安市泰山区红门路 54 号泰山风景名胜区内
	23	A	石峡园	117.1138	36.21309	泰安市泰山区红门路 54 号泰山风景名胜区内
	24	A	中国泰山世界地质公园	117.1138	36.21541	环山路中国泰山世界地质公园（南门）附近
	25	A	丈人峰	117.1142	36.26454	泰安市泰山区红门路 54 号泰山风景名胜区内
	26	A	大观峰	117.1161	36.26252	泰安市泰山区红门路 54 号泰山风景名胜区内
	27	A	日观峰	117.117	36.26299	泰安市泰山区红门路 54 号泰山风景名胜区内
	28	A	对松山	117.1174	36.25375	泰安市泰山区红门路 54 号泰山风景名胜区内
	29	A	青松石泉	117.1175	36.20975	泰安市泰山区
	30	C	擂鼓石	117.1176	36.20603	龙潭路 53-4 号龙潭路
	31	A	仙人桥	117.1178	36.26153	泰安市泰山区红门路 54 号泰山风景名胜区内
	32	A	瞻鲁台	117.1185	36.26117	泰安市泰山区红门路 54 号泰山风景名胜区内
	33	A	拱北石	117.1185	36.26298	泰安市泰山区
	34	A	望人松	117.1187	36.25315	泰安市泰山区
	35	A	石河	117.1188	36.26803	泰安市泰山区红门路 54 号泰山风景名胜区内
	36	A	石海	117.1195	36.26799	泰安市泰山区红门路 54 号泰山风景名胜区内
	37	A	峻岭	117.1199	36.25077	泰安市泰山区红门路 54 号泰山风景名胜区内
	38	A	云路先声	117.12	36.25053	泰安市泰山区红门路 54 号泰山风景名胜区内
	39	A	山辉川媚	117.12	36.25065	泰安市泰山区红门路 54 号泰山风景名胜区内
	40	A	斩云剑	117.1207	36.24877	泰安市泰山区红门路 54 号泰山风景名胜区内
	41	A	玉液泉	117.122	36.24672	泰安市泰山区红门路 54 号泰山风景名胜区内

（续表）

类型	序号	区域	景观名称	经度（E）	纬度（N）	地址
自然景观	42	A	四槐树	117.1226	36.23986	泰安市泰山区红门路 54 号泰山风景名胜区内
	43	A	歇马崖	117.1239	36.23766	泰安市泰山区
	44	A	柏洞	117.1241	36.23782	泰安市泰山区红门路 54 号泰山风景名胜区内
	45	A	天烛峰	117.1248	36.2683	泰安市泰山区
	46	A	雾凇雨凇	117.1264	36.21819	泰安市泰山区
	47	A	云海玉盘	117.1264	36.21819	山东省泰安市泰山区泰山风景区
	48	A	水帘洞	117.127	36.23229	泰安市泰山区
	49	A	风魔峪	117.1271	36.26715	泰安市泰山区红门路 54 号泰山风景名胜区内
	50	A	天烛灵龟	117.1276	36.26806	泰安市泰山区红门路 54 号泰山风景名胜区内
	51	A	大天烛	117.1287	36.2674	泰安市泰山区红门路 54 号泰山风景名胜区内
	52	A	天公开物	117.1289	36.2674	泰安市泰山区红门路 54 号泰山风景名胜区内
	53	A	经石峪	117.1304	36.23128	泰安市泰山区近潘黄岭
	54	A	醴泉	117.131	36.19673	奈河东路 19 号附近
	55	A	罗汉崖	117.1324	36.22715	泰安市泰山区红门路 54 号泰山风景名胜区内
	56	A	渐入佳境	117.1325	36.22115	泰安市泰山区红门路 54 号泰山风景名胜区内
	57	A	山呼门	117.1339	36.2668	泰安市泰山区红门路 54 号泰山风景名胜区内
	58	A	白鹤泉	117.1364	36.21027	泰安市泰山区红门路 39 号
	59	A	泰安市非物质文化遗产珍贵实物陈列厅	117.1366	36.19782	东岳大街 195
	60	A	虬仙洞	117.137	36.21382	环山路附近
	61	A	唐槐院	117.137	36.19945	泰安市泰山区朝阳街 7 号岱庙景区内
	62	A	汉柏院	117.1386	36.19954	泰安市泰山区朝阳街 7 号岱庙景区内
	63	A	汉柏连理	117.1386	36.19965	泰安市泰山区朝阳街 7 号岱庙景区内
	64	C	东湖公园	117.1455	36.18969	泰安市泰山区灵山大街 290 号
	65	A	泰山天烛胜境	117.1473	36.2735	卧虎山庄附近
	66	B13	徂徕山汶河景区	117.2254	36.08034	泰安市
	67	B13	徂徕山国家森林公园	117.2432	36.04663	泰安市岱岳区房村镇大寺前
	68	A	王坟峪	117.2484	36.25896	泰安市岱岳区
	69	A	黑峪风景区	117.2844	36.4344	岱岳区下港镇黄芹村黑峪
	70	D	龙湾地质公园	117.3638	36.07004	岱岳区化马湾双泉村
	71	B15	莲花山	117.6964	36.03186	山东省新泰市迈莱河路

（续表）

类型	序号	区域	景观名称	经度（E）	纬度（N）	地址
现代新建人文景观	72	C	陆房战斗烈士陵园	116.74	36.05763	山东省肥城市安临站镇东陆房村
	73	C	陆房烈士陵园	116.7524	36.06932	山东省泰安市肥城市
	74	C	肥城市英雄山公墓	116.7581	36.16831	泰安市肥城市
	75	C	华东抗战地道纪念馆	116.7681	36.13525	山东省泰安市肥城市
	76	D	桃源世界风景区	116.7701	36.13921	仪阳乡刘台村
	77	B14	范蠡公园	116.7705	36.18468	江南水街
	78	C	泰安毛公山红色文化博物馆	116.7753	36.07676	泰安市肥城市 S104
	79	C	龙山公园	116.7846	36.18463	山东省泰安市肥城市
	80	B11	灵岩寺山门广场	116.9901	36.36794	济南市长清区万德镇灵岩寺内
	81	D	泰山旅游空中观景塔	117.031	36.17826	卧虎山附近
	82	D	路博园景观区	117.0335	36.17637	振兴街
	83	C	泰山长安园	117.0384	36.13228	高铁泰安站南 4 公里（萧大亨墓北邻）
	84	D	卧龙山公墓	117.042	36.16881	泰安市岱岳区
	85	C	二十里埠村清真寺	117.0526	36.21328	二十里埠村清真寺（西门）附近
	86	C	泰山蓄能科普水城	117.057	36.22135	泰安市岱岳区
	87	D	洋河游览区	117.0584	36.19081	泰安市岱岳区
	88	C	泰山玉石博物馆	117.0791	36.18105	新灵山大街一中西校对面
	89	B4	辞香岭公园	117.087	36.14051	山东省泰安市岱岳区
	90	C	时代公园	117.0905	36.19802	山东省泰安市泰山区东岳大街
	91	C	天地广场石廊	117.1135	36.21296	泰安市泰山区环山公路附近
	92	C	龙潭公园	117.1141	36.21377	泰安市泰山区
	93	C	冯玉祥先生之墓	117.1145	36.21356	泰安市泰山区红门路 54 号泰山风景名胜区内
	94	D	泰山国际湿地公园	117.1155	36.05996	泰安市岱岳区
	95	D	石峡公园	117.1161	36.21177	龙潭路与环山路交汇处
	96	D	泰安太阳部落景区	117.1228	36.04441	山东省泰安市岱岳区南留南村
	97	C	辛亥滦州革命烈士纪念碑	117.1235	36.21332	泰安市泰山区环山路附近
	98	C	烈士祠	117.1243	36.21704	泰安市泰山区普照寺路 130 号
	99	A	总理奉安纪念碑	117.1244	36.23735	泰安市泰山区红门路 54 号泰山风景名胜区内
	100	C	冯玉祥泰山纪念馆	117.1244	36.21701	泰安市泰山区红门路 54 号泰山风景名胜区内
	101	C	清真女寺	117.129	36.19907	泰安市泰山区
	102	C	泰安革命烈士陵园	117.1309	36.20823	金山路 45 号
	103	C	泰山盆景园	117.131	36.20687	金山路 29 号附近
	104	C	革命烈士纪念碑	117.132	36.22148	泰安市泰山区红门路 54 号泰山风景名胜区内
	105	C	南湖公园	117.1347	36.18771	奈河东路与灵山大街交汇处

（续表）

类型	序号	区域	景观名称	经度（E）	纬度（N）	地址
现代新建人文景观	106	C	方台子	117.1356	36.21098	泰山区中国山东省泰安市泰山区红门路 45 号
	107	B12	柳埠国家森林公园	117.1374	36.4565	四门塔景区附近
	108	C	老县衙博物馆	117.1379	36.19541	山东省泰安市泰山区财源大街 51 号
	109	C	泰山东北虎园	117.1394	36.21578	泰山脚上山盘路
	110	C	虎山跑马游乐园	117.1394	36.21507	泰安市泰山区环山路泰山东北虎园附近
	111	C	水库公园	117.1455	36.19221	泰山区灵山大街
	112	C	中华泰山封禅大典	117.1473	36.2735	泰安市泰山区泰安岱宗坊红门路 22 号旅游局封禅大典营销中心
	113	C	泰山东苑	117.1534	36.27186	泰安市泰山区艾洼北场附近
	114	D	泰山锦绣谷	117.1616	36.31155	进宫沟附近
	115	C	泰安市农业科学研究院泰山植物园	117.1745	36.16681	泮河大街附近
	116	C	泰山美术馆	117.1919	36.2368	泰安市泰山区碧霞大街东段瑞奥不夜城 2 号楼
	117	C	恐龙危机	117.1976	36.24533	方特乐园
	118	D	泰山方特欢乐世界	117.2004	36.24473	泰安市泰山区碧霞大街与明堂路交会东北角
	119	D	泰山花样年华景区	117.2283	36.18406	泰山区博阳路中段（泰安农高区）
	120	C	天合乐园	117.2307	36.18106	指挥庄村附近
	121	C	徂徕山抗日武装起义纪念碑	117.2405	36.04719	泰安市岱岳区
	122	C	油坊公园	117.261	36.23477	泰安市岱岳区
	123	C	烈士公墓	117.3461	36.27322	泰安市岱岳区
	124	C	泰山牡丹园	117.4399	36.14166	103 省道附近
古代人文景观	125	C	玄帝庙遗址	116.7733	36.20033	泰安市肥城市
	126	C	玉都观	116.7801	36.17358	长山街 2 号
	127	C	文庙大成殿	116.7897	36.26617	山东省泰安市肥城市
	128	C	龙居寺	116.9569	36.24707	山东省泰安市岱岳区
	129	B11	灵岩寺	116.9932	36.37546	山东省济南市长清区
	130	A	元君庙	117.0339	36.26798	泰安市岱岳区天外村泰山
	131	A	藏峰寺	117.0355	36.25488	泰安市岱岳区
	132	C	萧大亨墓	117.0382	36.12663	山东省泰安市岱岳区
	133	A	泰山风景区未了轩	117.0408	36.17781	岱岳区红门路北首
	134	C	大佛寺	117.0693	36.20697	泰安市岱岳区
	135	B12	谷山寺	117.096	36.31024	泰安市泰山区
	136	A	玉泉寺	117.1044	36.31503	泰佛路 1 号
	137	A	龙王庙	117.1078	36.22415	泰安市泰山区
	138	C	西溪石亭	117.108	36.22468	泰安市泰山区环山公路附近

类型	序号	区域	景观名称	经度（E）	纬度（N）	地址
古代人文景观	139	C	无极庙	117.1084	36.22881	泰安市泰山区
	140	A	竹林禅寺	117.1086	36.23101	泰安市泰山区天外村泰山
	141	A	未了轩	117.1108	36.26216	泰安市泰山区红门路54号泰山风景名胜区南天门内
	142	A	天街	117.1109	36.26237	泰安市泰山区天街2号
	143	A	南天门	117.111	36.26207	泰安市泰山区红门路54号泰山风景名胜区内
	144	A	升仙坊	117.1115	36.2608	泰安市泰山区红门路54号泰山风景名胜区内
	145	A	白云亭	117.1123	36.26155	泰安市泰山区
	146	A	龙门	117.1126	36.25899	泰安市泰山区红门路54号泰山风景名胜区内
	147	A	中升	117.1131	36.26163	泰安市泰山区
	148	A	北天门	117.1135	36.26675	泰安市泰山区红门路54号泰山风景名胜区内
	149	A	五岳真形山图	117.1136	36.26169	泰安市泰山区泰山
	150	A	大众桥	117.1142	36.21325	泰安市泰山区红门路54号泰山风景名胜区内
	151	A	十八盘	117.1144	36.25733	泰安市泰山区红门路54号泰山风景名胜区内（对松山与南天门之间）
	152	A	孔子庙	117.1147	36.26251	泰安市泰山区红门路54号泰山风景名胜区内
	153	A	对松亭	117.1148	36.25702	泰安市泰山区红门路54号泰山风景名胜区内
	154	A	弘德楼	117.1152	36.26118	泰安市泰山区红门路54号泰山风景名胜区内
	155	A	天外桥	117.1153	36.21268	泰安市泰山区红门路54号泰山风景名胜区内
	156	A	青帝宫	117.1156	36.26267	泰安市泰山区红门路54号泰山风景名胜区内
	157	A	西神门	117.1156	36.26177	泰安市泰山区
	158	A	碧霞祠	117.1157	36.262	泰安市泰山区泰山极顶碧霞祠道观（南天门）
	159	A	无字碑	117.1157	36.26347	泰安市泰山区红门路54号泰山风景名胜区内
	160	A	玉皇顶	117.1159	36.26362	泰安市泰山区红门路54号泰山风景名胜区内
	161	A	圣水井	117.1163	36.26196	泰安市泰山区
	162	A	三阳观	117.1163	36.21941	山东省泰安市泰山区
	163	A	弥勒院	117.1174	36.19293	泰山区泰山景区内红门景区
	164	A	朝阳洞	117.1175	36.25329	泰安市泰山区红门路54号泰山风景名胜区内

类型	序号	区域	景观名称	经度（E）	纬度（N）	地址
古代人文景观	165	A	万丈碑	117.1176	36.2538	泰安市泰山区红门路 54 号泰山风景名胜区内
	166	A	五松亭	117.1189	36.25296	泰安市泰山区泰山中天门北
	167	A	五大夫松	117.1191	36.25301	泰安市泰山区红门路 54 号泰山风景名胜区内
	168	A	云步桥	117.1194	36.25236	泰安市泰山区红门路 54 号泰山风景名胜区内
	169	A	天下名山第一	117.1197	36.25092	泰安市泰山区红门路 54 号泰山风景名胜区内
	170	A	洗心亭	117.1199	36.2171	红门路 54 号泰山风景名胜区内
	171	A	天迎	117.1208	36.24858	泰安市泰山区红门路 54 号泰山风景名胜区内
	172	A	中天门	117.1209	36.24542	泰安市泰山区东岳大街 48 号
	173	A	步天桥	117.1209	36.24272	泰安市泰山区红门路 54 号泰山风景名胜区内
	174	A	财神庙	117.121	36.24548	泰安市泰山红门路 170 号
	175	A	元君殿	117.1211	36.24164	泰安市泰山红门路 160 号
	176	A	壶天阁	117.1212	36.24131	泰安市泰山环山公路
	177	A	观音殿	117.1212	36.24233	泰安市泰山红门路 166 号
	178	A	药王殿	117.1213	36.24224	泰安市泰山区红门路 54 号泰山风景名胜区内
	179	A	增福庙	117.1214	36.24842	泰安市泰山区红门路 206 号
	180	A	普照寺	117.1224	36.21557	泰安市泰山区风景区麓凌汉峰下
	181	A	云门	117.1225	36.21407	泰安市泰山区红门路 54 号泰山风景名胜区内
	182	C	范明枢墓	117.1228	36.2129	泰安市泰山区环山路 36 号附近
	183	A	高山流水亭	117.1264	36.21819	泰山区经石峪
	184	A	碧霞灵应宫	117.1268	36.23262	泰安市泰山区红门路 54 号泰山风景名胜区内
	185	A	灵应宫	117.1278	36.18871	泰安市泰山区灵山大街 120 号
	186	A	三官庙	117.1282	36.22864	泰安市泰山区红门路 54 号泰山风景名胜区内
	187	A	斗母宫	117.1291	36.22707	泰安市泰山区红门路 54 号泰山风景名胜区内
	188	A	五岳独尊	117.13	36.18859	龙潭路 176 号附近
	189	A	天书观遗址	117.1315	36.19692	东岳大街 19 号
	190	A	万仙楼	117.1326	36.22054	泰安市泰山区红门路 54 号泰山风景名胜区内
	191	A	三义柏	117.1329	36.22039	泰安市泰山区红门路 70 号附近

（续表）

类型	序号	区域	景观名称	经度（E）	纬度（N）	地址
古代人文景观	192	A	红门宫·小泰山	117.1341	36.217	泰安市泰山区红门路 111 号
	193	A	孔子登临处	117.1343	36.21716	泰安市泰山区红门路一天门北侧
	194	A	弥勒院	117.1345	36.21725	泰安市泰山区红门路
	195	A	一天门	117.1345	36.21688	泰安市泰山区红门路
	196	A	关帝庙	117.1346	36.2158	红门路 89-2 号
	197	A	乾楼	117.1362	36.20244	泰安市泰山区
	198	A	玉皇阁	117.1366	36.21043	泰安市泰山区红门路 41 号附近
	199	A	坤楼	117.1368	36.19882	泰安市泰山区
	200	A	老君堂	117.1369	36.21332	泰安市泰山区红门路 54 号泰山风景名胜区内
	201	A	铁塔	117.137	36.20193	泰安市泰山区朝阳街 7 号岱庙景区内
	202	A	岱庙	117.137	36.2003	泰安市泰山区朝阳街 7 号
	203	A	汉书像石陈列	117.137	36.20122	泰安市泰山区朝阳街 7 号岱庙景区内
	204	A	雨花道院	117.137	36.20009	泰安市泰山区朝阳街 7 号岱庙景区内
	205	A	钟楼	117.1371	36.20092	泰安市泰山区朝阳街 7 号岱庙景区内
	206	A	延禧门	117.1372	36.19938	泰安市泰山区朝阳街 7 号岱庙景区内
	207	A	去东岳封号碑碑亭	117.1373	36.20075	泰安市泰山区朝阳街 7 号岱庙景区内
	208	A	厚载门	117.1373	36.20264	泰安市泰山区岱庙北街
	209	A	中寝宫	117.1374	36.20195	泰安市泰山区朝阳街 7 号岱庙景区内
	210	C	宋天贶殿	117.1375	36.20136	泰安市泰山区朝阳街 7 号岱庙景区内
	211	C	仁安门	117.1378	36.20037	泰安市泰山区朝阳街 7 号岱庙景区内
	212	C	配天门	117.1378	36.19982	泰安市泰山区朝阳街 7 号岱庙景区内
	213	A	王母池	117.1378	36.21308	泰安市泰山区城区环山路东首
	214	C	大观圣作之碑	117.1379	36.20076	泰安市泰山区朝阳街 7 号岱庙景区内
	215	C	铜亭	117.138	36.20205	泰安市泰山区朝阳街 7 号岱庙景区内
	216	C	泰山第一行宫	117.1381	36.1979	东岳大街 191 号
	217	C	老县衙大院	117.1381	36.19548	通天街 71 号附近
	218	C	乾隆重修岱庙记碑	117.1381	36.20088	泰安市泰山区朝阳街 7 号岱庙景区内

（续表）

类型	序号	区域	景观名称	经度（E）	纬度（N）	地址
古代人文景观	219	C	大宋封祀坛颂碑	117.1381	36.20073	泰安市泰山区朝阳街 7 号岱庙景区内
	220	C	萧大亨故居	117.1382	36.19598	通天街 65 号
	221	C	国王水族	117.1382	36.19147	泰山区通天街南门农贸市场 56 号
	222	C	大金重修东岳庙之碑	117.1382	36.20064	泰安市泰山区朝阳街 7 号岱庙景区内
	223	C	历代碑刻陈列	117.1382	36.20138	泰安市泰山区朝阳街 7 号岱庙景区内
	224	C	东御座	117.1384	36.2003	泰安市泰山区朝阳街 7 号岱庙景区内
	225	C	宣和重修泰岳庙记碑	117.1384	36.19956	泰安市泰山区朝阳街 7 号岱庙景区内
	226	C	炳灵门	117.1385	36.19951	泰安市泰山区朝阳街 7 号岱庙景区内
	227	C	秦泰山刻石	117.1386	36.20037	泰安市泰山区
	228	C	艮楼	117.1386	36.20264	泰安市泰山区
	229	C	巽楼	117.139	36.19901	泰安市泰山区
	230	C	火神庙	117.1393	36.18672	南关大街 114 号附近
	231	C	虎山	117.1394	36.21526	虎山路（近红门路）
	232	C	财神庙	117.1395	36.19875	仰圣街 6 号
	233	B12	神通寺	117.1422	36.45969	柳埠镇四门
	234	C	声声亭	117.1431	36.26966	泰安市泰山区红门路 54 号泰山风景名胜区内
	235	A	泰山东御道风景区	117.1577	36.25334	红门路 54 号泰山风景名胜区
	236	C	泰山般若寺	117.2174	36.17722	泰安市泰山区红庙村 31 号
	237	A	齐长城	117.3436	36.46639	泰安市岱岳区
	238	A	黄巢点将台	117.3697	36.33535	泰安市岱岳区
	239	B15	光华寺	117.3976	36.0247	泰安市新泰市

附录4：泰山自然山水方位表

本书中第四章从古代文献中整理出了文献中出现的泰山山水景观，并在地图上落实了它们的位置。作者在 ArcGis（地理数据处理与分析软件）中计算出这些位置的经纬度值（经纬度值为地理空间数据云系统坐标系），应用于本书中图片的制作以及泰山寺庙园林理法的分析，并且为之后的研究提供可以应用的基础数据资料，使得本书的研究更加具有意义。这些山水景观之间，没有明确的界限，所以作者选取景观区域内接近中心的点标记，表示其方位。

序号	名称	位置		序号	名称	位置	
		经度（E）	纬度（N）			经度（E）	纬度（N）
1	太平顶	117.1039963	36.2631989	77	黑虎峪	117.072998	36.2243996
2	日观峰	117.1060028	36.2616005	78	投书涧	117.0469971	36.2425003
3	爱身崖（舍身崖）	117.1080017	36.2598	79	香水峪	117.0510025	36.2303009
4	东神霄山	117.112999	36.2616005	80	傲徕山	117.0780029	36.2184982
5	五花崖	117.1060028	36.2599983	81	百丈崖	117.0839996	36.2113991
6	周观峰	117.1009979	36.2605019	82	白龙池	117.0960007	36.2103996
7	宝藏岭	117.1050034	36.2574997	83	大峪	117.0920029	36.203701
8	大观峰	117.1060028	36.2580986	84	摩云岭	117.1009979	36.280899
9	堆秀岩	117.1070023	36.2601013	85	双凤岭（牛心石，蜡烛峰）	117.1149979	36.2747993
10	秦观峰	117.1029968	36.2574005	86	天空山（玉女山）	117.125	36.290699
11	越观峰	117.1090012	36.2578011	87	坳山	117.098999	36.2872009
12	吴观峰（望吴峰，孔子岩）	117.0979996	36.2622986	88	九龙冈	117.1070023	36.2719994
13	振衣冈（斗仙岩）	117.1009979	36.2591019	89	磨山	117.1149979	36.2827988
14	凤凰山	117.1039963	36.2598	90	明月嶂	117.1080017	36.2942009
15	象山	117.0979996	36.2598991	91	孤山	117.0849991	36.2881012
16	围屏峰（悬石峰）	117.1060028	36.2560005	92	冰牢峪	117.1520004	36.3064995
17	虎头崖	117.0979996	36.2560997	93	天烛山	117.1139984	36.269001
18	避风崖	117.0999985	36.2569008	94	观星岭	117.1320038	36.266201
19	莲花峰（望人峰）	117.1100006	36.2596016	95	滈碌峪	117.1660004	36.2789993
20	南天门区域	117.0960007	36.260601	96	大岘山	117.163002	36.2666016

（续表）

序号	名称	位置		序号	名称	位置	
		经度（E）	纬度（N）			经度（E）	纬度（N）
21	西神霄山（两峰岩）	117.0899963	36.2573013	97	黑山	117.1470032	36.2747002
22	石马山	117.0910034	36.2616005	98	谷山	117.1610031	36.2957993
23	西天门	117.0960007	36.2643013	99	恩谷岭	117.1709976	36.2863998
24	月观峰	117.0930023	36.2584991	100	佛峪（佛谷）	117.1689987	36.2930984
25	北天门	117.1019974	36.2672005	101	返倒山	117.1520004	36.3008995
26	丈人峰	117.1029968	36.2641983	102	仙台岭（长城岭）	117.1549988	36.3306007
27	鹤山	117.1090012	36.264801	103	龙门山	117.1320038	36.3298988
28	石壁峪	117.1009979	36.2542	104	鹿町山	117.1389999	36.3190002
29	大龙口	117.1090012	36.2555008	105	仙源岭	117.1179962	36.3056984
30	雁翎峰	117.1039963	36.2537994	106	雨金山	117.1080017	36.3199997
31	鸡冠峰	117.1070023	36.2528	107	大小卢山	117.0830002	36.3375015
32	大龙峪	117.1119995	36.2524986	108	转山	117.0739975	36.3521004
33	对松山	117.1039963	36.2512016	109	槲埠岭	117.1490021	36.3378983
34	朝阳洞	117.1070023	36.2498016	110	摘星岩	117.1470032	36.3469009
35	拦住山	117.1050034	36.2462006	111	祝山	117.1009979	36.3423004
36	小天门区域	117.1070023	36.2478981	112	虎狼谷	117.1110001	36.3386993
37	御帐坪	117.1100006	36.2495995	113	九顶山	117.1190033	36.3549004
38	小龙峪	117.1090012	36.2457008	114	杨邱山	117.1350021	36.3611984
39	快活三里	117.1100006	36.2434998	115	九阪岭	117.1650009	36.3769989
40	黄岘岭（中溪山）	117.1070023	36.2387009	116	旁山（石窟山）	117.1869965	36.3620987
41	回马岭（瑞仙岩、石关、天关）	117.1050034	36.2349014	117	上桃峪	117.0589981	36.2855988
42	歇马崖（马棚崖）	117.1149979	36.2303009	118	船石	117.0800018	36.2863007
43	经石峪（经石峪）	117.1110001	36.2221985	119	看月岩	117.0579987	36.2984009
44	龙泉峰	117.1190033	36.222599	120	头陀岩	117.0660019	36.2910004
45	桃源峪（桃花洞）	117.1139984	36.2188988	121	鹰窝崖	117.0739975	36.2961006
46	小洞天	117.125	36.2141991	122	清风岭	117.0770035	36.3008003
47	红门——一天门区域	117.1169968	36.2164993	123	黄石崖	117.0650024	36.2998009
48	松岩（莲台山、蟠龙山、万花山）	117.125	36.2594986	124	映霞峰	117.0619965	36.3056984
49	马鞍山	117.1279984	36.2532005	125	重岭	117.0469971	36.3075981
50	东溪山（延坡岭）	117.1299973	36.2400017	126	青天岭	117.0419998	36.3129997
51	摩天岭（争云岩）	117.1289978	36.2271004	127	白草峪	117.0400009	36.3083
52	屏风岩	117.1389999	36.2218018	128	老鸦峰	117.0429993	36.2991982
53	回龙峪	117.1299973	36.2176018	129	秋千山	117.0319977	36.2933998
54	鹁鸽岩	117.1470032	36.2308998	130	中军坪	117.0410004	36.2851982
55	卧龙峪（五龙峪）	117.1520004	36.2280006	131	襁负山（降福山）	117.0279999	36.2882004

序号	名称	位置		序号	名称	位置	
		经度（E）	纬度（N）			经度（E）	纬度（N）
56	中陵山	117.1610031	36.2318993	132	黄石岩	117.0270004	36.2811012
57	水牛埠	117.163002	36.2280998	133	车道岩	117.0179977	36.276001
58	椒山	117.137001	36.2597008	134	笔架山（雕窝山）	117.0439987	36.2476997
59	蚕滋峪	117.197998	36.2429008	135	猴愁峪	117.0490036	36.2358017
60	杏山	117.1709976	36.2599983	136	拔山（雁飞岭）	117.0319977	36.2560005
61	王老峪	117.1750031	36.2523003	137	水铃山	117.0289993	36.2428017
62	水泉峪	117.223999	36.2308998	138	五峰顶	117.0230026	36.2560005
63	椒子峪	117.1340027	36.2573013	139	西横岭	117.0159988	36.2452011
64	五陀岩	117.0910034	36.2526016	140	刺楸山	117.0029984	36.2522011
65	红叶岭	117.0859985	36.2521019	141	土绵山	116.9940033	36.2518997
66	石猴山（西溪山，后石山）	117.0899963	36.2374001	142	骆驼岭	117.0080032	36.2431984
67	九女寨	117.0770035	36.2476006	143	三绾山	116.9700012	36.2461014
68	三尖山	117.0630035	36.2475014	144	黄山	116.9520035	36.2640991
69	辘轳冈	117.0559998	36.2359009	145	桃花峪（红雨川）	117.0250015	36.267601
70	仙趾峪（马蹄峪）	117.0780029	36.240799	146	十字峰	117.0569992	36.2522011
71	鸡埘岭	117.0559998	36.2304001	147	青岚岭	117.0540009	36.2602005
72	丹穴岭	117.0650024	36.2246017	148	思乡岭	117.0459976	36.2655983
73	凤凰山	117.0680008	36.2176018	149	南顶	117.0439987	36.2714996
74	云头埠	117.0879974	36.2305984	150	梯子山	117.0410004	36.2602997
75	凌汉峰（金泉峰）	117.0820007	36.2260017	151	透明山	117.0360031	36.2570992
76	振铎岭	117.0979996	36.2212982	152	龙山	117.0370026	36.2518005

附录 5：泰山古迹位置表

本书中第六章从古代文献中整理出了文献中出现的泰山古迹，并在地图上落实了它们的位置。作者在 ArcGis 中计算出这些位置的经纬度值（经纬度值为地理空间数据云系统坐标系），应用于本书中图片的制作以及泰山寺庙园林理法的分析，并且为之后的研究提供可以应用的基础数据资料，使得本书的研究对后人的研究帮助更加具有意义。

序号	山水名称	位置		序号	山水名称	位置	
		经度（E）	纬度（N）			经度（E）	纬度（N）
1	秦篆刻石	117.1039963	36.2625008	88	天阶坊	117.125	36.2120018
2	石阙	117.1060028	36.2616005	89	孔子登临处坊	117.1279984	36.2089005
3	封禅台	117.1070023	36.2626991	90	一天门坊	117.125	36.2029991
4	瞻鲁台	117.1080017	36.2594986	91	关帝庙	117.1210022	36.2111015
5	御制《祭泰山铭》石碑，及八十余处其他石刻。	117.1039963	36.2593002	92	小蓬莱	117.1289978	36.2052994
6	碧霞元君祠	117.1060028	36.2573013	93	娄子洞	117.1220016	36.2542992
7	过化亭	117.0999985	36.262001	94	祝鸡寨	117.1279984	36.2540016
8	孔子庙	117.1019974	36.2608986	95	石练陀	117.1299973	36.2504005
9	"望吴胜迹"坊	117.0979996	36.2612	96	杨老园	117.1299973	36.2364006
10	各朝代题刻	117.1019974	36.2583008	97	四阳庵	117.1399994	36.2263985
11	北斗坛	117.0970001	36.2564011	98	凤凰村	117.137001	36.2212982
12	蓬元坊	117.1019974	36.2559013	99	柴慧庵	117.1449966	36.2187996
13	白云洞坊	117.1060028	36.2546005	100	岱道村	117.1460037	36.2008018
14	老君堂	117.1019974	36.2531013	101	凌汉寨	117.1269989	36.2186012
15	白云亭	117.0979996	36.2535019	102	小津口	117.1620026	36.2314987
16	白云轩	117.1060028	36.2517014	103	可亲园	117.1350021	36.2528
17	乾隆御制诗石刻	117.1090012	36.2528992	104	傅家村	117.1409988	36.2578011
18	南天门	117.0960007	36.2593002	105	九女寨	117.0800018	36.2459984
19	摩空阁	117.0950012	36.2621994	106	白杨坊	117.0820007	36.2401009
20	关帝庙	117.0979996	36.2645988	107	白杨洞	117.0800018	36.2363014

（续表）

序号	山水名称	位置		序号	山水名称	位置	
		经度（E）	纬度（N）			经度（E）	纬度（N）
21	升中坊	117.1019974	36.2649994	108	竹林寺	117.0960007	36.2140007
22	天街	117.1060028	36.2653999	109	白杨洞	117.0920029	36.2333984
23	"云巢"行宫	117.0940018	36.2668991	110	凌汉寨	117.0830002	36.2260017
24	万寿宫	117.098999	36.2681999	111	三阳观	117.0749969	36.2205009
25	西溪神庙	117.0930023	36.2555008	112	子午桥	117.0790024	36.2229996
26	题刻	117.0910034	36.2616997	113	普照寺	117.1119995	36.2047997
27	西天门	117.0920029	36.259201	114	元玉塔	117.0670013	36.2136993
28	乾隆御制诗	117.1110001	36.2639008	115	满空塔	117.0680008	36.2209015
29	题刻	117.1119995	36.2608986	116	田时耕墓	117.0630035	36.2178001
30	石坊	117.1039963	36.2678986	117	题刻	117.098999	36.2243004
31	十八盘	117.1029968	36.2501984	118	泰山上书院	117.0960007	36.2282982
32	升仙坊	117.1050034	36.2481995	119	考槃亭	117.0999985	36.2206993
33	乾隆御制诗	117.1080017	36.2495003	120	有竹亭	117.0910034	36.2112007
34	登山东盘口	117.1050034	36.2453995	121	天胜寨	117.0889969	36.223999
35	度天桥	117.1039963	36.2421989	122	西山别业	117.0920029	36.2274017
36	龙王庙	117.1090012	36.2445984	123	无梁殿	117.0930023	36.2226982
37	龙门石坊	117.1110001	36.2470016	124	石阁	117.0940018	36.218399
38	圣水桥	117.1149979	36.2481995	125	会仙庵	117.0910034	36.2158012
39	乾隆御制诗	117.112999	36.2434998	126	壁画	117.0839996	36.2117996
40	大悲殿	117.1090012	36.2416	127	萃美亭	117.0999985	36.2167015
41	乾坤楼	117.1139984	36.2458992	128	题刻	117.1019974	36.213501
42	石坊	117.112999	36.2403984	129	渊济公祠	117.0970001	36.2097015
43	处士松	117.0999985	36.2475014	130	茅屋	117.1070023	36.2770004
44	元君殿	117.1009979	36.2415009	131	题刻	117.112999	36.2723007
45	驻跸亭	117.0999985	36.2444	132	独足盘	117.1210022	36.2733994
46	凌虚阁	117.1169968	36.243	133	元君庙	117.1259995	36.2895012
47	望松亭	117.1169968	36.2402992	134	元君墓	117.1389999	36.2845993
48	半山亭	117.1039963	36.2397003	135	三官殿	117.1289978	36.2873001
49	五大夫松	117.0970001	36.2420006	136	莲花洞诗	117.1309967	36.2839012
50	小天门	117.0999985	36.237999	137	仙人寨	117.0999985	36.2831993
51	五松亭	117.1090012	36.2386017	138	张远寨	117.1119995	36.2682991
52	单仙亭	117.1190033	36.2462997	139	采芝庵	117.1110001	36.2887993
53	雪花桥	117.1210022	36.2416992	140	大津口	117.1399994	36.3058014
54	小龙峪坊	117.1169968	36.2375984	141	蚕厂	117.1340027	36.3022003
55	迎天坊	117.1139984	36.2377014	142	竹子园	117.1289978	36.3082008
56	回龙桥	117.1060028	36.2377014	143	周明堂故址	117.137001	36.3075981
57	跨虹桥	117.1119995	36.2501984	144	黑闼石屋	117.1520004	36.2827988
58	增福庙	117.112999	36.2543983	145	金丝洞	117.1579971	36.2817001
59	二虎庙	117.0970001	36.2501984	146	谷山寺	117.151001	36.2910004
60	步天桥	117.1090012	36.2347984	147	阿罗汉像	117.1399994	36.2891998
61	三大士殿	117.1119995	36.2342987	148	药园	117.163002	36.3167

（续表）

序号	山水名称	位置		序号	山水名称	位置	
		经度（E）	纬度（N）			经度（E）	纬度（N）
62	金星亭	117.112999	36.2314987	149	齐长城	117.1230011	36.3198013
63	乾隆御制诗	117.112999	36.2276001	150	黄伯阳洞	117.1240005	36.3139992
64	元君殿	117.1080017	36.2318001	151	町疃鹿场	117.1139984	36.3188019
65	壶天阁	117.1159973	36.2302017	152	会仙观	117.0940018	36.2985992
66	石刻	117.1100006	36.2280006	153	赵侍御宏文墓	117.0749969	36.3277016
67	登仙桥	117.1169968	36.233799	154	云台庵	117.0709991	36.282299
68	住水流桥	117.1050034	36.2344017	155	石蹬	117.0810013	36.294899
69	岩岩亭	117.1110001	36.2247009	156	玄都观	117.086998	36.2905006
70	漱玉桥	117.1039963	36.2314987	157	草庐	117.0690002	36.2938995
71	《金刚经》刻字	117.1159973	36.2226982	158	傅老庵	117.0630035	36.2989006
72	白石亭	117.1200027	36.2215996	159	花园	117.0510025	36.3008003
73	听雨轩	117.1200027	36.2256012	160	河上林村	117.0550003	36.3045998
74	高老桥	117.1149979	36.2204018	161	题刻	117.0490036	36.2804985
75	泰山坊	117.1100006	36.2192993	162	云台庵	117.0360031	36.2849007
76	三官庙	117.1139984	36.2181015	163	元君庙	117.0350037	36.2817001
77	斗姥宫	117.1190033	36.2188988	164	白姑庵	117.0370026	36.2739983
78	蕴亭	117.1100006	36.2159996	165	仙人牧地	117.052002	36.2462997
79	万仙楼	117.1159973	36.2154999	166	黄姑庵	117.0279999	36.2549019
80	虫二等石刻	117.1139984	36.2126007	167	藏峰寺	117.0139999	36.2392998
81	石刻	117.1179962	36.2106018	168	龙驹寺	116.9580002	36.2625008
82	红门	117.125	36.2056999	169	延庆院（云台寺）	116.9540024	36.2790985
83	观音阁	117.1200027	36.2070007	170	题刻	117.0289993	36.2653999
84	弥勒院	117.1139984	36.2094002	171	青龙宫	117.0589981	36.2523003
85	更衣亭	117.1169968	36.2067986	172	胡桃园	117.0469971	36.2691994
86	元君庙	117.1200027	36.2048988	173	姜倪寨	117.0429993	36.2513008
87	且止亭	117.1240005	36.2085991				

附录6：本书研究时间表

时间	研究内容	研究方法	成果	研究备注	存疑
2012.11	岱庙	实地调研	图像资料	岱庙与于2000年后进行了大规模改建，由单纯的封禅景观改建成为泰安市文物保护中心，原有的岱庙西北侧区域被改为内部管理区域	岱庙由单纯的古建筑群，历经数次改建，原有景观布局是否可以通过研究复原
2013.7	岱庙	实地调研，文献研究	图像资料，文献资料	研究岱庙在古代建筑群中的地位，岱庙虽为古代四大建筑群之一，但是由于泰山文化的独特性，研究岱庙不能脱离泰山文化和景观的大背景，尤其是泰山封禅文化	泰山文化脉络并不清晰
2013.11	岱庙，泰山封禅文化，泰山历史相关	文献研究	文献资料，图纸资料	岱庙在学术研究中并非空白，但学术界对于泰山的封禅礼制、帝王祭祀路线，岱庙周边景观点缺乏深入研究，如遥参亭、蒿里山、碧霞灵应宫等	部分景观点已经部分或完全损毁
2014.7	遥参亭、碧霞灵应宫、王母池、普照寺、三官庙、红门宫	实地调研	图像资料	以岱庙为中心，实地调研岱庙周边宗教景观建筑，对于宗教建筑的始建年代和保护状况进行了解，同时记录部分景观点的运营状况。研究发现：泰山景观研究与泰山景观的保护发展状况相一致，即以中路景观线为主，遥参亭—岱庙—红门一线景观、建筑保护较好、修缮及时。但是大部分脱离中路景观线的景观点受到了不同程度的破坏，蒿里山这一历史景观遗址已转由泰安市林业系统管理，几乎没有遗址可考	泰山景观研究对于中路景观线研究过于集中
2014.10 至 2014.12	泰山文化景观	文献研究，访谈调研	文献资料，口述资料整理	泰山文化景观现状受泰安市城市发展影响，泰安地利位置可以分为环山路以北、泰山景区范围内文化景观；环山路以南、岱庙与碧霞灵应宫等文化景观；泰安市市区以外、灵岩寺与大汶口遗址等文化景观。三类文化景观随着距离泰山中路景观线距离的扩大，保护和研究力度不断减弱。而中路景观线的保护和传承，与泰山城市规划中"历史文化轴"的建设密不可分	城区内文化景观与城市发展的矛盾关系，泰山风景名胜区范围划定与泰安市城区内的交通存在冲突

（续表）

时间	研究内容	研究方法	成果	研究备注	存疑
2015.2	景观理法、泰山中路景观线	文献研究、实地调研	图像资料，文献资料	调研路线：岱庙—天外村—中天门—南天门—玉皇顶—中天门—红门—岱宗坊，调研方式包括乘车、索道、步行，现有的天外村至中天门车行路线和中天门至南天门索道使得泰山的自然景观得到了进一步发掘，游客可以多角度体会泰山自然景观，尤其是植物景观。明确了泰山寺庙园林理法研究范围	中路大量的文化景观被游览者忽略，一定程度上影响了泰山文化的传播，这与泰安城市中"历史文化轴"的建设相悖
2015.3	泰山登山路径统计梳理	比较分析、文献研究	文献资料，图纸资料	泰山主峰，以岱顶为目的地，现今主要有四条登山路线，包括：以红门为起点的红门登山线、以天外村为起点的天外村登山线、以桃花峪为起点的桃花源登山线、以泰山封禅大典为起点的天烛峰登山线。文化景观大部分分布在红门一线，但自然景观其他三条路线各有千秋，代表了泰山岱阳、岱阴自然景观特色	现泰山自然景观特征是否与古代存在较大差别
2015.4 至 2015.6	博士论文开题：《泰山文化景观理法研究》	文献研究、比较分析	文献资料	相较于其他名山，泰山的独特性在于其文化背景，封禅、儒释道文化四种文化综合作用于泰山，要研究泰山景观，不能脱离泰山文化，研究泰山文化，就要详细梳理泰山文化的脉络，四种文化是否存在主次或者依存关系，是否存在相互促进或是阻碍的关系。研究发现四种文化并非在相同或相近的时期在泰山生根，而是存在着封禅为主，儒道相随，佛教最后的起源关系，在文化发展的过程中，几种文化也是起伏不断，但是总的来说道家文化不断发展，最终形成了泰山道家文化景观为主的景观格局。厘清文化脉络之后，以景观理法角度，结合自然山水脉络，才能使得景观研究更加深入	泰山景观研究完整性，是否可以借鉴历史文化角度下划定的泰山范围
2015.8	儒释道文化、斗母宫	实地调研，文献研究	图像资料，文献资料，图纸资料	研究文化脉络的同时，选取当前泰山研究中尚处于研究空白的斗母宫进行景观点的研究，并根据导师意见调整研究方向，丰富研究内容，补充了斗母宫主要建筑的实测图，理出了斗母宫自建设之初几经易主的特殊宗教背景。相关研究方法和研究重点明确之后，为其他景观点的研究打下基础	实测准确性有待提升

（续表）

时间	研究内容	研究方法	成果	研究备注	存疑
2015.10 至 2016.1	泰山自然景观资源，岱顶、岱阴、岱阳景观考	实地调研，文献研究，访谈调研	图像资料，图纸资料	实地调研泰山景观，着重对于岱阴的自然景观资源，包括山水植物进行图像采集、方位标注，对于岱阴道路路径选择尽心梳理，从景观理法角度明晰泰山景观蕴含的景观特点、理法规律。对岱阳、岱顶的自然景观资源和文化景观进行梳理，总结特点，梳理方位。对于泰山周边群山进行调研或访谈调研，明确了社首山、石闾山的现状，加强了泰山景观研究的完整性	
2016.1 至 2016.8	泰山文化特点、自然特征，景观点	文献研究、实地调研、举例分析	图像资料，图纸资料	根据泰山景观特点，结合景观地理位置、宗教背景、保护现状、研究程度，选取景观点进行深入研究，所选取的点包括：秦汉封禅台、碧霞祠、蒿里山、斗母宫、壶天阁、竹林寺、三阳观、普照寺、岱庙，根据导师指导意见调整删去后两者，并加入王母池	
2016.9	景观图纸	文献研究	图像资料	结合导师意见、师门意见，完善和补充相关图纸，对于存在问题的图纸及时进行明确并改正	
2016.12	补充上古时期泰山文化	文献研究	图像资料，文献资料	深入挖掘泰山多种文化的文化背景，提出了泰山的文化与景观的发展过程，是地理位置决定发展，帝王主导发展，在帝王支持下民众主导发展的过程。所以研究泰山要深入研究泰山在历朝历代中，其与政治中心的距离，梳理出帝王祭祀表和道教大事记，并尽可能厘清泰山景观与历史事件的关系，挖掘出景观的文化背景源流	帝王封禅中对于宗教的影响可通过文献记载推测，而道教、佛教两者自发在泰山进行宗教景观建设的过程比较难以考证
2017.1 至 2017.2	泰山风景名胜区	实地调研，文献研究，访谈调研	图纸资料，文献资料	调研路线：桃花峪—南天门—岱顶—南天门—中天门—天外村。泰山风景名胜区自规划之初至今，景区面积不断扩大，体现出了泰山景区在规划中，不断追求泰山文化的完整性，稳固泰山主峰中心地位，不断融入泰山文化内涉及的景观点。论文结合风景名胜区规划研究，也为论文在研究泰山景观之后，针对泰山景观现状，因地制宜提出景观与文化的保护和传承的建议	实地调研时部分景观点未采集到图像资料

（续表）

时间	研究内容	研究方法	成果	研究备注	存疑
2017.3	岱顶，岱阳东景观考	实地调研	图像资料	调研路线：岱宗坊—泰山封禅大典—天烛峰—岱顶—南天门—中天门—红门，对于前期研究中存在的疑问进行现场考证，明确相关山水的存无问题。由于岱顶部分山峰题刻、石碑转入岱庙保护，部分山峰仅能同过结合古籍记载、前人描述进行推测标注。在此基础之上，修改了前期提出的泰山自然景观资源特点	岱顶部分文化景观位置变动，影响考证
2017.5 至 2017.6	泰山地区现代景观	文献研究	图像资料、文献资料、图纸资料	泰山现代景观并非本书研究的重点，但是通过研究泰山景观现状，明确景观类型，与研究中先秦至明清时期的景观考进行对比，可以厘清泰山景观中，不同文化背景、不同地理位置的景观变化，同时也是从景观角度对于泰山现状的调研	现有的部分景观，如范蠡公园，五岳真形图石刻，定位不清晰，需进一步明确
2017.8 至 2017.11	碧霞祠、蒿里山研究、论文修改	实地调研，文献研究	图像资料、文献资料、图纸资料	根据指导意见修改本书，明确本书研究主体和研究意义，深入研究碧霞祠古图和碑文，修正了部分之前提出的论断	